本书由教育部人文社会科学研究青年基金项目"气候治理中的非政府组织参与研究"（13YJCZH253）、江苏高校优势学科建设工程资助项目"雾霾监测预警与防控"资助

气候治理中的
非政府组织参与研究

张胜玉　著

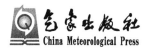

气象出版社
China Meteorological Press

内容简介

全球气候治理是一个系统化、多层次、多主体参与的过程。超越国家主权的全球气候治理存在极为深刻的国家利益冲突和"南北"发展博弈。非政府组织恰恰是超越国家利益界限、诉求全球气候正义、可持续发展理念的重要主体,它们是气候治理重要的参与者、推动者和监督者。本书介绍了非政府组织在全球气候大会谈判、气候议程设置、气候适应领域的卓越贡献,介绍了欧盟、美国和中国非政府组织在气候治理中的参与,并对中国本土非政府组织"走出去"提出了展望。

本书可供政治学、公共管理、气候、能源、法律等相关领域的管理和科研人员、本科生、研究生参考阅读。

图书在版编目(CIP)数据

气候治理中的非政府组织参与研究/张胜玉著. —
北京:气象出版社,2019.12
ISBN 978-7-5029-7131-1

Ⅰ.①气… Ⅱ.①张… Ⅲ.①气候变化—治理—非政府组织—参与管理—研究 Ⅳ.①P467

中国版本图书馆 CIP 数据核字(2019)第 295440 号

Qihou Zhili Zhong de Feizhengfu Zuzhi Canyu Yanjiu

气候治理中的非政府组织参与研究
张胜玉 著

出版发行:气象出版社

地 址:北京市海淀区中关村南大街 46 号 邮政编码:100081
电 话:010-68407112(总编室) 010-68408042(发行部)
网 址:http://www.qxcbs.com E-mail:qxcbs@cma.gov.cn
责任编辑:蔺学东 终 审:吴晓鹏
责任校对:王丽梅 责任技编:赵相宁
封面设计:博雅锦
印 刷:北京中石油彩色印刷有限责任公司
开 本:787 mm×1092 mm 1/16 印 张:10.75
字 数:310 千字
版 次:2019 年 12 月第 1 版 印 次:2019 年 12 月第 1 次印刷
定 价:60.00 元

　　从 20 世纪 90 年代以来,气候变化问题逐渐成为全球治理领域里的突出问题,气候变化也被认为是 21 世纪与恐怖主义、大规模杀伤性武器扩散、金融危机、严重自然灾害、能源资源安全、粮食安全、公共卫生安全等相匹敌的非传统安全。气候变化不仅会导致冰川融化、海平面上升、永久冻土层融化,还会导致干旱、洪涝等严重自然灾害频发,极热、极寒等极端气候不断出现。气候变化不仅影响到水资源、农业生产、经济发展等领域,甚至会影响政治、经济、外交、军事等诸多方面,所以,气候变化不是简单的气候变暖这一自然生态系统问题,而是典型的非传统安全,需要引起全球人类社会的重视。

　　气候治理相比于其他治理有其特殊之处。气候变化其核心仍然是一个环境问题,但是气候变化给传统的全球环境治理模式带来了严重的挑战,对气候治理的回应要远远超过对传统环境治理的回应。气候治理本身给现行政治/行政系统提出了严峻的挑战,这些系统必须改进以提高减缓气候变化和提升气候适应的能力。气候治理是一种复杂的多元治理,它不仅是一个环境问题,需要技术和管理解决方案,更是一个政治舞台上的各种组织,包括政府、企业、行业协会、非政府组织和多边组织,通过争论、协商以及合作不断变化的系统。

　　气候治理是一个多元层次、多点设置的工程,包括多元化的公共和私人领域的治理角色。20 世纪 90 年代,全球环境政策制定中次国家主体和非国家行为体还被认为是倡议型组织,进入 21 世纪,次国家和非国家行为体包括更多的城市网络(如C40)、跨国公司和商业自律倡议,也可以在全球治理中发挥供给监督、提供公共产品的作用,为全球环境治理提供解决方案。这些都挑战了传统世界政治的权威体系。

　　非政府组织是非国家行为体中的重要主体,在全球气候治理、区域气候治理及国家和地方气候治理中都发挥了重要作用。重要的国际气候非政府组织,诸如气候行动网络(Climate Action Network)、世界自然基金会(WWF)、地球之友(Friends of the Earth)、气候公正网络(Climate Justice Now)、第三世界网络(The Third World Network)、乐施会(Oxfam),等等,在联合国气候大会上通过游说、倡议和宣传等形式,影响各国领导人和气候大会的政策议定及结果。在我国,本土非政府组织自然之友、中国青年气候行动网络、中国民间气候变化行动网络等也在国际气候大会上崭露头角,代表中国在气候大会上发声,为气候减缓和适应工作贡献力量。不仅如此,非政府组织也在区域和地方气候治理中发挥作用,包括热带雨林保护、生物多样性保护、气候扶贫等领域做出了卓越的贡献。如果说,在传统政治框架下,国家和政府是核心,但是在气候变化领域,气候治理本身已经对传统行政体系和权威带来挑战,非政府组织更是以强大的公民组织行动力和影响力弥补气候治理方面传统行政体系的迟缓与怠慢,弥合气候政治博弈中"南北"双方的发展争议,伸张气候正义的价值诉求。

本书正是在这种背景下,从非政府组织的角度出发,研究非政府组织在全球气候治理减缓与适应中的具体作用,分层次展现出非政府组织在国际气候谈判、气候议程设置、气候适应、不同国家气候治理中的表现,研究其在气候政策议程设定和气候政策制定方面对行政体系的影响。对中国本土环境非政府组织进一步"走出去"参加气候治理,走出国门,在"一带一路"气候治理南南合作中展现中国气候外交的软实力提出有价值的思考。

全书总共有9章内容。

第一章,全球气候治理的发展、博弈与失灵。气候变化问题本身存在诸多质疑,存在科学与政治之争,一方面是科学问题政治化,另一方面或是政治绑架科学。全球气候变化对自然环境和生态多样性影响巨大,导致气候贫困的产生和加剧,会产生气候移民问题,对人类健康带来不利影响。全球气候治理有其特殊性,因为气候治理需要各个国家"总动员";气候治理引发了南北政治问题讨论;气候治理关系到气候正义和代际正义。全球气候治理的发展主要围绕着国际气候谈判和国际协议展开,而气候治理中的集团博弈、发展中国家的分化,导致气候治理和谈判进展非常缓慢。非国家行为体逐渐成为气候治理中不可或缺的主体,在某种程度上,可以弥补主权国家的行动不力。

第二章,全球气候治理失灵中的非政府组织。非政府组织参与气候治理的原因主要是其非营利性、非政府性的价值导向;也是因为联合国给予非政府组织参与气候谈判以制度参与合法性。气候治理中的非政府组织分类可以有两种划分:第一种根据活动范围、组织模式、行动方式和背景诉求进行划分;第二种可以按照政治立场进行划分。气候治理中非政府组织的参与模式,按照与政府的关系划分,可以分为合作模式、对抗模式和服务模式;按照非政府组织与其他非国家行为体的关系,可以分为NGO—NGO模式、NGO—商业利益集团、NGO—企业模式。非政府组织的活动方式主要有提供专业报告和咨询、影响政策议程和制定、倡议和游说、监督企业和政府行为、进行公民教育等。非政府组织在气候治理领域里的影响主要是影响由主权国家组成的国际组织决策、政府决策、跨国公司行为和决策、公众意见及行为。

第三章,全球气候谈判中的非政府组织参与。非政府组织参与全球气候谈判的类别主要集中在环境、大学、能源和商业类NGO。非政府组织参与气候谈判有一些变化,表现为由观察员上升为注册观察员、参与气候谈判的数量在逐年增加、参与气候谈判的非政府组织分布不平衡、越来越多的非政府组织网络联盟出现。非政府组织在气候谈判中可以发挥凝聚共识，在不同利益群体之间实现沟通；发布专业报告或提出解决方案，影响议题创设或进展；气候谈判的协调员和监督员，影响气候谈判结果。从总体上看，非政府组织参与气候谈判仍存在不少局限性，诸如大部分参与气候谈判的非政府组织是"过场式"参与，非政府组织必须根据气候谈判形势变化调整行动口号，非政府组织对气候谈判的结果影响有限。

第四章，气候政策议程设置中的非政府组织参与。气候议程设置是非政府组织影响政府决策的重要方式。气候政策议程设置一般是气候变化问题的提出，问题被社会各界广泛关注，问题进入政府问题清单和进入议程设置这三个阶段。气候政策议程设置主要有内部自发模式、外部压力模式和内外协商模式。诸如英国地球之友的"Big Ask"运动推动了英国《气候变化法案草案》进入政策议程并最终通过。这一运动也影响了欧洲"Big Ask"运动的开展。在我国，非政府组织也可以参与到气候政策议程设置中，诸如WWF率先开展低碳城市建设项目，并推动保定低碳示范项目进入政策议程与低碳城市建设，保护国际与云南省政府合作开展"碳汇"项目等。

第五章，气候适应中的非政府组织参与。气候适应是应对气候变化的重要方式，气候适应领域的非政府组织主要在农业、生物多样性保护、碳汇、热带雨林保护、水资源保护等方面开展活动。例如，大自然保护协会在中国广泛开展气候适应方面的工作，包括保护地、碳汇、淡水、海洋保护等方面，并开发出气候适应的管理与方法；乐施会在我国开展气候贫困研究和具体工作，通过发布气候贫困报告、低碳式气候变化适应与扶贫综合发展计划，改善农村生计，提高应对气候变化能力，以及提升气候变化影响恢复力等方式增强贫困人口的气候适应能力，以减少气候贫困。

第六章，欧盟气候治理中的非政府组织参与。非政府组织在欧盟区域内的气候减缓与适应问题可以采用合法的方式影响欧洲委员会、欧洲议会等，更具灵活性和协调性；同时，非政府组织能够充分发挥其道义优势及对公民的鼓动性，有效弥补超国家共同体治理效力的不足，协助欧盟进行气候治理。欧洲地球之友（FoEE）在影响欧盟的一些气候决策、倡导气候正义、呼吁淘汰煤炭等化石能源、支持青年气候游行抗议活动，以及荷兰地球之友起诉壳牌公司等方面的表现，体现出其在欧盟气候治理中的影响和参与。本章对非政府组织在欧盟气候治理中参与所存在的问题也进行了分析，并提出相关对策。

第十章，美国气候治理中的非政府组织参与。美国国内气候治理比较复杂，政府与议会之间存在博弈，致使虽然在国际气候大会签订协议，但仍然不能在议会通过。面对联邦政府的消极态度，地方政府尤其是城市成为气候治理中的积极角色。而美国非政府组织也因利益集团等的影响，对气候治理存在立场差异。美国退出《巴黎协定》对国际和国内气候治理的发展都会产生不利的影响。但是非政府组织并没有因此受影响,一直积极的开展活动对美国政府进行施压,气候现实项目、美国气候行动网络、皮尤气候变化研究中心等组织致力于促进美国积极应对气候变化。

第八章,中国气候治理中的非政府组织参与。介绍国际非政府组织,如绿色和平、WWF、气候组织、美国环保协会在中国的减排与适应活动,以及其对政府、企业和公众的影响。本土非政府组织自然之友、中国民间气候变化行动网络、青年应对气候变化行动网络、阿拉善 SEE 基金会开展各类项目,诸如"低碳家庭实验室""COP 中国青年代表团""C+气候公民超越行动""蚂蚁森林"等活动,取得了不少成绩。中国本土非政府组织发展还存在诸多发展问题,诸如非政府组织影响公众合力不够、经费和技术不足、政策环境不宽松等问题。

第九章,全球气候治理下中国非政府组织"走出去"展望。中国本土非政府组织也组织代表团积极参与气候谈判,发出中国声音,代表中国立场,在一定程度上体现出"气候外交"的角色。但中国本土非政府组织与国际非政府组织相比专业性不足,前瞻性和策略性不足,对国际气候大会谈判影响有限。因此,中国本土非政府组织应该加强专业能力建设;开展活动要有策略,将国际性视野和本土活动结合;政府应着力培养,增强政府—NGO—媒体之间的互动;加强与国内外民间非政府组织的交流,提升国际化水平和对气候谈判的影响力。我国本土非政府组织也应该抓住"一带一路"的气候治理南南合作契机,积极成为"一带一路"气候合作的民间沟通者、践行者、助推者。

张胜玉
2019 年 9 月

| 目 录 |

第一章 全球气候治理的发展、博弈与失灵

第一节 气候变化问题的争议

气候变化已经成为与恐怖主义、大规模杀伤性武器扩散、金融危机、严重自然灾害、能源资源安全、粮食安全、公共卫生安全等相匹敌的非传统安全。但气候变化问题从进入世人视野，就存在诸多争议，到底是气候变暖？还是气候变冷？气候变化这一科学问题为何进入政治议程，背后的国家利益矛盾和集团利益矛盾是怎样的？气候治理为何举步维艰？探讨这些问题需要先了解一下气候变化问题的基本争论。

一、气候变暖的基本结论与质疑

（一）气候变暖的基本结论

气候是反映大气物理特征的长期状态，是一个持续的稳定状态。气候变化则是长时间内气候状态的变化。《联合国气候变化框架公约》第一款中，将"气候变化"定义为："经过相当一段时间的观察，在自然气候变化之外由人类活动直接或间接地改变全球大气组成所导致的气候改变。"[①]由这个概念可知，气候变化与人类活动相关，这些人类的生产或生活活动使得空气中的二氧化碳（CO_2）、甲烷（CH_4）、氧化亚氮（N_2O）、对流层臭氧（O_3）、气溶胶（Aerosol）增加，引起了温室效应，即大家熟知的气候变暖。

实际上早在 1827 年就有法国的科学家让·傅里叶提出温室效应理论，1908 年瑞典的阿兰纽斯提出"大气中二氧化碳的比重在未来几个世纪中会增加到引人注目的程度"[②]，但是阿兰纽斯的观点在当时并未得到重视。意识到全球气候变暖可能带来的巨大影响，1972 年联合国环境大会开始将注意力转向气候变化等问题，1979 年第一届世界气候大会召开，气候变化首次作为一个受到国际社会关注的问题提上议事日程。1988 年世界顶级气候科学家詹姆斯·汉森在美国国会听证会上提出，温室效应已经发生且与气候变暖有着因果关系，这一观点在美国国会引起了巨大反响，同时，也促进公众关注气候变暖问题的严重性，汉森因此也被誉为"气候变暖研究之父"。1988 年世界气象组织（WMO）和联合国环境规划署（UNEP）成立了联合国政府间气候变化专门委员会（IPCC），专门发布气候变化的影响评估报告，为全球气候治理问题提供科学的决策咨询。IPCC 报告由来自众多国家的专家学者共同撰写，历经严格的编写流程和评审流程，使得 IPCC 历次评估报告成为最具有权威的参考决策报告，成为国际气候制度制定、各国开展气候变化减缓和适应工作的重要科学依据[③]。

---

① 《联合国气候变化框架公约》第一款。

② 徐再荣. 从科学到政治：全球变暖问题的历史演变[J]. 史学月刊，2003（04）：114-120.

③ IPCC 目前 5 次评估报告分别于 1990、1995、2001、2007 和 2014 年发布。

　　1990 年 IPCC 第一次评估报告指出,过去 100 年全球平均地面温度已经上升 0.3～0.6 ℃,海平面上升 10～20 cm,温室气体尤其是二氧化碳由工业革命(1750—1800 年)时候的 230 ml/m³ 上升到 353 ml/m³。报告全面评估了气候变化对未来农业、林业、自然地球生态系统、水文和水资源、海洋与海岸带、人类居住环境等方面的影响。这一报告促使联合国大会做出制定《联合国气候变化框架公约》的决定。1995 年 IPCC 第二次评估报告指出"按排放情景预测,在 21 世纪二氧化碳浓度、全球平均表面温度、海平面高度都将增加",第二次评估报告为《京都议定书》提供了科学依据[1]。2007 年 IPCC 第四次评估报告指出,"气候系统变暖是毋庸置疑的,目前从全球平均气温和海温升高、大范围积雪和冰融化、全球平均海平面上升的观测中可以看出全球气候系统变暖是明显的(图 1-1)。""全球温度普遍升高,在北半球高纬度地区温度升幅较大","海平面的逐渐上升与变暖相一致","已观测到的积雪和海冰面积减少也与变暖相一致"[2]。第四次评估报告首次明确指出,"过去 50 年的气候变化很可能是由人类活动引起",这些人类活动主要包括化石燃料燃烧、农业和土地利用的变化等,第四次评估报告推动了"巴黎路线图"的诞生[3]。2013 年第五次评估报告指出,如果没有积极有效的温室气体排放政策,到 21 世纪末,全球气温将比前工业时代至少上升 1.5 ℃。

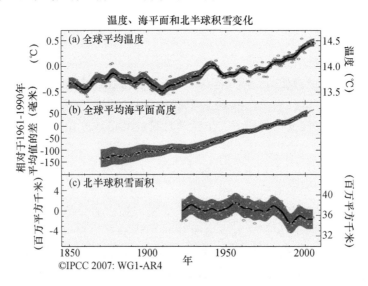

图 1-1　温度、海平面和北半球积雪变化[4]

(二)气候变暖的质疑

　　尽管 IPCC 做出了权威性的气候变暖的科学判断,但仍存在许多质疑和反对的声音。或是因为科学认知的差异,或是因为特定事件使得公众对气候变暖开始质疑。

　　1. 科学认知的质疑

　　对 IPCC 的相关研究方法及结论一直都存在质疑的声音。1989 年全球气候同盟(Global

①　IPCC. 气候变化 2001 综合报告[R]. 2.

②　IPCC. 气候变化 2007 综合报告[R]. 2.

③　张永. 为人类可持续发展贡献中国智慧——庆祝 IPCC 成立 30 周年[EB/OL]. [2019-2-6]. http://www.cma.gov.cn/2011xzt/2018zt/20181101/2018110102/201811/t20181109_482938.html.

④　IPCC. 气候变化 2007 综合报告[R]. 3.

Climate Coalition)成立,目的是反对国际上对化石燃料的限制。科学界也有诸多反对的声音,1993 年非政府间气候变化专门委员会(NIPCC)[①]及气候监测网(Climate Audit)成立,对 IPCC 报告中的诸多内容进行质疑,反对 IPCC 报告中所称的气候变暖结论。

一部分科学家认为地球变暖这一现象的成因是地球自身调节的规律,而不是人类活动造成的。1999 年 Singer 公开发表论文质疑 IPCC 的结论,认为"目前气候并没有变暖;还不能肯定人类活动对气候变暖有多大贡献;对将来气候变暖的模式预测有很大不确定性;即使气候变暖也是利多于害;《京都议定书》意义不大"[②]。美国著名物理学家和气象学家 Judith Curry 也公开质疑 IPCC 的结论,她对"观察的证据不足、气候模型对温室效是否过于敏感、对自然气候变化的模拟处理是否不充分"等都提出了质疑。

2."曲棍球杆曲线"事件

科学界也爆出一系列丑闻,1998 年美国年轻的曼恩(M. E. Mann)博士研究出 1000 年来地球温度的"曲棍球杆曲线"(图 1-2),认为工业革命后全球气温便急剧上升,但之后就被质疑由于其处理数据方法错误导致曼恩得出的相关结论不能得到验证。曼恩最后在 2004 年刊登了一份"更正错误"声明,IPCC 报告也对其引用的曼恩研究做了相应的修改。

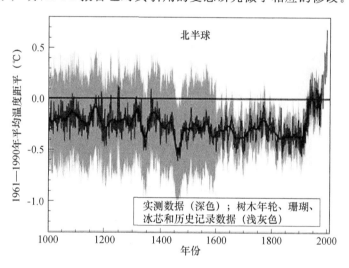

图 1-2　曲棍球杆曲线[③]

3."气候门"事件

2009 年英国东安格利亚大学气候研究中心世界顶级气候学家的邮件和文件被俄罗斯黑客侵入,被爆出气候研究中心有操纵数据、获取研究经费的嫌疑,刻意向公众隐瞒部分不支持气温升高的数据,不利于证明气候变暖的数据可能已经被销毁。这一丑闻使得 IPCC 成为众矢之的,这就是著名的"气候门"事件。

---

① NIPCC 出版了专门针对 IPCC 观点的研究报告,诸如《气候变化再审视——非政府国际气候变化研究组报告》《自然而不是人类控制着气候》,以大量的气候变化实例和研究案例介绍了不同于 IPCC 评估报告主流科学观点的研究认识与结论。包括对全球气候模型及其局限性的探讨,极端天气观测与预测的反对观点等。

② 王绍武,龚道溢. 对气候变暖问题争议的分析[J]. 地理研究,2001(02):153-160.

③ Michael E Mann, Bradley R S, Hughes M K. Northern hemisphere temperature during the past millennium: Inference, uncertainties, and limitations[J]. Geophysical Research Letters, 1999(26):759-762.

2007 年 IPCC 第四次评估报告也争议不断,"冰川门"——得出"喜马拉雅冰川将在 2035 年消失","亚马孙门"——认为"气候变化将威胁到 40% 的亚马孙雨林"。这些经不起推敲的结论,加之 IPCC 报告被爆出引用灰色数据①,这些事件都使得 IPCC 的公信力和权威受到巨大挑战。

"气候门"事件背后是大石油利益集团的支持和密谋。2010 年 3 月 31 日,绿色和平在华盛顿发布的《科赫工业:秘密资助气候否定论的机器》报告中指出,美国石油公司科赫工业(Koch Industries)在 12 年间向美国议会议员和保守派智库捐助近 7300 万美元,持续发出反对气候变化和全球变暖论调,散布气候科学的错误信息,攻击发展清洁能源和阻碍美国通过气候立法。这些保守派智库约有 75 家,且有 5 家接受的捐助超过 100 万美元②。美国石油学会和埃克森美孚公司也都有捐助气候怀疑论的研究。

虽然气候变暖一直存在着争议,甚至被人称为"气候变暖是惊天大阴谋",但是"气候门"事件后众多科学家联合发表公开信认为"这些科学证据非常有说服力和全面,是全世界范围内数千名科学家通过数十年秉持专业道德、艰苦和严谨研究得来的……作为职业科学家——不管是学生还是高级教授——我们都支持联合国政府间气候变化专门委员会在报告中指出的有关气候变暖的结论"③。科学界仍然有来自美国国家气候资料中心(NCDC)和戈达德太空研究所(GISS)的数据在支撑着"近百年全球地表温度具有升高趋势"这一结论④。由于大气中的二氧化碳每年都在急剧增长,地表温度不断升高,使得"森林、海洋、土壤这些碳的主要存储地本身发生了许多改变,它们的二氧化碳吸收能力在逐年衰退"⑤,导致温室气体效应加剧。IPCC 第五次评估报告也指出,过去 3 个 10 年的地表已连续偏暖于 1850 年以来的任何一个 10 年。在北半球,1981—2012 年可能是过去 1400 年中最暖的 30 年。大约自 1950 年以来,已经观测到了许多极端天气和气候事件的变化⑥。2019 年 2 月 6 日,由世界气象组织以及英美等国气象相关机构的最近研究显示,2015—2018 年是自 100 多年前有气温记录以来最热的 4 年,其中 2018 年是史上第四热年⑦。

二、气候变化科学与政治之争

气候变暖问题争议的背后一方面是科学观点的不同,另一方面是众多的利益集团暗地里提供支持来反对气候变暖的结论,气候变化已经不是简简单单的科学认知问题。气候变化科学与政治问题混杂,不少人在反思到底是科学绑架了政治,还是政治绑架了科学,这也反映出气候变化问题的挑战性与复杂性。

---

① 灰色文献指那些非公开发表的会议文集、论文、报告、档案等文献。"亚马孙门"就引用了世界自然基金会(WWF)的报告,正是所谓的"灰色文献"。

② Koch Industries:秘密资助气候否定论机器[EB/OL].[2019-8-2].http://news.hexun.com/2010-04-08/12123253676.html.

③ 张路."气候门"的来龙去脉[J].百科知识,2010(2):11-12.

④ 袁瑛.IPCC 连续遭信任危机"冰川门"后又陷"亚马孙门"[EB/OL].[2019-01-29].https://view.news.qq.com/a/20111206/000022.htm.

⑤ [英]迈克尔·S.诺斯科特.气候伦理[M].北京:社会科学文献出版社,2010:35.

⑥ IPCC.气候变化 2014 综合报告[R].

⑦ 北京青年报.去年史上第四热,地球持续"高烧"不寻常[EB/OL].[2019-02-08].https://baijiahao.baidu.com/s?id=1624853545848569992&wfr=spider&for=pc.

(一)科学问题政治化

IPCC 气候变化的评估报告有不少不确定性的表述,但气候变暖的议题一旦成为国际社会的"科学共识",就要求各个国家履行一定的气候减缓责任,所以,科学问题会转化为政治行动。但是这种转化存在诸多争议,比如 IPCC 参与评估报告撰写的专家是否尊重科学事实,是否被利益集团左右引导科学问题变成有争议的政治话题。IPCC 第五次评估报告也被质疑受到政治干预,"大量有影响的'决策者摘要'中的数字和文本被删除……这标志着政治利益的过度介入"①。科学问题政治化是 NIPCC 对 IPCC 的质疑之一。

当然,随着全球气候治理的发展进程,气候变暖确实已经成为"科学共识",气候变化已经成为国际社会关注的需要各国努力解决的可持续发展问题。而在寻求解决途径的漫长过程中存在众多的集团利益博弈和矛盾,使得这一科学问题解决步履缓慢。这在后文将详叙。

(二)政治绑架科学

气候变暖的议题存在很多质疑和反对集团,其中一个非常重要的原因是大型化石能源集团和石油输出国在背后支持反对气候变暖的研究,因为一旦国际性应对气候变化的政治行动开始实施,势必影响到这些企业和国家的自身利益。气候变化的科学研究容易受到政治因素等干扰。不管是国际还是在国内,都有利益集团或企业支持反气候变暖的研究机构。

发展是国际竞争的永恒主题,但是温控目标和碳排放控制势必影响到各个国家的发展速度,近 30 年气候治理发展历程对减排责任的争议,其实是发展之争、政治之争。从这个角度来看,政治也在影响科学判断问题的解决。美国宣布退出《京都议定书》《巴黎协定》的最大借口就是认为气候变化具有不确定性,气候变暖不是事实。所以,这是一种典型的以政治利益立场否定科学的态度。

不管是科学影响政治,还是政治影响科学,都是一面硬币的两面。正是因为气候变化问题的复杂性,也使得气候变化的诸多研究有更大的探讨空间。

第二节　全球气候变化的影响

全球气候变化对整个自然环境、人类社会生活、未来经济发展等都会带来全方位、多尺度和多层次的影响,促使全球社会和国家必须积极进行气候变化的减缓和适应。IPCC 做出信度和可靠性报告评估气候变化造成的影响,是基于科学数据和气候模型基础做出的预测,这些影响包括温度上升、海平面上升、降水变化、干旱与洪水等气候性自然影响,气候变化带来的影响与脆弱性密切相关,包括农作物、人类抵御自然灾害的脆弱性,更有在这些自然环境和气象条件变化下带来的深层次的粮食安全与水资源、气候贫困、气候移民、国家安全等经济、社会和政治问题。

一、自然环境和生态多样性

气候变化对人类自然环境的影响较多地表现在由气温升高带来的冰川融化、海平面上升、

---

① 王铮. NIPCC 就他们与 IPCC 为什么认识不同所做的解说[EB/OL]. [2019-07-11]. http://blog. sciencenet. cn/home. php? mod=space&uid=2211&do=blog&id=1098254.

干旱、洪涝灾害、降水变化等,气候条件的变化导致各类气候灾害频频发生。

(一)冰川融化和海平面上升

气候变暖的直接影响就是导致地球的冰川和冰雪融化,南极和格陵兰岛的冰盖融化速度的加快会导致海平面上升速度加快,也会对海洋和河流沿岸的居民生活带来影响。美国《国家科学院学报》有报告显示,2019 年起,南极洲每年融冰量将达到 2520 亿吨,约为 40 年前的 6 倍以上,而 1979—2017 年间,南极每年的融化量仅为 400 亿吨[①]。这意味着如果不加控制,南极冰川的融化速度会越来越快。南北极冰川融化不仅会造成企鹅和北极熊逐渐失去栖息之地,也会导致海洋盐度和温度发生变化,可能导致一些生物因盐度和温度变化而死亡。

气候变化会引起海平面的上升。海平面上升的原因,一是海洋的变暖造成海水的轻微膨胀;二是冰川的融化使更多的水进入海洋。IPCC 第四次评估报告指出,海水的热膨胀占 21 世纪海平面上升原因的 65%,而剩余 35% 的原因在于冰川和格陵兰地区冰盖的消融[②]。

更为严峻的是,气温上升使得北极的永久冻土融化,将会释放大量的二氧化碳进入大气。西伯利亚和加拿大北部苔原带地区冰雪融化释放出数十亿吨甲烷气体,这种气体对全球变暖的潜在威胁是二氧化碳的 20 倍[③]。青藏高原上的永久冻土也在逐渐消失。这些都会加剧全球的温室效应。

(二)生物多样性

气候变化会严重威胁到全球生物多样性。随着人类活动范围的扩大,越来越多的动植物失去了它们自己的生存空间,同时天气气候的剧烈变化对动植物的生存产生了严重的威胁,动植物在严酷的气候灾害下难以安全度日。气候的变化对动物的分布、行为和迁徙都造成了不同程度的影响。气候变化会带来各种"突变和非线性变化的风险",会影响到生态系统的"功能、生物多样性和繁殖力"[④],会引起生物的死亡甚至灭绝。"如果地球气温上升 2 ℃,估计地球上将会有 15%~37% 的物种灭绝。据研究显示,如果温度上升超过 2 ℃,会有更多物种灭绝,其比例会上升到 37%~52%。"[⑤]气候变暖增加了海水对于二氧化碳的吸收,导致海水酸化,这会影响到海水原有的酸碱度平衡,使得珊瑚、贝类、鱼类等诸多海洋生物可能因海洋酸化而灭绝。珊瑚对于温度波动比较敏感,海水温度上升 1 ℃会引起珊瑚白化,若持续高温会导致珊瑚死亡,例如,2015—2016 年太平洋中部的海水升温持续了 10 个月,造成了 90% 的珊瑚礁死亡[⑥]。

气温上升也会导致热带雨林大量的野生生物消失。《气候变化》杂志研究显示,若气温再升高 3.2 ℃,亚马孙地区将损失 60% 以上的植物物种和近 50% 的动物物种,如果各国充分努力将升温幅度控制在 2 ℃ 以内,稍有好转但依然严峻的前景是该地区有超过 35% 的物种面临局部灭绝的风险。有调查结果显示,在 20 世纪中期分布在我国青海湖的白头鹞、豆雁等多种

---

① 王玫珏. 科学家警告:全球气候变暖南极每年融冰量为 40 年前 6 倍多[EB/OL]. [2019-02-17]. http://www.cma.gov.cn/kppd/kppdqxsj/kppdqhbh/201901/t20190124_513337.html.

② [英]赫尔德. 气候变化的治理:科学、经济学、政治学与伦理学[M]. 北京:社会科学文献出版社,2012:43.

③ [英]迈克尔·S. 诺斯科特. 气候伦理[M]. 北京:社会科学文献出版社,2010:28.

④ IPCC. 气候变化 2001 综合报告[R]. 15.

⑤ Chris Thomas, Alison Cameron, Rhys Green et al. Extinction risk from climate change[J]. Nature, 2004(427):146.

⑥ 中国天气网. 海水变暖将至珊瑚礁 2050 年前九成消亡[EB/OL]. [2019-02-17]. http://www.weather.com.cn/climate/2017/03/2675670.shtml.

鸟类已经消失;近些年我国范围内的鸟类分布开始因为气候的变化而逐渐发生改变。例如,历史上分布在广西、广东、湖南、湖北、四川、云南等地区的绿孔雀如今却只分布在云南的中部、西部和南部地区,这个区域外已几乎看不见绿孔雀的踪迹。另一方面,气候的变化影响了生态系统的结构和稳定性,生态系统愈发变得脆弱,青藏高原地区的草地及湿地地区不断衰退,转而变为了荒漠和高寒草场等。青海省的牧草也受到严重影响,产草量也逐年下降,导致牧草质量越来越低,草场甚至还出现了退化的现象。

(三)极端天气

IPCC 第三次评估报告指出,温带地区作物生长周期变短,极端天气越来越频繁。极端天气和极端气候诸如飓风、暴雨、干旱、高温天气、极寒天气频频出现。IPCC 第五次评估报告中表明,受全球变暖影响,随着海洋蒸发增加大气中水汽含量将逐渐上升,世界各地出现极端降水和降雪的可能性将增加。在一定程度上气候变暖可能会加剧厄尔尼诺的出现频率。2005年 6 月,印度北部的奥里萨邦气温高达 47 ℃,热浪对生命安全造成严重威胁。2016 年 1 月北极异常变暖导致了中国广州下雪出现历史罕见的"霸王级寒潮",主要原因是北极海冰减少,北半球的冷空气就会更容易向南侵袭,会导致我国北方和稍往南一些地方出现寒潮和冷冬[1]。2017 年 6 月,我国南方共出现 6 次区域性暴雨过程。其中,6 月 22 日至 7 月 2 日,我国西南、江南和华南一带连续遭受 2 次、长达 11 天的大范围强降水过程,大部分地区累计降雨超过200 毫米,湖南、江西和广西局地累计雨量达 500 毫米[2]。

在我国,平均最低气温显著提高,昼夜温差显著减小。长江淮河流域的降水量自 20 世纪70 年代以来明显增多,更加容易产生洪水灾害;而在黄河流域,自 20 世纪 70 年代中期开始就连续不断地出现干旱天气,并且干旱的程度在不断加剧。华北以及西北地区的降水量减少了50%～70%,夏季北方的大部分地区持续出现高温少雨的现象,夏季旱灾现象异常严重。

二、气候贫困

气候变化更深远的影响就是对社会经济生活带来的影响。生态环境、居民和国家脆弱性越强,受影响越大。受极端天气和极端气候的影响,气候变化使得依赖自然条件进行生计的居民,由于生产资料受损、丢失土地、抵御能力差等使得收入减少,导致贫困产生或加剧。气候变化也会导致贫穷国家因抵御自然灾害的能力低,尤其是资金原因导致的气候适应能力弱,导致贫困国家越来越穷,从而陷入贫困陷阱[3]。诸如气候变化对埃塞俄比亚、肯尼亚、印度等国家影响就大于其他国家。气候变化对于工业国家和发展中国家,对富人和穷人带来的影响极不公平。

受气候变化的影响,某些地区的水资源供应在减少,水资源对于农业生产、消除贫困来讲是极为重要的。IPCC 第四次评估报告指出,相对于 1980—1999 年的全球年平均温度变化,在中纬地区和半干旱低纬地区,可用水量在减少,干旱增多。数亿人口面临更为严重的供水压力。青藏高原是许多大江大河的发源地,青藏高原的冰川融化和降水量的不规则变化可能导

---

① 中国气象爱好者. 地球"空调"要崩溃了? 中国专家:我国或频繁遭遇极端天气[EB/OL]. [2019-02-16]. http://baijiahao. baidu. com/s? id=1603782497344214387&wfr=spider&for=pc.

② 创绿研究院. 盘点:2017 中国极端天气事件[EB/OL]. [2019-07-22]. http://www. ghub. org/? p=8277.

③ Azariadis C, Stachurski J. Poverty traps[J]. Handbook of Economic Growth, 2005(1):295-384.

致水资源紧缺,影响依赖冰川融化进行农业生产的地区,也将影响整个亚洲的淡水供应。

气候变化较大影响到粮食生产和安全。气候变化对"小业主、农民和渔民"的影响较大,当温度增加较高时,谷物产量将会减少。在大多数热带和亚热带地区,对于多数预测的温度升高情形,预测的谷物潜在产量都会降低,低纬地区所有谷类作物产量将会降低[①]。气候变化对中国的粮食安全影响也较大,气候变暖导致的暴雨洪涝等自然灾害使得部分地区粮食产量减产。2003年夏季,长时间的高温天气盘踞在我国的江南、华南等地区,导致江南、华南的许多地区出现了严重的伏旱天气,进而导致了农作物的大量受损,森林也因为高温而产生了一系列的火灾危害。地面的温度提高,加剧了地表水分的蒸发,蒸发的水分增多也造成了更多的降水,进而导致干旱、洪涝的天气频频发生。极端灾害天气的发生,对我国部分区域的粮食生产造成了显著影响[②]。气候变暖还导致了病虫害发生规律性变化,以及某些作物的种植纬度提高。粮食生产和安全受到影响也会使得贫困加剧。

三、气候移民

气候移民是气候变化带来的另一大社会影响,因为气候灾害的加剧,生存环境的改变使得人们为生计和生存所迫不得不离开现有的居所,向其他地区或国家进行迁徙。潘家华认为"气候移民是气候变化背景下气候容量匮乏和长期贫困所引发的现象"[③]。气候移民从古至今都存在,大多数气候移民的发生与自然环境改变(海平面上升)、极端自然灾害和气候贫困问题相关。据伦敦慈善团体估计,目前全世界有1.63亿人被迫离开家乡,从现在到2050年为止,将再有2.5亿人为了逃离气候变化所引起的洪水、旱灾、饥饿、飓风而背井离乡,有5000万人的家园将被天灾吞没[④]。气候移民会带来一系列衍生性问题,诸如与迁入地区和国家居民的文化差异冲突、宗教冲突、社会管理和治安等问题。根据发生原因的不同,气候移民也有多种类型,比如自愿性气候移民和非自愿性气候移民、永久性气候移民和暂时型气候移民、国际性气候移民和国内性气候移民、直接性气候移民和间接性气候移民[⑤]。

气候变化使得海平面会逐渐上升,一些地势低洼的地区和国家将面临被淹没的风险。图瓦卢、基里巴斯、马尔代夫、毛里求斯和塞舌尔这些岛屿将首当其冲,居民将沦落为永久气候难民。2002年,图瓦卢已经正式开始移民,成为全球第一个因气候举国搬迁的国家。由于喜马拉雅山的雨雪量增加,孟加拉国季节性河流流量增大,进一步引发洪水,对流域内田地和农舍的破坏性更大、更广,也更频繁,对河岸的侵蚀作用也更为严重。爆发的季节性洪流,使得成千上万居民必须定期搬家[⑥]。而我国西部地区尤其是宁夏、甘肃因为荒漠化严重、常年缺水、干旱加剧等原因,也存在一些因求得生计或生存环境改善、扶贫需要的自发移民、生态移民、规划性移民的现象。

①　IPCC.气候变化2007综合报告[R].10.

②　中国天气网.全球气候变化对我国粮食生产有何影响[EB/OL]?[2019-2-18].http://www.weather.com.cn/climate/qhbhyw/09/1002925.shtml.

③　潘家华,郑艳.气候移民——兼论宁夏的生态移民政策[J].中国软科学,2014(1):78-86.

④　史蒂芬·法里斯.大迁移——气候变化与人类的未来[M].北京:中信出版社,2010:3.

⑤　陈绍军,曹志杰.气候移民的概念与类型探析[J].中国人口·资源与环境,2012,22(06):164-169.

⑥　[英]迈克尔·S.诺斯科特.气候伦理[M].北京:社会科学文献出版社,2010:26.

四、人类健康

气候变化对人类健康会带来巨大威胁。原因在于各种极端天气导致人类生存状况恶化，死亡人数增加；气温升高导致高温高湿天气增多，为病菌爆发、传染性疾病传播提供便利条件。因蚊子传播疾病包括疟疾、登革热、病毒性脑炎的发病率将增高。《柳叶刀》发布的《健康与气候变化，保护公众健康的应对政策》报告指出，不断上升的气温不仅对人类健康产生了直接影响，还在某种程度上影响了人们的劳动生产效率，加速了某些传染病的扩散。IPCC 第四次评估报告指出，气候变化带来的"热浪、洪水和干旱导致发病率和死亡率上升；某些疾病传播媒介的分布发生变化；营养不良、腹泻、心脏病和传染病等疾病造成的负担加重"①。

极端天气诸如热浪也会严重影响人类生存，例如，2003 年的欧洲热浪使巴黎 506 人死亡、伦敦 315 人死亡；在气候变化的极端情况下，与 1971 年至 2020 年间的情况相比，预计在 2031 年到 2080 年间菲律宾因热浪死亡的人数将涨至目前水平的约 12 倍，澳大利亚和美国的相关死亡人数可能会上涨到约 5 倍，英国的相关死亡人数也会上涨到约 4 倍。分布在热带、亚热带等国家的低收入人口，更易受到传染性疾病的威胁影响，他们受到的健康威胁会增加。气候变化对世界公共卫生健康医疗事业都带来了不小的挑战。

总之，气候变化这一非传统安全对自然环境和人类社会带来的影响是全方位的，不仅影响到自然生态、水资源、粮食生产、人类健康、生态多样性等，更有可能因为气候变化带来对稀缺资源的争夺，气候移民可能带来的难民潮引发地区之间的冲突，使得国家安全受到影响，增加迁入国家的环境压力、经济压力、就业压力和社会治安压力。因此，气候变化是涉及经济、政治和外交诸多方面的重要问题，国际社会对于气候治理问题的解决非常重视，但是却矛盾重重，充满着博弈。

第三节 全球气候治理及发展历程

一、治理与全球治理

从词源学上讲，治理来源于希腊语"*kybernan*"，形容驾驶一艘船（steering a boat）。现代意义上，"治理"（governance）这一概念最早是由世界银行提出的，逐渐在 20 世纪 90 年代成为政治学、公共管理、法学、经济学、国际关系学中的流行理论。1989 年，世界银行在《撒哈拉沙漠以南非洲问题的报告》中使用"治理危机"一词，来描述后殖民地和发展中国家的政治状况。"治理"是一个比"政府"更宽泛的概念。其最广的含义是指协调社会生活的各种方法和途径②。1995 年全球治理委员会更进一步将治理制度化，促进了治理理论的普及，"治理是各种公共的或者私人的机构管理其共同事务方式的总和。它是一个让相关利益主体对它们之间相互冲突或不同利益得以协调，并采取联合行动的持续过程。它既包括那些正式的制度和规则，也包括那些非正式的制度和规则。"③从治理的定义可以看出，治理与"统治"相比，更加强调了

① IPCC. 气候变化 2007 综合报告[R]. 10.
② 海伍德. 政治学核心概念[M]. 天津：天津人民出版社，2008：22.
③ The Commission on Global Governance. Our Global Neighborhood：The Report of the Commission on Global Governance[M]. Oxford：Oxford University Press，1995.

私人机构在国家公共事务中的作用,这也反映出国家在治理公共事务中的"碎片化"和"失灵",非政府机构、市场等主体都可参与公共问题的解决。治理的方式不是依靠权威,而是建立在共同利益和认同之上,依靠上下互动,通过合作、协商、伙伴关系来实现管理;治理也是一种各个主体持续互动的过程。因此,政府只是在治理中的组织形式之一,"无政府的治理"可以存在。

治理理论的主要创始人之一——詹姆斯·罗西瑙认为,"治理是一系列活动领域里的管理机制,是一种由共同的目标支持的管理活动。这些管理活动未必获得正式授权,主体也未必是政府,也无须依靠国家的强制力量来实现,却能有效发挥作用"。[①]

罗茨认为治理至少有 6 种不同的定义:最小政府的治理、公司治理、新公共管理的治理、善治的治理、社会—控制体系的治理、自组织网络的治理[②]。

斯托克在其早期的论文《作为治理的理论:五个论点》中提出了治理的五个核心论点:①治理意味着一系列来自政府但又不限于政府的社会公共机构和行为者;②治理意味着在为社会和经济问题寻求解决方案的过程中存在着界限和责任方面的模糊性;③治理明确肯定了在涉及集体行为的各个社会公共机构之间存在着权力依赖;④治理意味着参与者最终将形成一个自主的网络;⑤治理意味着办好事情的能力并不仅限于政府的权力,不限于政府的发号施令或运用权威,在公共事务的管理中,还存在着其他的管理方法和技术,政府有责任使用这些新的方法和技术来更好地对公共事务进行控制和引导[③]。

俞可平认为治理可以弥补国家和市场的一些不足,可以通过国家与社会、政府与非政府、公共机构和私人机构的合作,通过技术、网络等多种方式实现自上而下和自下而上的双向互动,以实现公共治理的目标。但治理也存在失效的可能,治理追求的目标是公共利益最大化,也即善治的目标,这一目标的建立离不开公民与政府的良性互动与合作治理。善治的基本要素有六个方面:①合法性;②透明性;③责任性;④法治;⑤回应;⑥有效[④]。

治理理论的产生有一系列的政治、社会要求及政府理论变革的需要。治理理论在新公共管理运动之后开始占据主流理论地位,在某种程度上也是对新公共管理理论的超越。新公共管理理论提出政府的职责不应该是"划桨",而应该是"掌舵",主张政府从公共事务中解放出来,只确定目标和战略任务即可,英美也因此在 20 世纪 70 年代兴起了私有化改革的浪潮。治理理论也是奠基在新公共管理的基本理念之上,但治理理论的目标更宏大,不是局限于政府自身改革问题,而是在塑造"公共价值",更加强调公共领域与私人领域的合作,强调"多主体""去中心"的"公共治理"理念,国家与社会界限更加模糊,市场主体的地位也更加突出。因此,在治理理论下,政府、市场、非政府组织、专家、智库、企业、公民、新闻媒体等各种利益相关者都可以参与到政策制定过程当中,为治理做出贡献。

在全球化的背景下,诸多重要的国际公共议题出现"无政府"的"丛林状态",全球治理更多地依赖于全球各个国家、众多非政府机构、私人机构的合作参与。新世界治理论坛将全球治理简单定义为"地球的集体管理",治理是一个过程,通过这个过程,机构协调和控制独立的社会关系,并有能力通过武力强制执行其决策。波士顿大学的阿迪尔将全球治理定义为"在没有全

① James N Rosenau, Ernst-Otto Czempiel. Governance without Government:Order and Change in World politics [M]. Cambridge:Cambridge University Press,1995.

② Rhodes R A W. The new governance:Governing without government[J]. Political Studies, 1996, 44(4):652-667.

③ Stoker G. Governance as theory: Five propositions[J]. International Social Science Journal, 1998, 50(155):17-28.

④ 俞可平. 治理与善治[M]. 北京:社会科学文献出版社,2000:9-10.

球政府的时候进行全球活动的管理"。拉尔夫邦其国际研究所学者认为:"全球治理可以是好的、坏的,也可以是无关紧要的,是指具体的、共同解决问题的任务安排,其中许多不仅越来越涉及超国家机构联合国,而且也还有联合国组织即国际秘书处和其他非国家行为体,换句话说,全球治理是管理全球事务的方式"。总的来说,全球治理可以被定义为"国家市场公民和组织之间、国家和非政府之间的正式和非正式制度、机构关系和过程的复合体,通过这些机构在全球范围内表达集体利益,确立义务、职责和特权,并通过受过教育的专业人士调解分歧"。

在终极动力的推动下,全球治理理论的内涵主要表现为:第一,作为一个宽泛的概念,全球治理既可以参与权力的统治,也能够协调多元主体之间的利益纠缠,体现为政府与非政府的合作、公方和私方的合作;第二,全球治理不以行政命令作为利益协调的依据,而是力求多元主体平等共赢;第三,全球治理的权威不是外界赋予的,而是多元主体在互动过程中基于对市场、利益和认同的普遍接受,经过不断互动而产生的。所以,全球治理主要表现为合作、协商、伙伴关系等多元互动的方式①。对于气候变化问题,由于全球气候问题的扩散特征和国际社会的无政府状态,使得全球气候治理的运动开始兴起。

二、气候治理概述

(一)环境治理与气候治理

环境问题的出现与人类的工业化进程密不可分。工业化发展追求高生产,但忽视对自然生态的保护,未经处理或不合格的废水、废气、废渣等肆意排放,人类过度追求经济效益带来对自然资源的大量消耗和破坏。西方国家在工业化发展中,在20世纪30—60年代饱受环境问题的困扰,发生了著名的"马斯河谷烟雾事件""伦敦雾都事件""洛杉矶光化学烟雾事件""多诺拉镇烟雾事件""日本水俣病事件""日本富山骨痛病事件""日本四日市气喘病事件""日本米糠油事件",被称之为环境史上著名的"八大公害事件"。这些严重的水或大气等环境污染事件带来了多人死亡、病重或产生后遗症,是人类工业化和城市化进程中值得警醒的事件。当前全球重要的环境问题有气候变化、臭氧层破坏、沙漠化、垃圾处理、海洋污染、热带雨林衰退、生物多样性减少等关系到自然生态本身和人类的发展。

环境问题不仅是各个国家发展应该关注的问题,更因大气污染、海洋污染、流域污染等具有跨域、跨界的特点,环境问题的全球治理需要国际社会的努力。环境问题的弥散性与超国界性和孤立国家主权的狭隘与政府能力的不足,促使国际社会将环境问题作为一个整体来加以治理②。1972年联合国在斯德哥尔摩召开第一次人类环境会议,发布了《联合国人类环境宣言》,倡议各国政府和人民为维护和改善人类环境、造福全体人类、造福后代而共同努力。1973年,联合国成立了环境规划署,专门负责全球环境问题的统筹和协调。1988年世界气象组织和联合国环境规划署成立了气候变化专门委员会,专门负责气候变化的评估、报告与咨询。1992年里约热内卢联合国环境与发展大会是继1972年大会之后的又一次里程碑型环境大会,将众多环境议题进行讨论,督促各国政府就环境问题采取协调合作,防止环境污染和生态恶化,促进人类可持续发展,通过了《里约宣言》《21世纪议程》《联合国气候变化框架公约》《生

① 张铎,张东宁.全球治理理论的困境及超越[J].社会科学战线,2017(04):274-277.
② 庄贵阳,朱仙丽,赵行姝.全球环境与气候治理[M].杭州:浙江人民出版社,2009:5.

物多样性公约》系列重要文件[①]。

可见,气候问题是环境治理议题中的重要议题,一直被国际社会关注。气候治理是环境治理中的一部分,但气候变化问题又与其他环境问题不同,被认为是 21 世纪对国际政治和环境治理最大的挑战之一。

(二)气候治理的特殊性

气候变化给传统的全球环境治理模式带来了严重的挑战,对气候治理的回应要远远超过对传统环境治理的回应。气候变化挑战不同于一般的环境问题,主要在于"气候问题的长时间尺度和跨代外部性、气候变化的大空间尺度与全球外部性、气候变化问题的不确定性特征"[②],碳排放具有自由流动性、无边界性,这使得气候治理比一般的环境治理问题(如酸雨)更为复杂,要考虑大气问题的溢出效应和历史沉积效应。气候治理本身带来的争议主要有:治理与发展之间的矛盾、发达国家和发展中国家之间的"南北"矛盾、发达国家和发展中国家的责任分担矛盾。

1. 气候治理需要全球各个国家"总动员"

气候变化对传统的"主权观、安全观和利益观"[③]带来挑战。碳排放问题的弥散性使得气候变化问题远比任何一种环境问题更加需要全球总动员。温室气体排放具有"跨国外部性和跨代外部性"[④]的特点,气候变化问题不同于任何其他环境问题,因为其治理将会影响到各个国家的社会经济发展全局,与任何其他环境问题相比给国际社会和秩序带来的挑战更大。

面对气候治理这一"无政府状态"的治理,截至 2018 年 12 月 30 日,在《联合国气候变化框架公约》下联合国已经召开了 24 届气候变化大会,历次大会由各缔约国政府参与,确定一个主题来商议气候变化应对的主要决议和行动。截至 2004 年 9 月,《联合国气候变化框架公约》已经有 189 个缔约方,世界上大部分国家都积极参与到气候治理中。气候变化关系到人类未来的可持续发展和未来子孙生存的大问题,需要各个国家屏除己见,达致"合作共赢"。

2. 气候治理引发南北政治问题讨论

气候变化根本上涉及发展问题。在国际领域发达国家和发展中国家的南北矛盾,主要在经贸领域和冷战时期体现。气候变化的治理将历史上发达国家和发展中国家的矛盾再次展现出来,气候政治的争论围绕着"南北"之间的发展问题集中展开。发展中国家与发达国家之间不仅在气候大会决策参与机会不平等,自身所具有的资源也不平等[⑤]。气候变化对发展中国家的影响远远超过发达国家,由于发展中国家自身较为贫穷,有些国家资金和技术有限,其履行国际协约、实现发展转型有难度,其抵御气候变化的影响也有限,会导致贫穷加剧。在一定程度上,发展中国家公民的生命权、财产权、健康权,甚至是基本的生存权都会更大地受到气候变化的影响。所以,发达国家应该承担更多成本来帮助发展中国家应对气候变化。

气候治理制度和格局势必影响南北的根本发展,也正是因为此,气候治理的进程一直较为

① 中国环境报社. 迈向 21 世纪:联合国环境与发展大会文献汇编[M]. 北京:中国环境科学出版社,1992:30-45.

② 邹骥,傅莎,陈济,等. 论全球气候治理——构建人类发展路径创新的国际体制[M]. 北京:中国计划出版社,2015:12-18.

③ 乐波. 全球环境问题与全球治理——以气候变化为例[D]. 武汉:华中师范大学,2004.

④ 邹骥,傅莎,陈济,等. 论全球气候治理——构建人类发展路径创新的国际体制[M]. 北京:中国计划出版社,2015:12.

⑤ 戴维·赫尔德,安格斯·赫维,玛丽卡·西罗斯. 气候变化的治理:科学、经济学、政治学和伦理学[M]. 北京:社会科学文献出版社,2012:116.

缓慢。国际合作进程受制于国家的利益需求和博弈,气候变化治理甚至会影响形成新的国际治理新秩序。随着气候变暖,北极冰川融化也会引起国家之间竞争开采能源,会引起新一轮的国家竞争,国际地缘和政治格局也会更加复杂。

3. 气候治理关系全球气候正义和代际正义

为达成全球温室气体排放的限制性目标,需要各个国家进行温室气体减排。气候治理关系到发展问题,在伦理价值上关系到全球气候正义和代际正义。面对大气环境这一有限的"全球公共产品",如果不加约束任意排放,必然会带来纯公共物品不可避免的"公地悲剧"。国际社会试图通过约束性的国际协议来开展气候治理,但是约束性的排放涉及不同国家以及当代和后代子孙的"环境权、生存排放权及发展权"[①]。生存排放权和发展权是紧密联系在一起的两个权利。在亨利·舒(Henry Shue)的基本权利理论中,他认为生存的权利就是一种基本权利,基本权利是享有其他权利的基础,罗尔斯也认为生存和安全是生活的基本权利[②]。亨利·舒和史蒂文·范德海登(Steven Vanderheiden)区分了生存排放和奢侈排放,他们认为只有生存排放才可以解释每个人的"基本权利",只有"人均"原则才可以保障每个人的生存排放。

面对不同发展程度的国家,如果不能保障不发达国家基本的生存排放权,就等于抹杀了不发达国家人民的基本发展人权。而一味强调"人均原则"否认历史排放责任,就是否认发达国家长期以来先于发展中国家的排放沉积,限制了发展中国家的发展权。这都是极大的不公平、不正义。大气中二氧化碳浓度从工业革命前的 270 ppmv(百万分之一体积)左右提高到 2005 年的 380 ppmv,约有 60% 来自 2005 年前人口不到全球 15% 的 27 个发达国家。发达国家是温室效应的主要源头,但是全球气候变暖的责任却要所有国家承担。同时,讨论责任分担不仅考虑过去对当前的影响,也要考虑现在对于未来子孙的影响,代际正义贯穿于过去—现在—未来。气候正义与代际正义紧密相关。在气候治理中,应协调好不同原则的诉求,追求符合人类可持续发展和平等的气候正义和代际正义。

(三)气候治理的困境

在气候治理过程中,人们发现最大的难题就是气候是一个全球的公共物品,全世界的人共同享有一个大气层,各地的气候都只是整体的一部分,其变化都是连通的,各国不可能单独治理。同时,它自身具有高度的复杂性,气候变化会与社会、经济、政治问题重叠,各种社会利益的交织使得气候的治理受到多方限制。同时,气候变化在空间、时间上是不平衡的。在空间上,发达国家是工业革命时期的主要二氧化碳排放国,是造成温室效应的主要来源,但气候变暖却是全球的人类共同承担的;在时间上,人类对大气造成破坏,其影响是滞后的,过去的人应对现在负责,而现在的人却要对将来负责。这使得各国的人们在分配气候治理的责任上分歧很大且冲突日益剧烈。

目前全球气候治理陷入的主要困境有以下几方面。

1. 主权国家体系引起的困境

首先,各国受损程度与治理能力是不平衡的。全球各个国家对气候变化的敏感度都不一

---

① 陈俊. 全球气候正义与平等发展权[J]. 哲学研究,2017(01):108-115,129.
② 张胜玉,王彩波. 气候变化背景下气候贫困的应对策略[J]. 阅江学刊,2015,7(03):45-52.

样,在气候变暖中受损最严重的是发展中国家,尤其是岛屿国家,但他们也正是最缺乏治理的技术、资金和应对制度的国家,要想让他们加入全球的气候治理中,发达国家的资助和支持是必需的,这导致了国家之间利益和实力的博弈。其次,集体利益和个体利益的冲突。发展中国家的首要任务是脱贫致富,无力在气候治理上投入过多;而发达国家减排成本高昂,会影响经济发展,这些都影响了他们对气候治理的积极性,致使治理不足。再次,在全球气候治理过程中存在"搭便车"的行为。鉴于气候的享用具有非排他性和非竞争性,就有一些国家既不想在气候治理上投入巨额的资金,但又不断倡议其他国家积极参与到气候治理中去,这样他们可以享受治理好后的安全大气环境,这种现象也是导致国际合作一直难以取得成效的原因。

2. 多元化的治理主体造成的困境

首先,多元化的主体可能因为协调不足造成重复建设,浪费资源,同时造成决策拖沓。其次,多个国家主体之间的责任分担比例难以确定,造成国家之间矛盾激化。

3. 气候治理上的价值观念差异引起的困境

以美国为首的发达国家主张将气候变暖看作环境问题来治理,提倡世界各国公平分配责任;发展中国家主张将气候变暖看作发展问题来治理,要求在不减缓本国发展,同时得到发达国家资助的基础上来开展气候治理。两种治理价值观念的冲突也是现在南北的根本矛盾所在。

三、全球气候治理的发展阶段和历程

国际气候治理的进程从 20 世纪 80 年代就已经开始,至今已经有近 40 多年的发展历程,联合国是全球气候治理的主要发起者和推动者。总体上看,国际社会围绕着气候变化的减缓与适应问题展开讨论,围绕着具有约束力的协议及执行问题进行协商,历次气候大会的召开表明了国际气候治理进程的漫长博弈和艰难,但是国际气候治理仍然在共同努力下取得了阶段性的成果,其中就以《联合国气候变化框架公约》《京都议定书》《巴黎协定》三个协议为代表。这三个协议表明全球气候治理的制度框架和行动路线已经形成。下面主要以这三个主要的协议为主,探讨气候治理的发展进程。

(一)1992 年里约热内卢环境与气候大会——《联合国气候变化框架公约》

1992 年里约热内卢环境与气候大会最重要的成果就是《联合国气候变化框架公约》(以下简称《公约》)的通过,因为是环境大会,还通过了全球可持续发展战略文件《21 世纪议程》《生物多样性公约》和《森林原则声明》。《公约》的核心目标是"将大气中温室气体的浓度稳定在防止气候系统受到危险的、人为干扰的水平上,而且实现稳定在这一水平的时间范围应当足以使生态系统能够自然适应气候变化、确保粮食生产免受威胁,并使经济发展能够可持续地进行"。《公约》确定了"共同但有区别的原则",明确了发达国家与发展中国家对温室气体排放应尽不同的义务,《公约》附件一国家缔约方(发达国家和经济转型国家)应该率先采取措施限制温室气体排放,《公约》附件二国家缔约方(发达国家)应向发展中国家提供应对气候变化的资金和技术支持。《公约》在气候治理的发展史上具有历史性的奠基地位,奠定了气候变化国际合作的基础,提高了各国及各界应对气候变化的意识,是推动全球气候变化行动与合作的基础。

《公约》提出了一系列国际合作的原则,包括公平原则、共同但有区别的责任原则、各自能

力原则、预防原则、成本有效原则、考虑特殊国情和需求原则、可持续发展原则和鼓励合作原则，全面考虑到了应对气候变化的各个方面，为各方参与国际合作提供了保障[①]。截至 2012 年 12 月，加入《公约》的缔约国有 196 个。尽管《公约》约定了义务，但是没有对发达国家应排放的份额做出规定，不具有法律约束力。因此，联合国定期召开缔约方会议（COP），围绕着《公约》的履行及温室气体减排责任承担问题继续展开协商。可以说历次缔约方大会都是围绕着《公约》确定的国际目标在行动。

1995 年的柏林气候大会和 1996 年的日内瓦气候大会都是在为第三次缔约方大会即京都气候大会通过具有法律约束力的文件做努力。柏林缔约方大会通过了《柏林授权》，并成立了"柏林授权特别小组"，负责进行公约的后续法律文件谈判，并负责第三次缔约方大会的文件起草工作。日内瓦缔约方大会通过了《日内瓦宣言》，赞同 IPCC 第二次评估报告的结论，呼吁附件一缔约方制定具有法律约束力的限排目标和做出实质性的排放量削减。截至 2018 年 12 月，联合国《公约》缔约方大会总共举行了 24 次。

（二）1997 年京都气候大会——《京都议定书》

1997 年日本京都气候大会即第三次缔约方大会（COP3）通过了著名的《京都议定书》。其目标是"将大气中温室气体含量控制在一个适当的水平，进而防止剧烈的气候改变对人类造成伤害"。《京都议定书》将参与国划分为三类：工业化国家、发达国家和发展中国家。对附件一国家规定了具体的、具有法律约束力的温室气体减排义务，发达国家在 2008—2012 年间总体上要比 1990 年水平平均减少 5.2%。同时引入清洁发展机制（CDM）、排放贸易（ET）和联合履约（JI）三个灵活机制，允许发达国家以成本有效方式在全球减排温室气体。《京都议定书》需要占全球温室气体排放量 55% 以上的至少 55 个国家批准，才能成为具有法律约束力的国际公约。2005 年 2 月 16 日，《京都议定书》正式生效。截至 2005 年 8 月，共有 142 个国家和地区签署了协议，这也是目前唯一一个规定了附件一国家第一和第二减排规则、具有法律约束力的时间表及违约惩罚机制的国际条约。但是，《京都议定书》"自上而下"的全球减排机制从签署到生效经历了 8 年时间，具有法律约束力的国际协定发展一再受挫。

美国作为温室气体排放量较大的发达国家，占据温室气体排放量的 25%，却拒绝签署《京都议定书》，2001 年 3 月，美国布什政府宣布退出《京都议定书》。加拿大虽签署协约，但在 2011 年 12 月又正式退出《京都议定书》。布什政府以气候变化"缺乏可靠的科学证明"为由退出《京都议定书》，但实质上出于本国政党竞争需要获取石油、能源等大资本企业的支持，但更重要的在于美国对发展中国家尤其中国和印度无须参与温室气体排放表示不满，认为限制本国的温室气体排放必然侵害国家发展利益。虽然美国不配合、不参与全球气候治理协议，但最终占全球排放量 8.5% 的日本和占全球排放量 17.4% 的俄罗斯，在与发展中国家的博弈后，签署了《京都议定书》，才使得《京都议定书》在 2005 年 2 月能够生效。加拿大在第一期承诺结束，2011 年德班气候大会后退出《京都议定书》。加拿大同样认为协约对于发展中国家没有进行限制存在漏洞，没有覆盖所有的排放大国。按照加拿大 2009 年的排放量，其排放的温室气体比 1990 年高出 17%，远远达不到《京都议定书》要求的截至 2012 年在 1990 年的基础上减排 6% 的减排承诺，加拿大达不到协约要求就会面临 140 亿加元的巨

① 邹骥，傅莎，陈济，等．论全球气候治理——构建人类发展路径创新的国际体制[M]．北京：中国计划出版社，2015：103．

额罚款。再加上保守党派上台的影响,加拿大宣布退出《京都议定书》,并主张全球主要排放体都应量化进减排承诺中。

为了促进《京都议定书》尽快得到履行,联合国共进行了 12 次《京都议定书》缔约方会议。2007 年巴厘岛气候大会达成的"巴厘岛路线图"确定了落实《公约》的领域,确立了"双轨制"。所谓气候变化谈判的双轨机制,是指按照"巴厘岛路线图"的要求,联合国气候大会应在《联合国气候变化框架公约》及《京都议定书》的框架下进行,签署《京都议定书》的发达国家要履行《京都议定书》的规定,承诺 2012 年以后的大幅度量化减排指标;而发展中国家和未签署《京都议定书》的发达国家(主要指美国)则要在《联合国气候变化框架公约》下采取进一步应对气候变化的措施[1]。巴厘岛气候大会也确立了"承诺＋评审"的自下而上的承诺模式[2]。气候谈判的巴厘岛"双轨制"比较符合发展中国家的利益和预期,但却遭到了发达国家的抵制。

2009 年哥本哈根气候大会,被称为"拯救人类的最后机会",吸引了众多媒体和非政府组织参与,由于媒体的广泛传播,使得国际社会对这次气候大会抱有极大的期待。大会目的是商讨《京都议定书》一期承诺到期后的方案,但是由于发达国家对发展中国家减排责任的强调,试图将"巴厘岛路线图"的"双轨制"变为"单轨制",南北国家之间的矛盾与利益分化明显。最后的《哥本哈根协定》草案对各国温室气体减排目标没有提及,最终的草案也未获得大会通过。因此,这次大会也被称之为是一次失败的气候大会。发达国家提出单轨制,试图将发展中国家纳入共同减排的进程中,实际上是在否定《京都议定书》的成果。2011 年日本和俄罗斯也宣布不再参与《京都议定书》第二承诺期的政策。"自上而下"的减排模式越来越缺乏支持。

(三)2015 年巴黎气候大会——《巴黎协定》

2015 年巴黎气候大会在气候治理发展史上又迈出了历史性的一步,《巴黎协定》成为"共同但有区别责任"原则之后,淡化南北差异,倡导自下而上"共同减排"的第三个具有法律约束力的国际协约,将影响 2020 年后全球气候治理格局。《巴黎协定》的主要目标是将 21 世纪全球平均气温上升幅度控制在 2 摄氏度以内,并将全球气温上升控制在前工业化时期水平之上1.5 摄氏度以内。《巴黎协定》与以往协定不同之处在于在共同但有区别责任的原则和能力原则基础之上建立"国家自主贡献"机制,各国根据各自的国情和能力采取自主行动,自主决定本国的减排目标。这样,就把所有排放大国纳入了温室气体减排的共同行动中。各缔约方每 5年编制、汇报其下一次国家自主贡献,建立良好的动态监督和全球盘点机制来形成约束力。发达国家应该率先努力实现绝对减排目标,发展中国家应该基于国情,逐渐实现绝对减排或限制目标。发达国家应向发展中国家缔约方提供减排帮助。最不发达国家和小岛屿发展中国家可以编制反映本国特殊国情的温室气体排放战略、计划和行动。《巴黎协定》要求缔约国建立透明的资金机制、市场机制,遵循"衡量、报告和核实"的运行原则。

《巴黎协定》反映出了国际气候治理发展的转变,从《公约》和《京都议定书》所建立的"自上而下"的"控制型"减排模式转变为"自下而上"的"自主型"减排模式。有利于减少发达国家和发展中国家对于历史减排责任的争议和对抗,将《京都议定书》确定的只强调发达国家减排的

---

① 驻南非经商参处. 南非表示支持气候变化谈判的双轨机制[EB/OL]. [2019-07-29]. http://www.mofcom.gov.cn/aarticle/i/jyjl/k/201012/20101207321062.html.

② 邹骥,傅莎,陈济,等. 论全球气候治理——构建人类发展路径创新的国际体制[M]. 北京:中国计划出版社,2015:107.

决议转变为更加强调各国之间的双边和多边合作。《巴黎协定》所做出的"自主贡献"承诺最早可以追溯到 2013 年华沙气候大会中邀请各国准备"国家自主贡献",并于 2015 年巴黎气候大会之前提交。事实证明,联合国气候变化专门委员会为积极督促和促进国际气候治理的发展进程做出了不少努力,气候治理的发展得益于发达国家和发展中国家破除"零和博弈"的思维,为全球人类共同体的发展做出担当。《巴黎协定》于 2015 年 12 月签署,2016 年 11 月 4 日正式生效。截至 2017 年 12 月,已有代表 192 个国家的 165 份"国家自主贡献"提交至《公约》秘书处,占全球总排放的 96.4%①。

《巴黎协定》从强调约束力的减排到强调更多国家参与到气候治理中,通过互信合作的方式促进发达国家和发展中国家破除矛盾和博弈,逐步提升气候治理减排的共同责任。《巴黎协定》从协议的"强"治理逐步走向"软"治理,或者从严格走向松散,缔约方也被给予更多的自主权。从成效来看,《巴黎协定》仍然是《公约》进一步实施的深化,后巴黎时代的气候治理仍然充满挑战,但同时也应该有更多的积极行动。表 1-1 为国际气候治理的发展历程。

表 1-1　国际气候治理的发展历程②

时间	重要事件	主要成果
20 世纪 80 年代以前	科学研究与认知	提出全气候变暖问题
1988 年	政府间气候变化专门委员会(IPCC)成立	负责搜集、整理和汇总世界各国在气候变化领域的研究工作的成果,提出科学评价和政策建议
1990 年	IPCC 第一次科学评估报告发表	认为持续的人为温室气体排放在大气中的累积将导致气候变化,变化的速率和大小很可能对社会经济和自然系统产生重要影响
1991 年	政府间谈判委员会成立,气候谈判开始	——
1992 年 6 月	里约热内卢环境与发展大会	通过了可持续发展行动纲领《21 世纪议程》《联合国气候变化框架公约》《生物多样性公约》和《森林原则声明》
1994 年 3 月	《联合国气候变化框架公约》生效	——
1995 年 3 月	《公约》第一次缔约方大会(德国柏林)	通过了《柏林授权》,并成立了"柏林授权特别小组",负责进行公约的后续法律文件谈判,为第三次缔约方会议起草一项议定书或法律文件,以强化发达国家的减排义务
1995 年	IPCC 第二次科学评估报告发表	证实了第一次评估报告的结论,并进一步指出人类活动对全球气候变化具有可辨别的影响
1996 年 7 月	《公约》第二次缔约方大会(瑞士日内瓦)	通过了《日内瓦宣言》,赞同 IPCC 第二次评估报告的结论,呼吁附件一缔约方制定具有法律约束力的限排目标和做出实质性的排放量削减
1997 年 12 月	《公约》第三次缔约方大会(日本京都)	通过《京都议定书》,为附件一缔约方规定了具有法律约束力和时间表的减排义务,并引入 ET、JI 和 CDM。其中,CDM 具有帮助附件一国家实现减排义务和促进发展中国家可持续发展双重目标

① WRI. CAIT Climate Data Explorer[EB/OL]. [2019-9-1]. http://cait.wri.ogr/inde/#map.
② 庄贵阳,朱仙丽,赵行姝. 全球环境与气候治理[M]. 杭州:浙江人民出版社,2009:129-131. 本书对原表进行了补充。

续表

时间	重要事件	主要成果
1998年12月	《公约》第四次缔约方大会（阿根廷布宜诺斯艾利斯）	通过了《布宜诺斯艾利斯行动计划》，决定于2000年第六次缔约方会议上就京都机制问题作出决定
1999年10月	《公约》第五次缔约方大会（德国波恩）	就《京都议定书》生效所需具体细则继续磋商，但没有取得实质进展
2000年11月	《公约》第六次缔约方大会（荷兰海牙）	欧美分歧严重，无果而终
2001年3月	美国宣布拒绝签订《京都议定书》	《京都议定书》生效面临重大威胁
2001年7月	《公约》第六次缔约方大会续会（德国波恩）	达成《波恩政治协议》，挽救了《京都协定书》
2001年	IPCC第三次科学评估报告发表	进一步证实气候变化不可避免，并检验了气候变化与可持续发展之间的联系
2001年10月	《公约》第七次缔约方大会（摩洛哥马拉喀什）	通过《马拉喀什协定》，完成《京都议定书》生效的准备工作，但《京都议定书》的环境效益打了折扣
2002年2月	美国推出《温室气体减排方案》	提出碳排放强度方案，强调经济增长的重要性
2002年8—9月	约翰内斯堡世界可持续发展首脑会议	《京都议定书》未能如期生效。通过《可持续发展执行计划》，可持续发展框架下考虑减缓和适应气候变化问题成为谈判的新思路
2002年10月	《公约》第八次缔约方大会（印度新德里）	通过《德里宣言》，明确提出在可持续发展框架下应对气候变化
2003年12月	《公约》第九次缔约方大会（意大利米兰）	解决《京都议定书》中操作和技术层面的问题，如制定碳汇项目的原则和标准、制定气候变化专项基金的操作规则，以及如何运用IPCC第三次评估报告作为新一轮气候变化谈判的科学依据等
2004年11月	俄罗斯批准签订《京都议定书》	为《京都议定书》生效扫清障碍
2004年12月	《公约》第十次缔约方大会（阿根廷布宜诺斯艾利斯）	围绕《联合国气候变化框架公约》生效10周年来所取得的成就和未来面临的挑战、气候变化带来的影响和适应性措施、温室气体减排政策及其影响和气候变化领域内的技术开发与转让等重要问题进行讨论
2005年2月16日	《京都议定书》正式生效	——
2005年11—12月	《公约》第十一次缔约方大会暨《京都议定书》第一次缔约方会议（加拿大蒙特利尔）	为后京都谋篇布局。达成"控制气候变化的蒙特利尔路线图"。即确定了一条双轨路线：在《京都议定书》框架下，157个缔约方将启动《京都议定书》2012年后发达国家温室气体减排责任谈判进程；同时在《联合国气候变化框架公约》基础上，189个缔约方就探讨控制全球变暖的长期战略展开对话
2006年11月	《公约》第十二次缔约方大会暨《京都议定书》第二次缔约方会议（肯尼亚内罗毕）	一是达成包括"内罗毕工作计划"在内的几十项决定，以帮助发展中国家提高应对气候变化的能力；二是在管理"适应基金"的问题上取得一致，基金将用于支持发展中国家具体的适应气候变化活动

续表

时间	重要事件	主要成果
2007 年	IPCC 第四次科学评估报告发表	进一步论证气候变化的科学事实,评估未来温室气体排放趋势和经济减排潜力。指出把大气温室气体浓度控制在较低水平上是可能的。未来温室气体排放主要来自发展中国家,低成本的减排潜力也主要在发展中国家,越早采取减排行动越经济可行
2007 年 12 月	《公约》第十三次缔约方大会暨《京都议定书》第三次缔约方会议(印度尼西亚巴厘岛)	通过"巴厘岛路线图",规定在 2009 年之前必须完成相关谈判,考虑为所有发达国家(包括美国)设定具体的温室气体减排目标,但没有设定目标范围,为下一步谈判留下悬念
2008 年 12 月	《公约》第十四次缔约方大会暨《京都议定书》第四次缔约方会议(波兰波兹南)	《公约》缔约方评估 2008 年取得的成果,为预计在 2009 年哥本哈根会议上达成的新的全球气候变化协议制订详细计划
2009 年 12 月	《公约》第十五次缔约方大会暨《京都议定书》第五次缔约方会议(丹麦哥本哈根)	——
2010 年 11 月	《公约》第十六次缔约方大会暨《京都议定书》第六次缔约方会议(墨西哥坎昆)	一是坚持了《联合国气候变化框架公约》《京都议定书》和"巴厘岛路线图",坚持了"共同但有区别的责任"原则,确保了明年的谈判继续按照"巴厘岛路线图"确定的双轨方式进行;二是就适应、技术转让、资金和能力建设等发展中国家关心问题的谈判取得了不同程度的进展,谈判进程继续向前,向国际社会发出了比较积极的信号。大会通过了《公约》和《议定书》两个工作组分别递交的决议
2011 年 11——12 月	《公约》第十七次缔约方大会暨《京都议定书》第七次缔约方会议(南非德班)	与会方同意延长 5 年《京都议定书》的法律效力(原议定书于 2012 年失效),就实施《京都议定书》第二承诺期并启动绿色气候基金达成一致。大会同时决定建立德班增强行动平台特设工作组,即"德班平台",在 2015 年前负责制定一个适用于所有《公约》缔约方的法律工具或法律成果。对于绿色气候基金,大会确定基金为《联合国气候变化框架公约》下金融机制的操作实体,成立基金董事会,并要求董事会尽快使基金可操作化
2012 年	《公约》第十八次缔约方大会暨《京都议定书》第八次缔约方会议(卡塔尔多哈)	通过了《多哈修正》。最终就 2013 年起执行《京都议定书》第二承诺期及第二承诺期以 8 年为期限达成一致,从法律上确保了《京都议定书》第二承诺期在 2013 年实施(加拿大、日本、新西兰及俄罗斯明确不参加第二承诺期)。通过了有关长期气候资金、联合国《气候变化框架公约》长期合作工作组成果、德班平台以及损失损害补偿机制等方面的多项决议
2013 年 11 月	《公约》第十九次缔约方大会暨《京都议定书》第九次缔约方会议(波兰华沙)	一是德班增强行动平台基本体现"共同但有区别的原则";二是发达国家再次承认应出资支持发展中国家应对气候变化;三是就损失损害补偿机制问题达成初步协议,同意开启有关谈判

时间	重要事件	主要成果
2014 年 12 月	《公约》第二十次缔约方大会暨《京都议定书》第十次缔约方会议(秘鲁利马)	达成"利马气候行动倡议"。通过的最终决议就 2015 年巴黎气候大会协议草案的要素基本达成一致。最终决议进一步细化了 2015 年协议的各项要素,为各方进一步起草并提出协议草案奠定了基础
2015 年 11—12 月	《公约》第二十一次缔约方大会暨《京都议定书》第十一次缔约方会议(法国巴黎)	近 200 个缔约方一致同意通过《巴黎协定》。根据协定,各方将以"自主贡献"的方式参与全球应对气候变化行动。发达国家将继续带头减排,并加强对发展中国家的资金、技术和能力建设支持,帮助后者减缓和适应气候变化。 在国际社会应对气候变化进程中又向前迈出了关键一步。《巴黎协定》的达成标志着 2020 年后的全球气候治理将进入一个前所未有的新阶段,具有里程碑式的非凡意义
2016 年 11 月	《公约》第二十二次缔约方大会暨《京都议定书》第十二次缔约方会议、《巴黎协定》第一次缔约方大会(摩洛哥马拉喀什)	《巴黎协定》生效。与会各方就《巴黎协定》程序性议题达成一致,重申支持并落实《巴黎协定》的决心。决定欢迎发达国家就 2020 年前实现每年提供 1000 亿美元资金支持提出路线图,同时呼吁发达国家继续增加可用资金,以最终兑现承诺,同时就今后两年如何落实《巴黎协定》的工作程序做出安排
2017 年 11 月	《公约》第二十三次缔约方大会暨《巴黎协定》第二次缔约方大会(德国波恩)	明确关于《巴黎协定》的执行与落实问题,形成一份谈判文本草案,供各缔约方在明年将于波兰召开的 COP24 中谈判,以形成落实《巴黎协定》的导则
2018 年 12 月	《公约》第二十四次缔约方大会暨《巴黎协定》第三次缔约方大会(波兰卡托维兹)	近 200 个国家就《巴黎协定》原则实施的"规划书"文本达成共识。完成了对《巴黎协定》具体实施规则的制定。为 2020 年以后各国应对气候变化的行动打下基础,留住人类"最后的机会"

第四节　全球气候治理的博弈与挫折

一、气候治理中的集团博弈

国际气候治理已经接近 40 多年的发展历程,从 1972 年在瑞典斯德哥尔摩召开的联合国环境大会,到 1992 年里约峰会《联合国气候变化框架公约》,从《京都议定书》到《巴黎协定》,国际气候治理围绕的核心问题就是气候谈判。在气候谈判中,各个国家需要超越本国的利益寻求国际性、公共性气候变化问题的解决之道,气候谈判中夹杂着"科学"与"政治"的争端,涉及"权力、社会正义和分配"[①]的问题,各个国家或集团在国际舞台上进行着权力博弈,探讨碳排放的历史责任和排放额度问题。气候谈判讨价还价的根本是能源创新和经济发展空间的博弈,归根结底是发展问题。

---

① 戴维·赫尔德,安格斯·赫维,玛丽卡·西罗斯. 气候变化的治理:科学、经济学、政治学和伦理学[M]. 北京:社会科学文献出版社,2012:7.

在气候谈判中,核心博弈主要是中国、美国和欧盟。气候治理中的集团博弈主要表现为伞形集团、欧盟、小岛国联盟、雨林国联盟、77 国集团＋中国、基础四国(BASIC)集团、最不发达国家等。核心的博弈是南北发展博弈,但是在气候治理发展和演进中,发达国家集团和发展中国家集团都不断分化,并出现新的联盟组合。

(一)发达国家集团分化

发达国家集团主要分化为欧盟和伞形国家,因为欧盟一开始就积极支持国际气候减排,其他发达国家则为伞形集团,主要代表非欧盟的发达国家观点,主要包括美国、日本、加拿大、澳大利亚、新西兰、瑞士、挪威、冰岛、俄罗斯等能源消耗大国,基本上是气候治理的消极派。

欧盟一直是气候治理、气候谈判的发起者和推动者,也积极谋取气候治理的领导者角色。欧盟之所以积极参与气候治理,与欧盟自身的环境政策和能源结构都有关系。欧盟国家历来在环境治理方面都有严格的标准,享有环境治理的话语权,当气候变化议题出现的时候,欧盟也是积极的倡导者,力图通过方案倡议等方式,重塑在国际舞台上的政治影响力和话语权。另一方面,欧盟在 2000 年就启动了《欧洲气候变化计划》,计划在欧盟内部实施温室气体排放贸易,并于 2005 年初步运行了碳排放交易体系,欧盟自身的矿物能源严重依赖进口,可再生能源、新能源开发和利用力度比较大,能源利用上注重效率提高。2006 年,欧盟公布了《能源效率行动计划》,旨在到 2020 年前将能源效率提高 20％。所以,欧盟的碳排放减排目标并不会影响到欧盟的经济发展,反而会带来更好的市场发展空间。欧盟在德班气候大会和多哈气候大会上都发挥着核心领导者的角色。

伞形集团大多为发达工业化国家,与欧盟的立场完全相反,是气候减排的反对派或消极派,主要包括美国、日本、加拿大、澳大利亚等国,这些国家连在地图上像一把伞,被称为伞形集团。美国是世界上最大的温室气体排放国,也是能源消耗大国,本国传统能源资源丰富,但对石油资源依赖较大,其二氧化碳排放量一年在 4000 万～6000 万吨。美国象征性签署了《京都议定书》,但美国以气候变化具有不确定性为由,加上美国国会没有审批通过协定,美国已经成为伞形集团背弃大国精神的最典型国家。美国这一立场与其自身经济发展诉求相关,也与本国利益集团,尤其是传统钢铁、汽车制造业等的影响有关,最重要的是,美国对《公约》和《京都议定书》的双轨制一直不满,认为发展中大国单位 GDP 增长的温室气体排放量要比发达国家多得多,过分限制发达国家会影响经济,造成全球经济的动荡。尽管美国前总统戈尔是积极的气候变暖的宣传者,但都无力影响美国政府及国会的单边主义选择。从实际数据来看,美国温室气体排放不降反升。日本作为《京都议定书》的产生地,最开始也是积极的协调者角色,并且将温室气体减排义务定为 6％,但是实际运行中发现,6％的目标很难达成,且受福岛核电站爆炸的影响,日本便一度在气候减排问题上态度消极。加拿大虽然通过《京都议定书》,但由于能源消耗量大,加拿大的碳排放量自 1990 年后一直呈上升趋势。伞形集团的利益诉求比较一致,较早地发展工业化,但是却在历史责任承担等方面一再退步。

(二)发展中国家集团分化

发展中国家在气候治理发展和推进中,逐渐形成 77 集团＋中国、小岛国联盟、雨林国联盟、基础四国集团、石油输入国组织等集团。

77 国集团＋中国是发展中国家最大的阵营,有 132 个成员国,在气候谈判中一度代表发展中国家立场取得了巨大成功。发展中国家坚持气候变化的"分配正义",并坚持"共同但有区别的责任原则",这一紧密的共同主张在《公约》制定阶段及正式《公约》内容中都有体现,但这一阵营在《京都议定书》之后开始分化,主要是因为如何履行《议定书》的义务产生了分歧,逐渐产生分化。中国和印度、巴西依然强调发展中国家的发展空间,但诸如阿根廷和韩国则主张自愿减排,还有一些国家期待 CDM 能为本国带来收益,诸如墨西哥和非洲一些国家①。

小岛国联盟(AOSIS)在 1990 年成立,是受气候变暖影响最大的岛屿国家组成的联盟。这些岛屿国一般面积不大,零星分布在海洋中,一旦气候变暖加剧,海平面上升,这些岛国将被淹没,诸如图瓦卢、孟加拉国、格林纳达等小岛国都面临着生存的风险。此类的小岛国接近 51 个,也是气候谈判中立场非常坚定、积极诉求气候正义和发展权的国家联盟。小岛国联盟呼吁将全球气温增幅控制在 1.5 摄氏度。

雨林国联盟(CFRN)是由 15 个非洲和南美洲热带雨林国家组成,他们的目标是到 2020 年发展中国家的乱砍滥伐减少 50%,保护热带雨林。

基础四国(BASIC)包括中国、印度、南非和巴西四国,基础四国经济发展迅猛,这些国家的共同点在于都是发展中大国且发展需求较大,都面临摆脱贫困和经济发展的双重任务,所以,基础四国倡导"共同但有区别原则",主张区分"发展排放"和"奢侈排放",在气候谈判中是"双轨制"的最坚定支持者。

石油输出国组织(OPEC)成立于 1962 年,由 11 个石油产出量大的中东欧国家组成,由于碳排放限制会影响石油输出国的利益,所以,这些国家往往是气候谈判的阻挠者和反对者。这一集团也本属于 77 国集团,但因其自身利益也加速了发展中国家阵营的分裂。

利益永远是国际舞台上最核心、最重要的联系纽带。发达国家集团和发展中国家集团本身就是利益的集合体,而因国际力量的对比变化、不同阶段国家主张的不同,两大阵营尤其是发展中国家集团不断地产生新的集团组合。在 2007 年的巴厘岛大会,基础四国便就气候变化议题进行了首次磋商,2009 年哥本哈根会议期间,基础四国联合举办新闻发布会,重申"双轨制"的立场,努力使得"丹麦草案"单轨制方案未通过。而基础四国的出现,也被认为是对 77 国集团+中国的挑战。"小岛国联盟"和"最不发达国家"因气候变暖的影响较大,自身生存诉求较为强烈,离 77 国集团也渐行渐远,在坎昆会议和德班会议中,两大集团与欧盟联系紧密,成为积极的碳减排方案的拥护方。发展中国家的阵营愈来愈分化,但也因利益纽带形成不同的利益联盟,进而影响国际协议的内容,也即国际气候治理的发展进程。

值得注意的是,气候治理博弈不仅发生在国际层面,也发生在国内层面。诸如美国和欧盟内部的博弈都比较激烈。美国内部的博弈体现为白宫与国会的博弈、内部利益集团的博弈,奥巴马总统在任时虽然支持气候治理,但是国会往往是站在反对面,内部利益集团主要表现为化石燃料等能源集团、传统制造业和钢铁行业对气候协议及排放的反对态度。欧盟内部主要有欧盟成员国与欧盟、欧盟成员国之间、利益集团与欧洲委员会之间的博弈。欧盟的主要碳排放量由英国、德国和法国等几个大国来承担,相比之下西班牙等一些国家就显得比较消极,西班牙自 20 世纪 90 年代开始工业气体排放量一直是许可标准的 3 倍以上,这也给其他成员国带来一定的负面效应。而欧盟内部的利益集团主要有欧洲圆桌工业家(ERT)、欧洲天然气工业联盟(Eurogas)、欧洲石油工业协会(EUROPIA)、环保利益集团 Green10 等,Green10 是积极的主张欧盟实行气候减排的利益集团,而化石能源企业则是试图影响欧洲议会和委员会的消

---

① 庄贵阳,陈迎. 试析国际气候谈判中的国家集团及其影响[J]. 太平洋学报,2001(02):72-78.

极者,但总体上看,欧盟内部的环保力量、环保意识都比较强,这也使得欧盟能够一直在国际舞台上展现出气候治理的坚定一致的立场。

二、气候治理的挫折与非国家行为体的崛起

(一)气候治理的发展与挫折

1. 国际气候治理的发展

根据上文关于国际气候治理博弈可以看出,集团联盟的不断变化决定着国际气候治理格局的走向,从 20 世纪 80 年代的南北两大阵营演化为当前"南北交织、南中泛北、北内分化、南北连绵波谱化的局面"[①],利益诉求趋同的南北方小阵营可以交织在一起,出现你中有我、我中有你的局面。随着《巴黎协定》的签署与生效,围绕着目标设定、原则之争和资金技术转让等核心问题,国际气候治理也显现出一些新的发展态势。

第一,从博弈走向合作。从《公约》和《京都议定书》"共同但有区别原则"的"双轨制"走向《巴黎协定》的"国家自主贡献"。这一重大变化是国际集团利益平衡的结果,面对《京都议定书》后第二期承诺迟迟得不到兑现,美国、日本、加拿大、俄罗斯态度日益消极,发展中国家从坚持"共同但有区别原则"到主动进行碳排放,实际上体现出发展中国家对气候变暖问题的紧迫意识和国家担当。按秘书处执行秘书长菲格雷斯的解读,共同但有区别原则也由之前的"历史责任+各自能力"转向"历史责任+各自能力+不同国情"[②],这种表述上的变化,其实也是弥合南北阵营核心矛盾的妥协之道。

第二,从约束到参与。超过 160 个国家通过自下而上的国家自主贡献的形式参与到《巴黎协定》中,体现出该协定重视国家参与的广度,虽然不如《京都议定书》有强制力,但《巴黎协定》仍建立有盘点机制,对各国的执行情况进行监督和评估,以提高行动力度。

第三,更加全面、重视气候适应问题。提高对气候适应的资金支持、募集、相关的技术转让、透明度等问题。2018 年联合国成立全球适应委员会,进一步提升各国对气候适应问题的重视,通过制定方案和技术转移,增强对气候风险的应对能力。

2. 气候治理的挫折——美国的不确定性及影响

应该讲,《京都议定书》《巴黎协定》是国际社会气候治理非常艰难但又有巨大进步的重要协议,体现出气候治理履约机制和争端解决机制在不断建立和完善。但是美国单边主义盛行,2001 年 3 月,美国布什政府宣布退出《京都议定书》,2017 年 6 月 1 日,特朗普上台后宣布退出《巴黎协定》,这些举动表现出美国对全球气候治理成果的蔑视,也反映出其对国际社会努力、让步和平衡签署之协议的不尊重。虽然特朗普的声明到实际生效还需要一定的程序和规则,但是这一声明会严重影响到国际社会对气候治理的信心。不仅如此,美国还废除了《清洁电力计划》等一系列积极的气候政策,美国未来国内的碳排放量将会不断增长,根据预测,美国 2025 年后碳排放将达到 $5658 \sim 5951$ Mt CO_2e[③],这将会对《巴黎协定》控温 2 摄氏度的目标带

---

① 巢清尘. 十年气候前行路,历经风雨见彩虹[C]//谢伏瞻,刘雅鸣. 应对气候变化报告. 北京:社会科学文献出版社,2018:13.

② 张文松. 全球环境合作:气候变化《巴黎协议》的双层博弈分析[J]. 南京工业大学学报(社会科学版),2016,15(01):56-66.

③ CO_2e 也即二氧化碳当量,是用作比较不同温室气体排放的量度单位。

来挑战。美国这一举动也会影响到其他伞形国家的行为,容易产生仿效效应,减少出资或不履行出资义务,并且美国还会以此为条件,对中国等发展中国家进行谈判施压。可见,依靠政府权威,但又缺乏约束力的全球气候治理体系一再出现失灵,气候治理的发展进程一挫再挫。

在某种程度上,气候治理的复杂性在于,国际社会很难建立一个如吉登斯所说的"保证型国家",难以让美国等工业化国家对气候治理问题保持强有力的国家行动,也很难保证发展中国家舍弃发展和摆脱贫穷的巨大诉求来进行强碳治理。政府间气候变化协议进展缓慢,存在着"无政府下的治理失灵",历次的气候大会虽然取得一些进展,但总体上还是成效式微。这也催生了气候治理领域次国家政府和非政府行动者们发起一些气候治理的可替代方案和尝试。

(二)气候治理中的非国家行为体

全球气候治理确切地说是跨国气候治理,是一个国家与非国家行为体、政府与非政府行为体共同发挥作用的舞台,次国家政府、城市网络、企业、非政府组织、公民、媒体等非国家行为体愈来愈发挥重要的作用。如图 1-3 所示,非国家行为体恰恰可以超越国家的狭隘利益立场,发挥出超越利益界限的诉求气候减排和适应的行动。当然,哥本哈根气候大会和巴黎气候大会之后,国际社会也将跨国治理的伙伴关系纳入制度化轨道,2014 年利马的巴黎行动议程(Li-ma-Paris Action Agenda:LPAA)和非国家气候行动区(Non-State Actor Zone for Climate Action:NAZCA)[1]通过制度化的形式广泛吸取非政府组织、跨国倡议网络、次级政府、私人认证机构、政府间组织等融入跨国气候治理中。

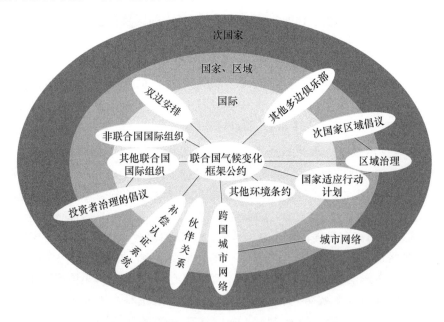

图 1-3　全球多层次利益相关方介入的气候治理结构[2]

①　Karin Bäckstrand, Jonathan W Kuyper, Björn-Ola Linnér, et al. Non-state actors in global climate governance from Copenhagen to Paris and beyond[J]. Environmental Politics, 2017,26(4):561-579.

②　IPCC. Fifth Report-Climate Change 2014: Impacts, Adaptation, and Vulnerability[R]. 2014:1013.

次国家政府一般包括州、市等中央国家政府之外的行政机构。地方政府是实际碳减排与适应的最重要主体。地方政府可以在国家政策框架之内或之外,根据其自身发展需要,制定出一些有利于可持续发展的气候适应或减排政策,这一行动可以是单个城市的行为,也可以是城市气候联盟的形式出现。例如,美国特朗普政府宣布退出《巴黎协定》,但美国各个州具有极大的独立性,州/城市可以制定相对有利于碳减排的气候政策。美国加州政府因历史上的"洛杉矶雾/霾事件"对环境问题较为重视,2005 年加州政府设立了气候行动小组,重视开发绿色能源,2006 年加州建立了全美第一个全面减排的总量限制和碳交易机制行动框架。

城市气候联盟是次国家政府在气候治理行动的高级形态。(1)地方环境行动国际理事会(International Council for Local Environmental Initiative,简称 ICLEI)致力于城市可持续发展的经验分享与技术合作,该联盟长提出了城市气候保护项目(CCP)。(2)跨国城市气候领导联盟(Large Cities Climate Leadership Group,简称 C40)是著名的城市联合行动的气候行动组织,发起于 2005 年,包括伦敦、纽约、悉尼、北京、上海等大城市,旨在发挥大城市在气候行动中的引领作用,彼此分享经验和进行实践交流。(3)美国市长会议组织(The U. S. Conference of Mayors,简称 U. S. -COM),美国城市联盟中较为著名的组织,2008 年有接近 902 位市(镇)长签署了气候保护协议,以共同应对气候变暖。(4)欧盟市长公约(EU Covenant of Mayor,简称 COM),是世界上最大的地方气候和能源行动,2008 年在欧盟发起,旨在提升通过地方政府自愿承诺提高能源效率和使用可再生能源、改变公民行为等来支持欧盟在 2020 年减排 20% 的目标。气候联盟(Climate Alliance)和欧洲城市(European Cities)也承担起了协调员的角色。因此,美国和欧盟的一些城市都承担起了自下而上、引领气候治理的角色。

企业尤其是跨国企业也可以参与到气候治理活动中。企业参与气候治理的动机一般与重视公众形象、声誉和社会责任(CSR)联系在一起。有主动承担社会责任的企业,也有受非政府组织影响承担社会责任的企业。壳牌集团曾经因为漏油事故饱受争议,但逐渐转型后,1997 年英国能源公司和英荷皇家壳牌集团对《京都议定书》采取了开放的立场,联合其他能源公司组成产业协会,来共同推进全球气候治理。一些跨国公司组成可持续发展世界企业委员会(World Business Council for Sustainable Development,WBCSD),关注可持续发展议题,重视气候变化及能源问题。一些掌握核心新能源技术的著名企业如通用(GE)、福特、IBM 等都积极支持节能低碳项目的开发。

根据联合国气候变化专门委员会(IPCC)报告内容显示:2013—2018 年,全球各市(州)、地区的企业、投资者、教育、民间机构围绕气候治理方面做出了巨大努力,此类非国家行为体参与环境治理力度若能维持水平,至 2030 年预估可减少 190 亿吨二氧化碳排放当量(Gt CO_2e),从而良好弥补各国排放量控制的差异,推动 2030 年全球气候治理地球温度下降 2 摄氏度的目标。由此可见,次国家政府、城市网络、企业等都可以参与到跨国气候治理网络中,互相影响、互相合作促进气候治理的发展。虽然非国家行为体不是强政策权威主体,但是主动参与到气候治理,形成合作网络这种影响却是深远的、可持续的。下文将详细分析气候治理中的非政府组织。

第二章　全球气候治理失灵中的非政府组织

如尼古拉斯·斯特恩在《斯特恩评论》中所说,全球变暖本身可以视为"全世界见过的最大市场失灵"①。全球气候治理在国家利益博弈之下,仅仅依靠国家行动看起来也是成效缓慢,目前全球气候治理成效并不乐观,被认为是"无政府状态下的低效率"②。"双重治理失灵"使得非政府组织这一非国家行为体成为一股强有力的力量,在影响国际气候谈判、政府政策制定、监督政府行为、践行低碳减缓与适应的行动、引导公众的低碳意识等方面都发挥着重要作用,恰恰可以弥补民主国家"集体行动"的不足。

第一节　非政府组织及气候非政府组织

一、非政府组织的概念

非政府组织也被称为非营利组织、第三部门。"非政府组织"一词最早出现在 1945 年签订的《联合国宪章》中,"经济社会理事会得采取适当办法,与各种非政府组织会商本理事会职限范围内容的事件",1950 年经济社会理事会将非政府组织定义为"凡不是根据政府间协议建立的国际组织"③。之后联合国新闻部对非政府组织界定为"在地方、国家或国际级别上组织起来的非营利性的自愿公民组织。"这两个界定包含了非政府组织的两大特点,即非政府性、非营利性。联合国较早给予非政府组织国际咨商地位,非政府组织可以在联合国大会上获得观察员地位。据数据显示,20 世纪初在经济社会理事会具有咨商地位的非政府组织有 2000 多个。不仅如此,非政府组织与世界银行、国际货币基金组织、世界贸易组织等国际组织都建立有合作关系,可以通过参与组织年会、进行政策性对话、建立协商合作框架等来发挥作用。

非政府组织是参与公共治理的核心力量之一。非政府组织代表了政治进程的多样性、金融资源的多样性,以及广泛的国际联系。因不受利益目标的约束,这些组织能够致力于解决在较大范围内发生的问题,如环境治理、贫穷、公共健康等公共问题。且非政府组织有极大的优势与最底层人民接触,往往在贫困问题上世界银行等会与非政府组织进行对话。非政府组织往往享有很高的公众信任度与极大的社会动员能力。20 世纪 80 年代之前非政府组织和社会运动组织(SMOs)关注的核心问题有贫困、空气和水污染、濒临灭绝的物种和有毒物质的暴露,20 世纪 80 年代之后开始关注气候变化问题④。20 世纪 90 年代之后,非政府组织在全球

①　Nicholas Stern. The Economics of Climate Change[M]. Cambridge:Cambridge University Press,2007.

②　戴维·赫尔德,安格斯·赫维,玛丽卡·西罗斯. 气候变化的治理:科学、经济学、政治学和伦理学[M]. 北京:社会科学文献出版社,2012:112.

③　赵黎青. 联合国对非政府组织的界定[J]. 学会,2009(03):3-4.

④　Ronne D Lipschutz, Corina Mckendry. Social movement and global civil society[C]//The Oxford Handbook of Climate Change and Society. Oxford:Oxford University Press,2011:370.

治理中发挥了越来越突出的作用。

由于侧重点不同,不同国家对非政府组织的主流称谓也有很大差异,例如,德国称之为志愿组织,英国称之为公共慈善组织,等等。学术界对非政府组织的界定也存在差异。赵黎青认为,当前学术界有三种不同的看法,一种广义的看法认为几乎所有非政府、非企业的社会组织都是非政府组织,第二种狭义的看法认为非政府组织是一种非营利的社会中介组织,第三种认为非政府组织是依法建立的、非政府的、非营利的、自主管理的、非党派性质的、具有一定志愿性质的、致力于解决各种社会性问题的社会组织①。

著名学者莱斯特·萨拉蒙认为:非政府组织有五个特点:组织性、民间性、非营利性、自治性、志愿性。西方学者对非政府组织的研究往往将其置于公民社会的理论框架之下,强调公民自治、自发的、志愿的可以提供公共产品或公共服务的组织。公民社会被理解为在"公域"和"私域"之间的领域。不同于政府和市场,公民社会由追求共同利益的平等主体自愿组合而成。美国学者戈登·怀特(Gordon White)认为,从公民社会这一术语的大多数用法来看,其主要思想是,公民社会是处于国家和家庭之间的大众组织,它独立于国家,享有对于国家的自主性,它由众多旨在保护和促进自身或价值的社会成员自愿结合而成②。在我国,著名学者王名认为,非营利组织是不以营利为目的、主要开展各种志愿性公益或互益活动的非政府的社会组织③,包括社团、民办非企业单位、人民团体、国有事业单位等。马庆钰主张非政府组织即非营利组织,也可称之为社会组织,他不认为区分这几种概念有任何现实意义④。在我国,官方对非政府组织、非营利组织的称谓是社会组织。

总体来说,本书将非政府组织界定为以实现某种特定价值为目标,非营利性、非强制性并且有组织地实行自治运作的独立于政府之外的社会团体组织。

二、非政府组织的分类

非政府组织的划分方法多种多样,国际层次和不同国家都有不同的划分方法,这里列举几个较常用的分类方法。

第一,根据非政府组织的成员和活动范围,可以将其划分为国际非政府组织和国内/本土非政府组织。国际非政府组织的成员具有多样性,来自不同国家,且其活动具有跨国性,因此往往会有常设办事机构。诸如绿色和平(Green peace)、乐施会(Oxford)、大自然保护协会(TNC)等都是国际性非政府组织。而国内/本土非政府组织则是本土自发产生,且活动主要是在本国或本地区。如公众环境研究中心(IPE)、中国红树林保育联盟、野性中国、绿色汉江等组织。

第二,按照资金投入和项目运作可以划分为运作型非政府组织(operational NGOs)和倡导型非政府组织(advocacy NGOs)。运作型非政府组织主要是设计和执行与发展目标相关的项目,倡导型非政府组织主要通过游说、倡议的形式捍卫或促进特定事业,最终以影响政府决策或改变公民的思想、态度、行为为目标。

第三,按照活动领域,莱斯特·萨拉蒙和赫尔穆特·安海尔将非政府组织划分为文化和娱

① 赵黎青. 非政府组织与可持续发展[M]. 北京:经济科学出版社,1998:42-45.
② Gordon White. Civil Society, Democratization and Development[J]. Democratization,1994,1(2):375-390.
③ 王名,王超. 非营利组织管理[M]. 北京:中国人民大学出版社,2016:18-19.
④ 马庆钰. 非政府组织管理教程[M]. 北京:中共中央党校出版社,2005:5

乐、教育与研究、卫生、社会服务、环境、发展与住房、法律与政治、慈善中介与志愿行为鼓动、国际性活动、宗教活动和组织、商会—专业协会—工会等组织、其他共 12 类组织[①]。

第四,按照是否有会员,分为会员制组织和非会员制组织。会员制组织具体划分为互益型组织和公益型组织,非会员制组织划分为基金型组织和运作型组织[②]。

当然,非政府组织的划分方法还有很多,诸如联合国将非政府组织划分为普通咨商地位的非政府组织、专门类咨商地位的非政府组织、名册类咨商地位的非政府组织。不同类别在联合国相关会议上享有不同的发言权。在全球治理中,还可以根据"南北"将其划分为发达国家阵营的非政府组织、发展中国家阵营的非政府组织。

三、气候变化领域中的非政府组织

20 世纪初随着工业化的发展,欧美许多国家开始逐渐涌现环保非政府组织,以美国为例,最早的环境政府组织是 1892 年成立的塞拉俱乐部,到了 20 世纪中期左右,由于环境形势的刻不容缓以及意外事件的频发(圣巴巴拉石油泄漏事件),西方国家掀起了一场声势浩大的反污染的公民抗议活动。加里·布莱纳(Gary Bryner)认为早期的环保组织的环境意识就是大众政治运动[③]。同时正如韦普纳(Wapner)所说,环境 NGO 正在传播生态意识、开展环境教育等方面产生极强的作用[④]。卡逊在 1962 年发表的《寂静的春天》成为了公众开始反思自我行为、寻求生态保护愿景的标志,由此环保组织得以迅速成长。在 20 世纪 70—80 年代,环境类非政府组织如雨后春笋般出现,例如,拉丁美洲地区有 6000 余个环境非政府组织,其中大部分都是成立于 80 年代后期,印度大约有 12000 个"发展"非政府组织,菲律宾有近 18000 个环境非政府组织。

随着全球变暖的问题越来越突出,气候变化这一全球性的公共危机逐渐进入世界舞台,"减缓""适应""低碳"等议题成为全球关注的热点。气候变化问题与其他环境问题不同的是,它涉及对工业碳排放进行限制,影响到经济发展。本质上,气候变化问题属于经济、政治和社会问题混杂的环境问题。气候变暖本身就属于市场带来的"负外部性"问题,本身已经属于"市场失灵",依靠市场来解决气候变暖不可行。但依靠政府来解决这一问题更加困难,由于大气的弥散性没有一个国家承认自己是气候变暖的罪魁祸首。国际性机制即联合国气候变化大会制定的各种协议,也经常遭到缔约国的退出或不履约。所以,也存在"政府管理失灵"的问题。因此,20 世纪 80 年代之后,因为气候变化的诸多争议,非政府组织开始将气候变化作为重要的关注议题,也成立了一些专门的气候非政府组织,如气候联盟、气候行动网络等。气候变化背景下,非政府组织这一公民社会力量可以弥补"市场失灵"和"国际无政府状态的治理失灵",在一定程度可以影响国际或国内气候公共政策的制定,增强气候治理的民主合法性,实现国际领域的协同治理。

(一)非政府组织参与气候治理的原因

1. 非政府组织目标和价值导向

非政府组织以其非营利性、非政府性的特点,常常在一些国际性公共问题,诸如环境、妇女

---

① Lester M Salamon, Helmut K Anheier. The civil society sector[J]. Society, 1997,34(2):60-65.

② 王名,王超. 非营利组织管理[M]. 北京:中国人民大学出版社,2016:12.

③ Gary Bryner. Failure and opportunity: Environmental groups in US climate change policy[J]. Environmental Politics, 2008,17(2):319-336.

④ Paul Wapner. Environmental Activism and World Civic Politics[M]. New York: State University of New York Press,1996.

的平等权利、人权、世界范围内的贫困等政府迟迟不提上议事日程的问题进行发声,并在国际舞台上进行话语塑造,扩大组织的影响力。20世纪80年代之后,气候变化问题凸显,也成为非政府组织关心的核心议题。第一,气候变化不仅有关全球环境,长期来看也关系到公共健康和物种存亡。第二,通过给予公众、媒体和政策制定者提供气候科学家回避的专业知识,提高非政府组织的可信度。第三,它提供了一个新的问题,用于恢复耗尽的会员资格和筹款,并发展与公司利益和资金来源的联系。第四,气候变化似乎提供了一种威胁,在20世纪70年代资源战争结束后,可能会促进"南北"的合作和再分配。最后,随着20世纪80年代末和90年代初的国际气候会议步伐,非政府组织发现可以很便利将工作人员派送并直接参与到气候谈判进程中,以影响到最终的惯例和协议[①]。

所以,就目标导向来看,非政府组织可以作为独立的第三方参与到气候治理中,通过积极参加气候大会、政策倡议、发表专业报告、对国家施压和抗议、进行教育宣传环保来发挥自己的作用,成为全球气候治理的有效补充。同时,非政府组织积极参与气候大会促进气候协议的达成,影响气候制度,这也可以扩大组织募捐能力和影响力。例如,最早推动政府间气候变化专门委员会建立的就是20世纪80年代末从属于瑞典斯德哥尔摩环境研究所(The Stockholm Environment Institute)的两个工作室。

就价值导向来看,非政府组织可以发挥价值引导或伸张价值的作用,将世界各地受影响但边缘化社区的声音带到相关的气候政策制定中去;通过非政府组织提案旨在补救政府间的代表性不平等。诸如以气候正义为目标,代表发展中国家或弱势国家的利益为其发声。"气候公正网络"(Climate Justice Now)这一组织主要的立场是反对资本主义的豪华生活方式和消费主义,认为气候变化主要是工业化国家排放导致的,但是后果却要穷人和弱势群体承担,气候政策应该体现气候正义。"第三世界网络"(Third World Network)同样也是诉求气候公正的非政府组织,"经济参与发展"以第三世界和南北事务为组织目标,也是气候大会上比较活跃的非政府组织。高海拔地区和海岛国家的土著居民组成的"国际土著居民常设论坛"(The International Forum of Indigenous Peoples on Climate Change,IFIPCC),虽然组织规模较小,实力较弱,但是也可以在气候大会上为土著居民发声。

2. 制度参与合法化

非政府组织参与气候治理,也在多种层面上获得了参与合法性。就联合国而言,非政府组织早在20世纪40—50年代就获得了咨商地位。在气候大会中,非政府组织也被列为观察员身份参与气候变化谈判,可以通过正式、非正式的形式与缔约方代表进行接触,直接或间接影响气候谈判议程和协定。2006年的内罗毕气候变化大会上,正式宣布所有的政府间组织(IGO)和非政府组织可以注册为气候变化缔约方会议(COP)的观察员,可以旁听和列席会议[②]。在哥本哈根气候大会上,注册的非政府组织数量剧增,达到1319个,非政府组织的强大宣传能力,也使得哥本哈根大会受到了前所未有的关注。

2014年利马的巴黎行动议程(LPAA)和非国家气候行动区(NAZCA)也给予了非国家行为体参与到气候治理行动的制度化支持。《巴黎协定》第1/CP.21号决议规定:"同意维护和

---

① Ronne D. Lipschutz, Corina Mckendry. Social movement and global civil society[C]//The Oxford Handbook of Climate Change and Society. Oxford:Oxford University Press,2011:370.

② 李昕蕾,王彬彬. 国际非政府组织与全球气候治理[J]. 国际展望,2018,10(05):136-156,162.

促进区域和国际合作,以动员所有缔约方和非缔约方利益相关方,包括民间社会、私营部门、金融机构、城市和其他次国家级主管部门、地方社区和土著人民大力开展更有力度、更有雄心的气候行动"[①]。其中,非缔约方利益相关方(Non-party Stakeholders,NPS)就直接给予了多元主体,尤其是民间社会中的非政府组织参与气候变化治理的行动鼓励,这也符合《巴黎协定》确立的"自下而上"的气候治理机制。也是在《联合国气候变化框架公约》之外,寻求更多的"去中心化"的主体支持和践行气候治理。为落实《巴黎协定》的成果,2016年马拉喀什全球气候行动伙伴关系又强调了国家和非国家部门协助实施《巴黎协定》的落实,非政府组织在全球气候治理中的地位进一步提升。

在欧美国家,非政府组织是国家治理中必要的主体之一,非政府组织可以合法参与到政府过程中。非政府组织可以通过咨询、游说、诉讼等形式参与到立法进程中;可以通过环境社会运动和环境抗争对政府和企业进行监督;也可以通过宣传、倡议、教育引导居民生活方式。诸如在美国,美国自然资源保护协会(NRDC)专家曾多次担当总统咨询顾问或国会环境问题委员会委员。美国环保组织350.org在纽约组织"人类气候游行(PCM)"以倡议国际社会采取行动应对气候变化。此次游行共有30多万人、1500多个组织等参与,是规模较大的气候游行[②]。

(二)气候治理中的非政府组织分类

气候治理中的非政府组织也有多种分类方法。

1. 按照活动范围、组织模式、行动方式和背景诉求来进行划分(表2-1)

表 2-1　气候变化领域的 NGO 分类[③]

分类方式	类型
活动范围	国际型、区域型、国内/本土型、社区草根型
组织模式	独立开展活动型、网络联盟型(伞形)
行动方式	运动倡导型、研究型
背景诉求	环境型、发展型、工商业型

按照活动范围来看,气候变化领域的非政府组织的活动范围可以是国际领域、区域、国内领域和基层社区。典型的国际非政府组织诸如绿色和平(Green Peace)、地球之友(Earth of Friend)、世界自然基金会(WWF)、大自然保护协会(TNC)、乐施会(Oxford),等等。区域性非政府组织主要以欧盟为典型,诸如欧洲环境局(EEB)、欧洲交通与环境联合会(T&E)等。本土非政府组织一般是本国自发产生的非政府组织,这里不再详述。

著名的国际性非政府组织基本都设立了专门负责气候问题的项目组,长期追踪国际气候谈判,并且通过自身的影响力进行政策建议,举行系列活动,以期推动气候变化问题的政策议程设置。另一种是针对气候变化问题而专门成立的组织,例如,2017年12月12日在法国巴黎由25个从事区块链技术的组织共同建立的气候链联盟(CCC),区块链及相关的物联网、大数据等数字技术,可以用来加强气候变化的监测、报告和核查,有助于动员气候融资来扩大气

---

① UNFCCC. Decision 1/CP. 21:Adoption of the Paris Agreement[R]. Paris Climate Change Conference,2015.

② 刘婷,朱鑫鑫. 美国环境非政府组织管理模式探析[J]. 环境与可持续发展,2016,41(06):147-150.

③ 蓝煜昕,荣芳,于绘锦. 全球气候变化应对与 NGO 参与:国际经验借鉴[J]. 中国非营利评论,2010,5(01):87-105.

候行动,以减缓和适应气候变化。该联盟也致力于利用数字创新发展一个支持区块链技术以加强气候行动的全球网络。

按照组织模式,分为独立开展活动的非政府组织和伞形非政府组织。独立开展活动的非政府组织往往就是一个组织,比如中国青年气候行动网络,就是独立开展活动的非政府组织。气候行动网络(CAN)、气候公正网络、第三世界网络都是典型的伞形非政府组织,其中气候行动网络由 400 多个非政府组织组成。诸如欧洲地球之友(FoEE)也是由 30 多个国家的地球之友组成的联盟式非政府组织。从广义的角度来看,绿色和平、地球之友这类组织既是独立开展活动的非政府组织,但同时也是伞形非政府组织。

按照行动方式来看,划分为运动倡导型非政府组织和研究型非政府组织,大多数的非政府组织都属于运动倡导型非政府组织,尤其在气候大会领域活跃的第三世界网络、Tck Tck Tck,等等,诸如世界观察研究所(World Watch Institute)、世界资源研究所(World Resources Institute)、欧洲环境和资源经济学会(European Association of Environmental and Resource Economics)、国际环境发展与发展研究院(International Institute of Environment and Development,IIED)等。值得注意的是,有些大型的国际非政府组织两种活动方式都会混合渗透在一起。

按照背景诉求可以分为环境非政府组织、发展非政府组织和工商非政府组织。发展型非政府组织重在人权、贫困等领域开展支持、援助或活动。第三世界网络、气候公正网络及气候变化领域的人权组织都是发展型非政府组织。工商非政府组织分为两大类,一类是代表企业/行业部门利益,为其利益进行活动的非政府组织,如欧洲天然气工业联盟(Eurogas)和欧洲石油工业协会(EUROPIA);另一类是体现绿色社会责任的非政府组织,如气候组织(The Climate Group)是由企业家精英和政府共同组成的旨在应对气候变化的组织,中国著名的阿拉善 SEE 生态协会,是由热衷环保的企业家组成,以生态保护为目的,并向致力于环保的非政府组织提供资金支持。

2. 按照政治立场进行划分

气候治理的复杂性在于环境性问题根本上触及了经济及发展问题,并进而引发国际社会在国际气候大会谈判中的政治博弈。非政府组织也因政治立场的不同,有的站在发达工业化立场持“气候怀疑论”的观点,有的则站在人权立场为气候正义奔走高呼。政治立场体现出鲜明的南北方发展矛盾和意识形态差异。

为了体现气候大会谈判中不同政治立场的非政府组织,这里进行划分如表 2-2 所示。

表 2-2　政治立场分类 NGO

政治立场	类型
发达国家	全球气候联盟(Global Climate Coalition)、气候理事会(Climate Council)
发展中国家	气候行动网络、气候公正网络、第三世界网络、泛非气候正义联盟
小岛国	国际土著居民常设论坛
石油国家	经济增长联盟(Economic Growth Coalition)

第三世界网络(Third World Network,TWN)成立于 1984 年,立足于为第三世界国家或公民寻求在国际领域相关事物的权利维护,寻求对世界资源的公平分配,保障第三世界国家的利益。TWN 积极参与国际性谈判,包括 WTO 会议、可持续发展会议、生物多样性会议、气候

变化会议等。在气候大会上,TWN 积极为第三世界国家发声,通过在 COP 会议上发出倡议,在网站上及时追踪发布气候大会相关新闻,及时发布信息服务等,为公众提供全景信息,提升对"南方国家"的民众动员和宣传。

气候行动网络(CAN)是一个由 120 多个国家的 1300 多个非政府组织组成的全球网络,致力于促进政府和个人采取行动,将人类引起的气候变化限制在生态可持续的水平[①]。致力于在英美和"南北方"之间搭建桥梁缓解紧张关系,以提出环境共同体强烈而一致的信息,并创造在气候辩论中单一的、主导的环境声音。CAN 是活跃在国际、国家和地方层面的跨国非政府组织。它在国家层面主要是提供信息和教育,进行气候变化影响的研究和分析,试图影响政府和机构采用"亲气候"的政策,试图改变商业企业的态度和行为,并且可以派送代表到国际会议中去塑造气候变化的国际法则[②]。CAN 还研究不同减缓战略的成本—收益分析,并提出批判意见。

气候行动网络成立于 1989 年 3 月,对于"使全球变暖尽可能低于 2 摄氏度"的国际目标,全球气候大会的进展不够令人满意,CAN 联盟的成立就是向所有致力于防止气候变暖的非政府组织开放,通过联盟的形式在国际气候大会上影响气候辩论及有关国家的政策。CAN 共有 7 个协调办事处,分别为非洲气候行动网络(CNA)、中东欧气候行动网络(CANCEE)、欧洲气候行动网络(CNE)、拉美气候行动网络(CANLA)、北美气候行动网络(NACAN)、南亚气候行动网络(CANSA)、东南亚气候行动网络(CANSEA)。诸如著名的 WWF、GP、FoE,以及塞拉俱乐部(Sierra Club)、雨林行动网络(Rainforest Action Network)等都是其成员。

随着哥本哈根气候大会的召开,以及 CAN 内部组织的增多,来自"南方国家、原住民和反全球化社团"[③]的立场已经无法与组织立场一致,非政府组织因国际形势和利益诉求等不断出现利益分化,2007 年年底,地球之友网络退出 CAN,加入气候公正网络(Climate Justice Now),体现出非政府组织不同的利益、功能诉求以及气候变化领域日益复杂的公民运动政治生态。

气候公正网络(CJN)在 2007 年成立,目的是通过"世界社会论坛的气候正义宣言",关注"全球南方国家",在哥本哈根气候大会(COP15)上直接影响气候谈判。CJN 的立场十分鲜明,认为发达工业化国家历史上高增长导致的排放给南方国家和弱势社群带来了严重的后果和灾难,但是这些国家却在气候大会上强迫要求南方国家进行减排,这缺乏道义上的公平和正义。CJN 提出发达工业化国家应向南方国家提供气候债补偿,须通过资金转移的方式向南方国家进行补偿。不仅如此,CJN 也反对不符合预警原则的技术,包括碳捕获与封存、生物碳、更多的工业化单一植林、其他所谓的"生物质能源"形式对社会和环境带来的冲击[④]。

哥本哈根大会后全球 NGO 开始发生分化,体现出不同的功能追求……NGO 不同的立场分化反映出的是国际领域对于西方为传播中心、反殖民主义、草根社区运动、与移民相关的人权问题、对资本主义的反思等过往历史上发生的社会运动在气候变化上找到了新的论证[⑤]。

---

①　https://climateactionnetwork.ca/publications/.

②　Ronne D. Lipschutz, Corina Mckendry. Social movement and global civil society[C]//John S. Dryzek, RichardB. Norgaard,David Schlosbebg. The Oxford Handbook of Climate Change and Society. Oxford: Oxford University Press,2011:375.

③　喻捷. NGO 与气候变化[C]//王伟光,郑国光. 应对气候变化报告. 北京:社会科学文献出版社,2010:246.

④　http://climatejusticenow. org/zh-hans/.

⑤　喻捷. NGO 与气候变化[C]//王伟光,郑国光. 应对气候变化报告. 北京:社会科学文献出版社,2010:250.

第二节　气候治理中非政府组织参与的模式与活动方式

气候治理中非政府组织不断从边缘向中心靠拢,通过制度化或非制度化的参与形式,广泛影响气候谈判,并且在气候治理多元伙伴关系的背景下,开始与其他非政府组织、政府、私营部门、商业利益集团等其他多元主体合作,展现出非政府组织参与气候治理的新态势和新变化。

一、非政府组织的参与模式

(一)非政府组织与政府的关系划分

根据非政府组织在气候治理参与中与政府的关系,可把参与模式分为对抗、合作、服务三种类型。其中,对抗模式主要存在于国外非政府组织,国内非政府组织参与气候治理主要是以合作和服务模式为主。

1. 合作模式

非政府组织在气候治理中与政府合作主要分为三种方式。

(1)非政府组织组建团队参加到政府气候议程设定和气候政策制定的团队中去。但是在这种方式下,非政府组织必须有比较强大的专业水平能够得到政府的信任,政府也希望在气候治理活动中与非政府组织进行合作。派驻到政府部门的非政府组织团队,主要负责向政府提供气候决策支持。

(2)非政府部门受政府部门的委托,开展气候治理的相关活动。这种合作的模式属于政府将一些公共职能对非政府组织进行外包,外包的计价可能是赋予非政府组织某些特权或者优惠。在这种情况下,非政府部门就可以以政府的名义顺畅地开展气候治理活动。

(3)非政府组织不参与政府的气候政策制定,而是以智囊团的形式向政府相关部门提供信息以供政府部门进行更好的决策,这个时候非政府部门更像政府在气候治理专业领域的一个顾问。而非政府部门利用其在气候治理专业领域的一手信息,往往能够对政府的科学决策提供支持。

2. 对抗模式

非政府组织在气候治理中与政府的对抗模式主要分为两类。

(1)非政府组织号召民众在重要场合进行示威、游行以及静坐等形式表达对政府的不满,这类模式对于表达气候治理观点是非常直接和激进的,实际上每次世界气候大会召开,场外都会有抗议的人群,而这类情况主要以国外的非政府组织为主。例如,在2010年召开的世界气候大会,绿色和平、乐施会等国际非政府组织就举行过抗议示威活动;2013年世界气候大会在华沙召开,非政府组织还因为抗议示威和政府发生了冲突。

(2)非政府组织通过发表调研报告、倡议民众舆论向政府施加压力、发起公诉等方式间接地向政府进行抗议,虽然这种对抗方式是间接的,也比较柔和,但是经常能够起到作用。例如,1999年美国麻省几家非政府组织曾经请求政府将CO_2等引起全球气候变化的气体设定排放标准,但是政府却没有回应,于是这几个非政府组织便将政府相关部门告上法庭,并且最后赢得诉讼。

3.服务模式

非政府组织除了和政府进行对抗或者合作,还可以通过直接向社会公众服务来开展气候治理,达到气候治理的作用。众所周知,非政府组织来源于民间,所以非政府组织和社会公众向来保持这种良好的互动关系。工业企业是温室气体及有害气体排放的主要来源,但是民众如果能养成低碳的生活方式也是非常重要的。而服务模式正是通过向社会公众宣传环保产品和技术,引导社会公众进行低碳生活;另外,非政府组织也可以收集社会公众的意见并传递给政府。

例如,美国的巴纳维亚环境基金会在新能源技术方面拥有较大优势,于是它积极向民众推行太阳能、风能等清洁能源,以尽可能地减少普通能源对气候的伤害。其实,不管是国内还是国外的非政府组织,都非常重视社会民众的气候治理参与,注重社会公众的舆论导向。在这个过程中加速了环保技术的推广,也能号召社会公众表达出自己的环保观点,共同参与气候治理。

(二)按照非政府组织与其他非国家行为体的关系

随着全球气候治理中多主体"混合多元主义"[①]及"网络化"[②],国家和非国家行为体在气候治理中的合作越来越多。而非政府组织也在多年的发展中,注意同政府以外的非国家行为体,包括建立 NGO 联盟,与企业、商业利益集团采取更多的合作(图 2-1),来实现非政府组织的发展目标。

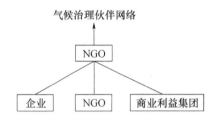

图 2-1　NGO 与伙伴网络

1. NGO—NGO

气候治理中不少非政府组织、智库、研究机构、民间组织结成了跨国性质的伞状联盟。通过联盟的形式向联合国气候大会提出气候方案,主张可持续发展的理念、气候正义。典型的就是气候行动网络和气候公正网络,这里不再赘述,此外诸如国际气候公正网络(International Climate Justice Network)、泛非洲气候正义联盟(PACJA)、国际工会联盟等都是联盟性质的非政府组织,当然 NGO—NGO 联盟也包括独立的 NGO 之间的共同合作。

NGO—NGO 联盟可以在气候大会上提出原则、方案和提议,代表弱势群体或国际利益,推动政府政策、法案制定等。诸如气候公正网络就在气候大会上主张气候债(climate debt)提

---

① Karin Bäckstrand, Jonathan W Kuyper, Björn-Ola Linnér, et al. Non-state actors in global climate governance from Copenhagen to Paris and beyond[J]. Environmental Politics,2017,26(4):561-579.

② Matthew J Hoffmann. Climate Governance at the Crossroads[M]. Oxford:Oxford University Press,2011:41.

议,要求发达国家对发展中国家提供气候债务补偿。气候公正网络 2002 年提交了一份"气候公义巴厘岛原则"(Bali Principles of Climate Justice)的声明,试图从人权和环境公义的角度将气候变化和社区问题联系在一起,强调气候变化影响的不公平性,指出全球变暖的根源在于北方国家不可持续的生产和消费方式,但其后果却主要由南方国家的人民来承担,要求工业化国家应该首先从根本上转变不可持续的生产和生活方式,承担生态债务①。非政府组织诸如绿色和平与其他非政府组织合作,为小岛国建立联系,并为其发声,小岛国联盟是气候大会上的弱势国家,代表有限但受气候变化威胁最大,NGO—NGO 联盟可以为小岛国提供专业咨询,在气候谈判中成为强有力的谈判力量。小岛国也因此借用了 NGO—NGO 联盟的力量实现国家利益②。

NGO—NGO 还可以为了某个目标结盟在一起,英国 2007 年的《气候变化法案》(Climate Change Bill)就由英国地球之友、WWF 等 10 家 NGO 共同参与起草工作,推动政府接受更高的减排目标,并促使法案进入立法审批程序。

2. NGO—商业利益集团

气候治理中,网络化发展也体现在非政府组织与商业利益集团的合作。商业利益集团主要是诸如石油工业协会、天然气行业协会、风能协会等,这些都是与气候治理相关的核心能源部门。还有工商企事业联合会等为企业利益服务的商业利益集团。非政府组织可以对这些组织进行公关或合作,制定行业标准,以使其配合气候能源革新或减排行动,可以有效地实现非政府组织的倡议目标。

例如,温室气体协议(PROT)是由世界资源研究所(WRI)和世界可持续发展工商理事会(WBCSD)联合创立的组织间合作网络,目的是提供温室气体排放的衡量、管理和报告的全球标准③。而这一标准也被不少企业采用。绿色和平也与欧洲能源保护协会(European Association for the Conservation of Energy)、欧洲风能协会(European Wind Energy Association)结盟,试图通过结盟的形式更好地影响政府的政策,并向这些部门倾斜④。

可持续低碳交通伙伴关系(SLoCaT)也是在低碳交通领域成立起来的 NGO—商业利益集团联盟,这个组织由 90 多个利益相关方组成,包括联合国组织(如全球环境基金)、多边和双边发展组织(如亚洲开发银行、国际能源署)、INGO(如世界资源研究所)以及能源部门的工商界行为体等。SloCaT 通过全球伙伴关系致力于在发展中国家推行可持续低碳交通,减少温室气体的排放。

气候披露标准委员会(CDSB)是由环境非政府组织和跨国商业行为体共同组成的国际网络,致力于将气候变化相关信息整合进主流企业的评估报告中,从而为市场投资决策提供有用的环境信息并提高资本配置效率,旨在建构多元可持续性的经济、社会和环境系统⑤。

3. NGO—企业

非政府组织也在不断建立与企业的良好伙伴关系。非政府组织从产生开始对企业的态度

① 蓝煜昕,荣芳,于绘锦. 全球气候变化应对与 NGO 参与:国际经验借鉴[J]. 中国非营利评论,2010,5(01):87-105.
② Betzold C. "Borrowing power"to influence international negotiations:AOSIS in the climate change regime 1990-1997 [J]. Politics, 2010,30 (3):133-148.
③ 李昕蕾. 非国家行为体参与全球气候治理的网络化发展、模式、动因及影响[J]. 国际论坛,2018,20(02):17-26,76-77.
④ 宋效峰. 非政府组织与全球气候治理:功能及其局限[J]. 云南社会科学,2012(05):68-72.
⑤ 李昕蕾. 非国家行为体参与全球气候治理的网络化发展、模式、动因及影响[J]. 国际论坛,2018,20(02):17-26,76-77.

基本是对抗性,如揭露企业的污染行为、公开企业的污染数据、制造企业产生不良影响的社会舆论、进行抗议活动等,对企业产生压力,并促使企业改变生产或污染行为。但是这种对抗性逐渐开始改变,非政府组织发现如果提早介入企业,从社会责任角度出发,企业更愿意进行合作,而企业也开始关注非政府组织良好的组织影响力、前瞻性给企业带来的更好的社会美誉度和社会声誉,企业也更愿意与非政府组织进行合作。所以,气候治理领域的非政府组织活动也从关注气候谈判到关注对企业、生产消费群体的影响。

全球温室气体注册(Global GHG Registry)就是NGO—企业合作的一个典型例子。几大著名环境NGO,如皮尤中心、世界自然基金会、世界资源研究所、世界可持续发展商业理事会与国际排放贸易协会、世界经济论坛等共同发起,目的是鼓励各大企业公布其全球温室气体排放信息,并及时做出相应的应对措施。

美国气候行动合作组织(United States Climate Action Partnership, USCAP),是由美国大企业和非政府组织共同发起,其成员既包括通用电气、杜邦公司、壳牌石油公司等重量级企业,也有美国环保协会(Environmental Defense)等知名的环境NGO[①]。目的是帮助美国在最可能短的时间内,大幅度、积极有效地减少,甚至停止温室气体排放。

二、非政府组织的活动方式

根据非政府组织的特点,其参与治理的方式和途径也多种多样。在气候决策方面,主要是制度化参与和非制度化参与,制度化参与包括正式听证会和会议,诸如气候谈判中的观察员身份。非制度化参与包括与官僚和政治家的非正式会议,如非正式会晤、游说等。

一般来讲,非政府组织在全球—国家—地方—社区气候治理中的活动方式不尽相同,但通常包括以下几种形式。

(一)提供专业报告和咨询

气候治理领域,非政府组织活动的重要方式之一就是发布专业报告。这些报告可以是涉及气候变化对人类环境、粮食生产、生存影响、人权等方面的报告,也可以是企业环境行为对碳排放影响的评估报告。这些报告可以对IPCC报告、政府决策起到政策咨询的作用。也可以对企业环境行为起到监督的作用。

气候变化议题涉及的领域非常之多,大型国际非政府组织都有诸如森林、气候、生物多样性、技术转让等领域的权威专家学者,这些非政府组织常常围绕着国际或本土的一两个核心问题展开气候变化行动,其工作报告也通常在某些专业领域走在国际前列。诸如乐施会长期关注贫困问题,并就气候变化对贫困的影响提出"气候贫困"的概念,乐施会对世界各地受气候变化贫困影响最大的区域都掌握有专业数据并有专业的研究报告,这可以为国际气候大会提供专业咨询。绿色和平在中国长期关注煤炭的清洁使用问题,大量发布中国煤炭使用的相关报告,可以通过专业、集中的视角为政府决策提供咨询。

例如,WWF发布的《气候变化与中国韧性城市发展对策研究》报告,为落实我国《城市适应气候变行动方案》提供参考,《气候变化对以中国大鲵为代表的两栖动物的影响及保护策略研究》报告,积极探索中国气候智慧型保护策略;乐施会发布《科学证据的应验——气候变化,人与贫困》《生存的权利》《气候变化与贫困——中国案例研究》,用深入和专业性的研究报告了

① 蓝煜昕,荣芳,于绘锦. 全球气候变化应对与NGO参与:国际经验借鉴[J]. 中国非营利评论,2010,5(01):87-105.

解气候变化对人类生存带来的影响,尤其是对贫困的影响。

2010 年国际绿色和平发布《科赫工业:秘密资助气候否定论的机器》的报告,详细指出了科赫石油公司对研究机构提供进行气候怀疑论研究的捐助,对政府工作人员、议员进行政治捐助影响政府的决策。

(二)影响政策议程和制定

非政府组织可以直接或间接参与到气候大会或政府决策过程中,来影响最后的政策制定。直接参与可以是参与到议程设置、与政府进行意见交流,或者提出相关提案等方式进行。非政府组织可以用各种方式推动议程设置,诸如通过宣传、社会动员,如英国地球之友的 Big Ask 运动就推动了英国气候变化法案进入政府议程设置并最终通过。中国民间气候行动网络(CCAN)就中国气候变化立法与国家发改委进行了见面交流,包括联盟成员绿色和平、山水自然保护中心、清华大学 CDM 研发中心、乐施会、道和环境发展研究所、美国环保协会的代表。政府以开放的姿态听取能效和碳市场、可再生能源、气候适应、碳汇等方面的立法建议。

此外,联合国气候大会给予非政府组织观察员的角色,这是旁观者、监督者的角色,虽然不可以直接参与谈判,但可以间接影响到气候协定的制定。

(三)倡议和游说

倡议和游说是非政府组织在气候治理领域最常用的活动方式之一。倡议、游说等活动可以发动社会公众的舆论压力,对政府施加影响,目的仍然是影响政府决策。非政府组织通过开展院外游说活动,对议员、政府工作人员进行影响。当然这种游说可以是正式的,也可以是非正式的。

在历次气候大会现场,都会有相当数量的非政府组织进行倡议、游行、示威活动。在会议举行时,不同非政府组织可以就同一个目标进行口号、标语宣传,"寻求气候正义""政客在谈判,领导人需要行动",通过吸人眼球的方式或极端的方式寻求社会各界的关注和支持。非政府组织发起的示威活动也可以同时在不同国家进行,以对本国政府施压,形成跨国社会动员网络。

对议员进行游说可以直接影响到有关气候减排、清洁能源开发等方面的立法。所以,欧盟、美国、英国的非政府组织经常对议员、政府工作人员开展游说活动,以抵御大石油集团等的游说活动。

(四)监督企业、政府行为

非政府组织可以通过信息揭露、发布报告、影响评价等方式对企业的环境行为进行评价。这些评价会影响到企业的社会声誉,一些注重企业社会美誉度的企业就会主动进行环境改造或低碳生产。而对政府行为的监督可以体现在各个方面,如政府的碳排放是否达到国际协议要求、国内对企业减排实施力度、对生态多样性保护的监督行为到位与否。企业和政府的行动往往有密切的联系。

源于英国的国际碳排放信息披露项目 CDP(Carbon Disclosure Project),于 2012 年发布了世界 500 强的碳排放信息报告,认为 2012 年世界主要商业公司的碳排放总量比 2009 年下降了 14%,相当于关闭了 277 座燃气发电站[①]。同时,也发现越来越多的企业开始意识到企业

① 赵川. CDP 公布世界 500 强碳排放数据[EB/OL].[2019-9-1]. http://finance.eastmoney.com/news/1351,20120918251331627.html.

商业行为与气候变化的关系,并主动开展行动。2017 年绿色和平发布《绿色电子产品——ICT 企业环境表现排行榜 2017》(The Guide to Greener Electronics)对知名企业环境行为进行评分,实质是在监督企业环境行为并寻求其增强社会责任加以改进。

2016 年 7 月 25 日绿色和平发布《云南省"未受侵扰原始森林景观"受矿业侵扰退化调研报告》,认为采矿业影响了原始森林保护,这一报告是在对企业采矿行为进行批评,但同时也是在监督政府"不作为"。之后国家林业局、国家住建部和云南省政府高度重视并发出回函,对原始森林保护问题做出行动。

(五)公民教育

气候变化问题的公民教育是非政府组织在基层和社区最经常开展的活动,也是最有效的影响公众对气候变化态度和行动的方式。非政府组织经常通过进校园开展低碳生活常识介绍活动,还可以开展诸如"地球一小时""绿色出行""低碳校园"等系列活动获取更多公民的支持。事实证明,这些环境非政府组织开展的活动深得人心,并取得了一定的口碑。中国青年应对气候变化行动网络开展的"校园节能"项目就是在青年群体中开展节能意识传播的活动。2012 年中国国际民间合作促进会(CANGO)还开展了气候变化教育项目,推动气候变化教育进入课堂,有接近 600 多所学校的 1110 名教师接受了相关培训,该项目也对教师和社会组织开展气候变化项目进行小额资助。国内一些非政府组织诸如上海的热爱家园、福田环保、自然之友深入社区进行垃圾分类活动,指导居民进行垃圾分类,倡导居民的低碳生活意识。非政府组织也擅长运用网络、新媒体、低碳广告等形式开展低碳出行、低碳生活、气候公民等意识的宣传。

第三节　非政府组织在气候治理领域的影响

在气候治理领域,主权国家体系引起的矛盾日益突出,集中体现为越来越严重的南北矛盾。通过政府间国际组织来促成各国利益诉求的协调以及政治共识的达成一再受挫,要想进一步推动气候治理进程,需要新的国际行为主体来进行协调。非政府组织可以起到沟通国际—国家—地方—社区的重要连接力量,可以在政治权威和公民意见表达之间实现协调,可以影响气候大会谈判、影响气候政策议程设置,在气候适应领域发挥积极的角色,非政府组织可以发挥比民族国家更有效果、更有效率和更快应对气候变化的力量。虽然有学者认为非政府组织在全球环境政治有所作为,但是缺乏系统性的、强有力的工作,认为非政府组织对政策结果影响不足。但通过对比研究发现,在国际领域,如果没有非政府组织的参与,气候协议诸如《京都议定书》可能没有那么有效达成[①]。非政府组织在倡议、施压、连接地方和全球的环境非政府组织以及在国家之间进行政策协调能力有目共睹。它们通过自身拥有的专业性、非营利性和超国家的优势,对政府间国际组织决策、政府决策、跨国公司和公众行为都产生了一系列的影响。

一、影响由主权国家组成的国际组织决策

非政府组织行动的主要出发点就是应对全球气候变化给人类生存带来的威胁,努力参与

① Karin Bäckstrand, Jonathan W Kuyper, Björn-Ola Linnér, et al. Non-state actors in global climate governance from Copenhagen to Paris and beyond[J]. Environmental Politics,2017,26(4):561-579.

并积极推动国际气候大会的进程,敦促国际社会达成具有实际执行意义的气候政策。气候治理的政府间国际组织主要有联合国环境规划署、世界银行、全球环境基金、世界气象组织、联合国开发计划署、联合国贸发大会、联合国工业发展组织以及其他的联合国机构。这些政府间组织为全球气候治理提供了组织要素,同时在环保宣传教育上发挥了主要作用,但是政府间国际组织缺乏决策的权威性,真正在治理上具有决策权的仍然是主权国家,且因其本身就是各国政府通过协议组成的组织,自然在协调国家间的矛盾上很是无力。在这类情况下,非政府组织的介入为这些问题的解决提供了途径。

非政府组织尤其是国际非政府组织对政府间国际组织最显著的影响体现在国际气候谈判议程上,他们通过不断提出新的气候问题、起草气候谈判的草案、提供专业的气候治理知识和方案等来影响主权国家间气候谈判的进行。如 1991—1992 年,在联合国环境与发展大会上签署的《联合国气候变化框架公约》,就是由 101 个国家、11 个联合国办公机构、7 个国际政府组织和 70～100 个 NGO 经过谈判而缔结的,NGO 在该大会上发挥了巨大的作用,他们是该公约的主要制定者[1]。再有,来自全球 165 个国家的 3 万多名 NGO 代表全程参加了在巴西召开的联合国环境与发展大会及其筹备会议,对会议起草的所有文件提出了自己的看法并提供了修改建议[2]。而在巴厘岛会议上,其大会参与人员就包括 349 个非政府组织成员,他们在会议上积极发言,在会议后与各方主动交流,取得他们的肯定,为促成"巴厘岛路线图"做出了极大贡献。

同时,这些促成国际气候公约达成的国际非政府组织又因其民间性和超国家的特点,成为更好的监督者,监督那些需要大量资金投入的气候公约的执行,督促主权国家完成在气候谈判议程中分派的责任。

二、影响政府决策

在国际国内领域,非政府组织可以通过影响议程设置、与政府组织合作、制造舆论、施加压力等方式影响政府决策。众所周知的英国《气候变化法案》也是由地球之友最先提出的,在世界自然基金会等十多个非政府组织的协助下起草并由 Big Ask 运动最终通过。澳大利亚的气候行动网络的成员帕拉马塔气候行动网络(Parra Can),在成立后的一个月内,该组织举办了一个公共论坛,竞选联邦办公室的候选人讨论了他们的政党如果被选举如何来减少温室气体,通过面对面游说地方议员和在议会外进行抗议活动来影响政府对于气候变化议题的态度[3]。这些活动都会直接或间接影响到政府对气候变化相关问题的决策。

非政府组织为了克服本身缺乏决策的权威性和对气候治理条约执行的无力性,选择了两样东西作为筹码,来加大对政府决策的影响力,推动气候治理进程。一方面是本身的专业性。有很大一部分的气候类 NGO 是研究型的,他们不断加强自己与气候专家的联系,扩充自己的专家队伍,建立专业的气候资料信息库,大幅度提高了自身的专业性。促使各国政府在处理与气候有关的问题时倾向于咨询他们,从他们那里了解专业的气候信息、治理方案和新技术。例

---

① 王宏斌. 论环境 NGO 对当代国际关系的影响[D]. 石家庄:河北师范大学,2003:6.

② 石国亮. 社会组织在国际事务中发挥作用研究[EB/OL]. [2009-01-04]. http://www.chinanpo. gov. cn/1835/ 32357/preindex. html.

③ Ronne D Lipschutz, Corina Mckendry. Social movement and global civil society[C]//John S Dryzek,Richard B Norgaard, David Schlosbegb. The Oxford Handbook of Climate Change and Society. Oxford:Oxford University Press,2011:378.

如,在《京都议定书》弹性机制的谈判过程中,环境保护组织就成为美国重要的智能信息库,他利用自身拥有的技术、法律和经济人才协助美国设计出了符合自身利益的弹性机制草案,该草案还被纳入《京都议定书》的议程中。

另一方面是大众舆论。因为气候治理要付出的经济代价极大,各主权国家积极性不高且利益诉求有差异,使气候治理的行动一直波折不断,国际非政府组织通过舆论宣传来向各国政府施加压力,推动气候谈判的进程。例如,在 2001 年美国宣布退出《京都议定书》,而俄罗斯则犹豫不决时,绿色和平组织发动了抗议活动,并且致函美国 100 家大企业总裁,要求他们督促布什政府执行《京都议定书》;而地球之友则向美国政府发了 5 万封的抗议邮件,他们掀起的巨大舆论浪潮迫使了美国和俄罗斯不得不做出正面回应。非政府组织诸如气候行动网络还将气候大会上各个国家做出的承诺进行收集、分析和编制,并在官网上公布,以此对国家形成压力和监督。

三、影响跨国公司行为和决策

气候谈判中提出的减排义务较多会落实在各国企业上,其中拥有最强实力和技术的自然是跨国公司,凭借他们遍布全球的公司规模,其行为能在很大程度上影响二氧化碳的排放量。事实上跨国公司倾向于投资劳动力和资源成本相对较低的发展中国家,这些投资中工业化的投资占大头,向发展中国家输出了大量有害物质和有害产品,这就是我们所说的"公害输出"。而发展中国家的环境往往相对比较脆弱,容易发生环境污染,而环境污染不论发生在哪个地区,最后都有可能波及全世界。这一事实使得跨国公司被列入了国际非政府组织施压、监督和合作的名单。国际非政府组织通过参与国际气候谈判、介入跨国公司和政府的交往,来对跨国公司的经济行为进行一定程度上的限制。

成立于 2004 年 4 月的气候组织(The Climate Group)在全球开展促进低碳经济发展的活动,其主要对象就是全球最具影响力的工商企业和政府部门。2008 年,中国移动通信集团、远大空调有限公司和尚德电力控股有限公司都成为该组织的会员,加入向低能耗、低排放、低污染发展的企业转型中来[①]。

1995 年英国壳牌石油公司要炸沉石油存储平台,该计划也得到了政府的批准,但绿色和平组织考虑到直接在海面进行炸毁处理可能带来的空气污染和有毒物质对海洋的污染,对此计划组织了一次大规模的反对运动,带头发起的壳牌石油产品抵制运动致使其销售量在欧洲下降了 30%,迫使壳牌石油公司宣布取消原计划,最后把存储平台拖到陆地上进行粉碎处理。事后虽然绿色和平组织的调查被证实是错误的,壳牌公司的储油平台在废置前已经过彻底清理,不存在所说的污染物质,但该非政府组织调动的社会舆论力量和带来的效果是毋庸置疑的,可以影响到跨国公司的决策。

成立于 2007 年的美国气候行动合作组织的成员包括了通用汽车、英国石油美国公司、通用电气、美国铝业、杜邦等多家跨国公司和美国环保协会等非政府组织[②]。成员之一的阿尔斯通电力总裁朱倍贺在 2009 年 7 月加入美国气候行动合作组织时,曾对该组织做出了很高的评价,他说:"该组织为企业制定政策提供了平台。通过加入该组织,商界精英可以拥有更多依

① 吴林. 中国之家战略供应商加入气候组织[N]. 中国房地产报,2008-11-03(3).

② 杨航. 美国基金会在应对气候变化国际合作中的作用[D]. 青岛:青岛大学,2011:5.

据,制定更加合乎环保标准的政策,而这是企业理应做出的贡献,也是他们有能力实现的。"

四、影响公众意见及行为

非政府组织因其非营利性和公益性,比较容易获得公众的信任,其民间性则使他们和"草根阶级"比较接近,二者之间有着天然的联系,实际上非政府组织的成员很大一部分是来自民间的志愿者,在气候谈判大会上甚至说他们是"草根阶级"的代表者,这些足以表明非政府组织与公众的亲近,再加上国际非营利组织在民间的主要活动方式就是宣传与教育,所以他们在公众领域的调动能力比较强,很多国际非政府组织发起的抗议和抵制运动都扩展到了很广的范围。2004 年 11 月 16 日绿色和平组织发布了金光集团 APP 在云南省恩茅市、文山州、临沧市的县、村镇大肆砍伐天然木的调查结果,在两天后就得到浙江饭店行业协会向 417 家所属会员店发出产品抵制呼吁书的响应,甚至国家林业局都做出了一定的回应。

总之,在国际领域,因为无政府状态下的气候治理缺乏强制力,非政府组织可以发挥出第三方的监督和压力集团式的作用,督促国际社会形成更加公平、公正的气候协议和减排方案。非政府组织这一公民社会力量可以弥补国际气候治理失灵,在一定程度上影响了国际国内气候公共政策的制定,增强气候治理的民主合法性,实现国际领域的协同治理。非政府组织在气候治理中在全球气候大会、议程设置、气候适应等多层次、多领域的参与,更是展现出非政府组织在气候治理这一公共问题上的积极作用。

第三章　全球气候谈判中的非政府组织参与

国际气候治理的发展历程围绕着气候谈判而展开,1988 年政府间气候变化专门委员会(IPCC)成立,开始进行气候变化影响的科学评估与政策建议,1991 年政府间谈判委员会成立,气候谈判正式开始。国际社会围绕着可持续发展的目标,气候减缓与适应的责任与分担进行谈判。历史谈判中 1992 年《联合国气候变化框架公约》、1997 年《京都议定书》和 2015 年的《巴黎协定》被认为是最具有成就的三大协议。主权国家的狭隘民族利益导致气候协定谈判过程进展非常缓慢,非政府组织恰恰可以充当"第三方"和"观察员"的角色,超越民族利益界限,为全球气候公正助力呐喊。气候谈判也需要非政府组织这一中立角色将不同国家、社会民众的意见带到谈判现场,更广泛地实现谈判民主。本章主要讨论非政府组织在全球气候谈判中的参与、国际非政府组织是如何影响气候大会谈判以及进展、各个非政府组织影响气候谈判的共性和差异有哪些、国际非政府组织对气候谈判的影响和不足有哪些。

第一节　非政府组织参与全球气候谈判概况

全球气候治理是指民族国家、非国家行为体、私人部门等基于解决气候问题的共同愿景,共同参与全球范围内的气候事务,进行国际协调、跨国合作,并希望能够建立一种应对气候变化的机制。1992 年联合国环境与发展大会通过了《联合国气候变化框架公约》,《公约》生效后围绕着《公约》的履行每年都会举行世界气候大会进行谈判。1997 年通过了《京都议定书》,在各国签署后,直到 2005 年 2 月 16 日才开始生效。2005 年开始启动《京都议定书》2012 年之后发达国家温室气体的减排责任谈判,围绕《京都议定书》共进行了 11 次缔约方会议。围绕着《巴黎协定》截至 2018 年共进行了 3 次缔约方大会。谈判如此艰难和漫长的原因是国家利益间冲突,谈判形成了两大阵营即发达国家阵营和发展中国家阵营,称为南北阵营,并且在不同时期和不同议题上,发达国家和发展中国家内部也有很多分歧,诸如 77 国集团＋中国逐步分化出基础四国、小岛国联盟、雨林国联盟等。发达国家则是欧盟与伞形国家的不同立场。

非政府组织拥有非营利性、非政府性、组织性、民间性、自治性和公益性的特点,它可以作为一个宣传者,同时又是一个行动者。非政府组织通过免费出版、论坛、公益广告等方式向公众宣传环保的重要性,提升公众的环保意识;另外,非政府组织拥有大量的专业人员,能够为环保工作提供很多支持,同时也可以充当政府的智囊团,间接影响政府的决策。面对气候大会谈判的利益博弈,非政府组织的参与可以增强谈判的透明性和合法性,有利于获取民众对谈判结果的支持,非政府组织在气候大会上也可以提出自己的提案,引导舆论发展方向等来影响谈判的进程。

一、相关研究回顾

在万方数据库以"气候谈判"为关键词进行搜索,结果显示,从 1990 年到 2018 年的 29 年中,相关论文一共 2697 篇。以"climate negotiations"为搜索主题,结果显示,从 1990 年到 2018 年论文一共 5594 篇,由图 3-1 可以可看出,与国外相比,我国关于气候谈判的研究比国外少很多,国内研究从 2000 年才开始,起步比较晚。总体上来说,文献研究大体上可以分为三个阶段:1990—2006 年为第一个阶段。这一阶段所发表的论文数量比较少,中外都在起步阶段,但是中外之间研究论文数量上的差距正在逐渐减少,这也从侧面反映了我国对气候谈判问题的重视和学者研究的深入;2007—2016 年为第二个阶段,这个阶段发表的论文数量最多,平均每年都有几百篇的论文发表,在 2009 年达到顶峰,国外有 614 篇,国内有 226 篇;从 2017 年到现在为第三阶段,相关研究的论文的数量急速下降,由 2017 年的 175 篇降低到 2018 年的 39 篇(国外)。

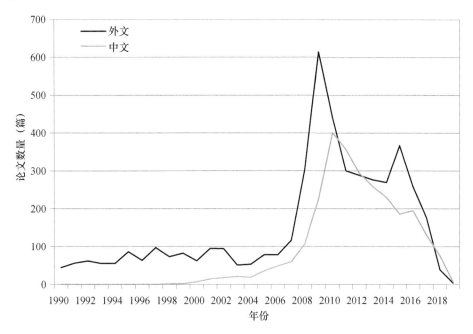

图 3-1 1990—2018 国内外发表论文数量

国外对非政府组织在气候谈判影响力最著名的学者当属 Elisabeth Corell 和 Michele M. Betsill[1] 运用比较视角和系统分析方法研究非政府组织在国际环境谈判中的影响,并以《沙漠化公约》和《京都议定书》作为实例进行分析,认为非政府组织对于《京都议定书》的影响较弱。之后两人又对非政府组织对气候谈判的影响力指标进行细化,从谈判过程和谈判结果的 4 个指标看非政府组织对国际谈判的影响力[2]。Chad Carpenter 认为[3],第 6 次缔约国大会试图在 2000 年促进工业国家将 6 种温室气体排放量降低到 1990 年的水平,将京都议定书的条款转化成具体的、可执行的协议,但未能取得预期成果,随着公共意识的觉醒,商业、绿色组织和媒

① Elisabeth Corell, Michele M Betsill. A comparative look at NGO influence in international environmental negotiations: Desertification and climate change[J]. Global Environmental Politics, 2001(11):86-107.

② Michele M Betsill, Elisabeth Corell. NGO Diplomacy: The Influence of Nongovernmental Organizations in International Environmental Negotiation[M]. Cambridge: MIT Press, 2008.

③ Chad Carpenter. Business, green groups and the media: the role of non-governmental organizations in the climate change debate[J]. International Affairs, 2001(2):313-328.

体这类非政府组织、公民社会将会在气候辩论中扮演越来越重要的角色。Finger 和 Manno 表示[①]，在气候谈判的议程方面，非政府组织可以反映更多地方上的诉求，使气候谈判不再成为单一的国家参与，从而连接地方以至全球，形成文化网络，发挥着独特的优势。Matthias Finger 和 Thomas Princen 指出[②]，国际气候谈判议程的复杂性和主权国家对于自身利益的自我分析，使得谈判结果往往很难达成一致。尽管如此，气候谈判依旧是全球气候治理中必不可少的一步，它使全球范围内的环保主义者达到了最大程度的集中，使更多的人加入气候治理中来。

　　国内有不少关于非政府组织参与气候谈判的研究，这里简单陈述。非政府组织在全球气候治理中有独立性和道义性，能够扮演一种监督的角色，让全球气候治理成为全球治理诸领域中社会参与度较高的一个领域[③]。国际环境非政府组织在追求公共利益的同时也受到国际社会、民族国家、政府间组织和自身条件的限制，与国家和其他组织的关系好坏成为国际环境非政府组织解决挑战的有效方法[④]。唐虹[⑤]探讨了非政府组织在联合国气候谈判中的作用，并以著名的非政府组织"气候行动联盟"为例，探讨了正式国际合作制度在国际气候谈判中的优势及缺陷。赖钰麟[⑥]以"政策倡议联盟"为例，分析中国 NGO 应对哥本哈根气候大会这一国际环境议题谈判，分析中国 NGO 如何影响国际谈判，以及中国公民外交的含义与最新发展。

　　张丽君[⑦]通过分析非政府组织在全球治理中的重要作用及其在西方得到的高度认可，阐明非政府组织能提升中国在气候变化国际谈判中的合法性和有效性，改善中国在气候变化问题治理中的国际形象，并探讨中国应在气候变化公共外交中开发和利用非政府组织的价值，从而纠正西方公众对中国的误解或偏见。其认为中国非政府组织通过多边气候会议作为公共外交的主要活动，以及气候合作和气候领域的人文交流活动也在中国气候外交中扮演着不可或缺的角色[⑧]。

　　从国内外研究可以看出，国外对非政府组织参与气候谈判研究比较深入，且有非政府组织对《联合国气候变化框架公约》和《京都议定书》的专门研究，而国内也不乏对气候谈判、气候公共外交的研究，但是研究仍显得不够全面和深入，尤其是缺乏不同非政府组织参与的比较研究。

二、非政府组织参与气候大会谈判的现状

(一)非政府组织参与气候谈判的类别

　　联合国早在 20 世纪 40—50 年代就给予了非政府组织以咨商地位，非政府组织一词也最早出现在《联合国宪章》中，经社理事会应采取适当办法与非政府组织会商职限范围内容的事

---

　　① Thomas Princen, Matthias Finger, Jack Manno. Nongovernmental organizations in world environmental politics[J]. International Environmental Affairs, 1995, 7(1):42-58.

　　② Matthias Finger, Thomas Princen. Environmental NGOs in World Politics: Linking the Local and the Global[M]. London: Routledge, 1994.

　　③ 宋效峰. 非政府组织与全球气候治理:功能及其局限[J]. 云南社会科学, 2012(05):68-72.

　　④ 桑颖. 国际环境非政府组织:优势和作用[J]. 理论探索, 2007(01):136-138.

　　⑤ 唐虹. 非政府环保组织与联合国气候谈判[J]. 教学与研究, 2011(09):66-72.

　　⑥ 赖钰麟. 政策倡议联盟与国际谈判:中国非政府组织应对哥本哈根大会的主张与活动[J]. 外交评论, 2011(3):72-87.

　　⑦ 张丽君. 非政府组织在中国气候外交中的价值分析[J]. 社会科学, 2013(07):15-23.

　　⑧ 张丽君. 气候变化领域中的中国非政府组织[J]. 公共外交季刊, 2016(01):48-53,125.

件,可见,作为超国家机构的联合国,重视非政府组织在某些领域的专业性、在社会层面广泛的活动渗透力,以及超越国家利益的公平性和具有人类命运感的前瞻性,所以非政府组织是联合国进行全球治理的重要合作伙伴。

在全球气候大会谈判中,非政府组织是重要的观察员。UNFCCC缔约方大会有近十万名代表(官方显示99338名),有超过一半来自民间社会(50557名),代表超过1300个非政府组织。这些非政府组织中环境、大学、能源和商业类是最主要的几类。表3-1列举了COP1～COP15(1995—2009年)非政府组织主要类别[①]。

表3-1　COP1～COP15(1995—2009年)非政府组织主要类别

类别	描述	案例
建立环境	非政府组织处理城市,城市体系与城市规划	建筑无国界组织
工商业	工商业类非政府组织。不包括那些特别的能源或者森林等的其他类别,也不包括商业基金支持的智库	国际商会
气候变化	非政府组织存在的目的是应对气候变化	350.org项目;气候保护行动援助联盟
发展	非政府组织的主要目的是发展、减缓贫困,或者人类发展	行动救助
教育与才能建设	除了大学以外的非政府组织,其主要目标是教育或才能建设	能力建设国际
能源	处理能源问题的非政府组织	世界可持续能源联盟
环境与保护	非政府组织的主要定期目标是环境或者保护。不包括特殊的森林非政府组织	大自然保护协会
粮食、土壤和农业	非政府组织处理饥饿、食物保护、农业和土壤降解	国际粮食政策研究所
森林	非政府组织主要处理森林	全球冠层基金会
原住民	非政府组织处理原住民问题或者那些主要由原住民组成的选区	因纽特人的极地会议
法律实务	律师、法律以及法律相关的非政府组织	加拿大律师协会
其他/未知的	非政府组织不适合任何其他类别或其任务无法被确定	马德里俱乐部;国际最高审计组织机构
宗教/精神文明	基于信仰的非政府组织	达摩鼓山佛教协会,路德世界联邦
权利和正义	非政府组织基于权利和/或者司法途径。不包括妇女或者原住民等拥有自己权利类别的非政府组织	国际特赦组织
科学与工程	科学与工程非政府组织,不包括大学,主要不参与任何其他类别	电气和电子工程师协会
可持续发展	非政府组织的目标是可持续发展或环境/可持续性和发展	国际可持续发展研究所
智库	智库和非政府组织关注政策和/或国际关系	德国全球变化咨询委员会
运输	运输相关的非政府组织	国际铁路联盟

① Mique Munoz Cabre. Issue-linkages to Climate Change Measured through NGO Participation in the UNFCCC[J]. Global Environment Politics,2011(8):10-22.

类别	描述	案例
大学	更高等的教育机构	波士顿大学
水、海洋与渔业	非政府组织处理海洋、淡水和渔业问题	海洋保育组织
妇女	非政府组织主要关注妇女的权利和问题	国际妇女理事会
青年与儿童	非政府组织应对青年群体和儿童问题，或者由年轻人作为他们主要的支持者	世界童军运动组织

（二）非政府组织参与气候谈判的变化

1. 由观察员上升为注册观察员

非政府组织参与气候谈判可以增强主权国家为主体进行的气候谈判的透明性，为边缘群体/弱势群体发声，也可以发挥非政府组织的舆论压力作用，对谈判国家代表进行施压，有利于谈判结果的达成。事实上，在《公约》谈判之前，即联合国未将气候变化提上议事日程之前，就有研究类的机构及环境运动来倡议关注气候变化问题。在《公约》谈判时已经有数以万计的非政府组织参与气候谈判。但这个时候不需要注册，非政府组织作为观察员身份进行活动，参与缔约方会议边会，参与临时工作小组等来影响气候谈判。2006 年的内罗毕气候变化大会上，正式宣布所有的政府间组织（IGO）和非政府组织可以注册为气候变化缔约方会议（COP）的观察员，可以旁听和列席会议[①]。这是从制度上给予了非政府组织作为观察员的合法性，这也意味着非政府组织的地位在不断上升。

2014 年利马的巴黎行动议程（LPAA）和非国家气候行动区（NAZCA）也给予了非国家行为体参与气候治理行动的制度化支持。2016 年马拉喀什全球气候行动伙伴关系又强调了国家和非国家部门协助实施《巴黎协定》的落实。这些制度上的发展变化，也意味着联合国气候治理越来越强调非政府组织、私人部门、城市等非国家主体通过行动来为气候治理做出贡献。

2. 非政府组织参与气候谈判的数量在逐年增加

气候大会中，政府间组织（IGO）和非政府组织都可以获得观察员的资格。非政府组织参与气候大会谈判在 2009 年哥本哈根气候大会达到了顶峰，各种媒体的广泛宣传也使得气候变化逐渐成为全球性的公共认知问题。在 COP15 上，参与的非政府组织有 1295 个，而在 COP14 上只有 951 个，激增了 300 多个参与的非政府组织。COP23 上已经有 2133 个非政府组织观察员，足以可见非政府组织组成的跨国公民社会对于气候变化问题的关注度和参与度非常之高。从图 3-2 也可以看出，参与气候大会谈判的非政府组织观察员远远多于参与的政府间国际组织。

但是参与数量不代表非政府组织的参与质量，因为在气候谈判时因为众多原因随时可能取消非政府组织的入场机会。在哥本哈根气候大会中曾出现过限制配额的情况，也即每个非政府组织只有有限的几个通行证可以进入会场，每家非政府组织仅有 20% 的入场比例，代表持双证入场。随着会议进展，配额也在逐渐压缩。部分气候谈判会议禁止非政府组织进入，使得非政府组织失去了信息通道和发言空间。这些都会影响到非政府组织的实际参与效果。

---

① 李昕蕾，王彬彬. 国际非政府组织与全球气候治理[J]. 国际展望，2018,10(05):136-156,162.

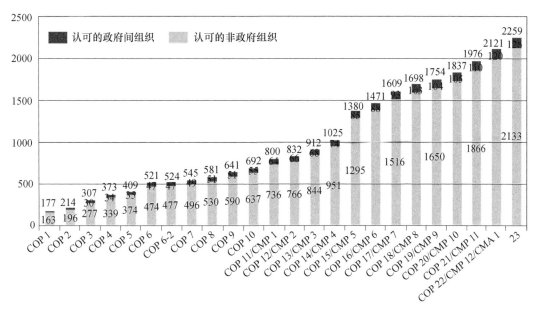

图 3-2　非政府组织获得观察员资格的变化①

3. 参与气候谈判的非政府组织分布不平衡

虽然参与气候谈判的非政府组织数量众多，但是地区分布却极其不平衡。非政府组织分布不平衡也使得在气候谈判中南北之间的民间话语权不同，发展中国家虽然世界人口众多，但是代表其发声的非政府组织较少。发展中国家的本土非政府组织走上国际舞台的也比较少。

大多数非政府组织来自发达国家或者是在发达国家进行注册，虽然有些组织开展活动是在国际范围，甚至在亚非拉等落后地区，但是注册地主要是欧美。从图 3-3 可以看出，2017 年，来自西欧等国家的非政府组织数量达到 66.8%，来自亚洲的非政府组织占 14%，来自拉丁美洲和加勒比海地区的非政府组织占 8.5%，亚非拉＋东欧的非政府组织总和仅占 33.2%，约占所有非政府组织的三分之一。所以，国际气候谈判，面对南北之间的博弈，民间社会的力量更需要一些国际非政府组织站在公平、正义的立场为发展中国家发声。

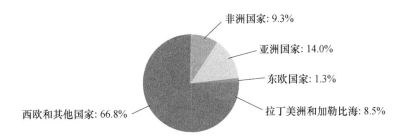

图 3-3　获得观察员资格组织的地区分布（截至 2017 年 12 月）①

4. 越来越多的非政府组织网络联盟出现

为了增强在气候谈判中的话语权，越来越多的网络联盟型非政府组织出现。代表性的就

---

① https://62.225.2.61/parties_and_observers/observer_organizations/items/9545.php.

是气候行动网络(CAN),CAN 在全球有 7 个分支机构,有超过 120 个国家的 1100 多个成员,CAN 联盟包括区域联盟和国家联盟,诸如 CAN-Europe、US CAN 等。国际气候公正网络(International Climate Justice Network)、泛非洲气候正义联盟(PACJA)也都是以网络联盟的形式参与气候谈判。Tck Tck Tck(滴答滴答滴答)这一联盟式的非政府组织成立于 2006 年,它也是网络联盟了环境、发展、宗教等各个领域的非政府组织,希望有更加有力量来促成国际气候协议的达成。

第二节　非政府组织在气候谈判中的作用

一、凝聚共识,不同利益群体之间实现沟通

气候大会谈判存在发达国家和发展中国家的博弈,这种博弈体现在是否承担碳排放历史责任、当前发达国家和发展中国家怎样分配减排责任、发达国家应该如何补偿发展中国家、发达国家应该给予发展中国家怎样的帮助以支持其应对气候变化、历史上和当前的排放会对子孙后代带来什么影响等一系列争论和博弈。这些争论的核心价值就是"公平""正义""平等"等伦理价值,争论的背后是国家发展问题。所以,正因为气候变化这一复杂的环境问题涉及经济、社会、能源等综合性问题,才使得气候谈判异常激烈,进展也非常缓慢。

而非政府组织恰恰可以在不同的利益群体、不同国家之间进行游说,在发达国家和发展中国家之间实现沟通;可以代表受气候变化影响最大的小岛国,在气候大会上为其发声,让更多国家意识到气候治理应该立即行动,否则会影响到小岛国居民的生存;非政府组织也可以实现国际和国内的沟通,当气候谈判进行的时候,非政府组织的分支机构,尤其是大型的气候行动网络,一方面在气候谈判现场对谈判进行追踪和解析,参与多边对话和交流,另一方面,也及时在对气候谈判不积极的国家,尤其是在美国发起非政府组织的抗议、示威活动,对本国政府施压,国际非政府组织的超国家公民网络,可以有效地在国际和国内进行沟通。

沟通的最主要目的是凝聚共识,非政府组织通过对超国界的全球气候正义和代际正义的呼吁和活动,让更多人了解发展中国家的人口受气候变化的影响最大。例如,乐施会就在谈判现场邀请来自乌干达、美国密西西比、秘鲁和孟加拉的四位受气候贫困影响的"见证人"来到哥本哈根气候大会现场,讲述其受气候灾害影响后的贫穷生活一直没有好转,以引起更多人对发展中国家的关注,呼吁哥本哈根气候谈判能够坚守《联合国气候变化框架公约》和《京都议定书》下的"共同但有区别的责任"这一"气候公正"原则,呼吁世界各国支持《京都议定书》第二承诺期。

非政府组织的中立角色、超国家利益的专业报告和咨询,对人类和人权、可持续发展的长期关注,代表共同价值观、共同利益,是其能够凝聚共识的重要原因。当然,非政府组织也通过其强大的信息搜集能力、媒体沟通能力、现场动员能力及时把握会议谈判的风向,并及时进行舆论施压或引导,有利于调动民意表达、发挥第三方非国家行为体的立场,有效促进了气候大会场外的舆论达成共识。

二、发布专业报告或提出解决方案,影响议题创设或进展

20 世纪 80 年代末瑞典斯德哥尔摩环境研究所的两个工作室,最早推动政府间气候变化专门委员会建立,应该是非政府组织影响国际社会议程创设的重要表现,联合国下 IPCC 专门

就气候变化问题进行评估,将气候变化议题提上日程。

非政府组织聚集了大量的科学家以帮助其进行某些问题的科学研究,非政府组织开展活动离不开科研能力,因此,非政府组织尤其是某些研究类型的非政府组织尤其在低碳发展、能源发展、生物多样性保护、森林与土地利用、贫困问题方面具有较高的专业性,以及以其领先的、有说服力的、有科学依据的专业报告影响到国际社会对气候变化相关问题的重视,有利于影响国际谈判议题。

不仅如此,密切追踪气候谈判的国际非政府组织已经在谈判程序、国际法等相关领域都有较深的涉猎,可以提出对气候谈判中发达国家和发展中国家博弈而难以达成一致的一些问题的看法或方案,影响谈判的议题。例如,英国的"全球公共资源研究所"(Global Commons Institute)提出了"紧缩与趋同"(Contraction and Convergence)的方法①。其基本思路是:选择远期(如 2100 年)工业 CO_2 排放的稳定浓度(如 450 ppmv),并根据人均原则制定某一目标年(如 2045 年)全球统一的人均排放目标。各国从现实排放水平出发,发达国家逐步降低人均排放量,而发展中国家逐步提高人均排放量,至目标年实现全球人均排放的"趋同"。之后继续共同减排,通过"紧缩",最终(如 2100 年)实现全球稳定浓度目标。尽管有学者认为此种方案在实施中对发展中国家并不公平,但其富有见地的基本思路在世界范围内引起了广泛的反响。

2009 年 7 月,绿色和平组织、WWF 等重要非政府组织公布了一份哥本哈根气候条约初稿,作为各国政府达成哥本哈根气候变化谈判决议的基准,敦促各国政府通过一项具有约束力的气候治理协议。2011 年,南非德班气候大会召开期间,乐施会、WWF 和国际船运工会(ICS,代表世界上 80% 商船)联合向 COP17 代表团呼吁联合国授权国际海事组织(WMO)通过市场手段(MBM)完成降低航运碳排放的工作。所以,非政府组织就国际气候大会及政府还未重视的航运碳排放问题提出倡议。

针对发达国家和发展中国家就碳排放"双轨制"存在的矛盾争议,致使国际气候谈判难以达成共识,甚至出现发展中国家谈判阵营的分化,最不发达国家要求中国、印度等排放量大的发展中国家承担谈判责任。所以,第三世界网络这一为发展中国家发声的非政府组织,倡导气候谈判中加入气候债务的方案,针对气候变化对发展中国家带来的气候灾害,但是这些灾害和影响的原因是发达国家工业化进程历史累积带来的结果,所以,气候债务就是要求发达国家向发展中国家进行气候补偿。所以,第三世界网络曾为玻利维亚、委内瑞拉、巴拉圭、马来西亚制定了气候债务方案,方便这些国家将方案提交到联合国气候变化框架协议秘书处。

非政府组织参与气候大会从原来的抗议、示威到提交议案,证明对进一步深入参与气候大会有了更深层次的变化。

三、气候谈判的协调员和监督员,影响气候谈判结果

非政府组织可以向联合国秘书处申请观察员资格,现已经获得联合国认可的非政府组织(admitted NGOs)多达几千个。这些观察员可以参与到缔约方气候大会的正式谈判中,也可以参与到附属机构的会议与柏林授权特设小组(AGBM)的非正式会议中,也可以参与到各种圆桌会议中。

---

① 蓝煜昕,荣芳,于绘锦. 全球气候变化应对与 NGO 参与:国际经验借鉴[J]. 中国非营利评论,2010(1):87-105.

非政府组织观察员的身份也即协调员和监督员,可以充分发挥"第三方"主体的作用,发挥在气候大会这一"无政府状态"下的压力集团角色,可以就气候正义、气候债务、气候补偿问题对各个缔约方沟通协调,可以在谈判期间为缔约方国家提供专业技术咨询。

非政府组织在气候谈判中及时跟踪谈判进展,就获取到的谈判信息和走向及时进行分析,并向媒体公布,通过舆论传播起到对谈判代表的监督作用,有些国家在谈判中过于消极就会引起非政府组织和舆论的"声讨"。CAN 更是通过气候传播平台——生态(ECO)发布气候谈判中前一天表现不佳的缔约方国家,给其颁发"每日化石奖",通过 CAN 的强大影响力对其施加压力。不仅如此,非政府组织还在谈判现场布置各种"现场",讽刺一些发达国家聚团且不作为。非政府组织还对气候协定的执行情况对各个国家进行监督。

有研究表明,如果缺乏非政府组织的参与,《联合国气候变化框架公约》《京都议定书》可能没有那么快达成。

第三节　非政府组织在气候谈判中的影响力分析及案例

一、非政府组织对气候谈判影响力评估

非政府组织到底对气候谈判,尤其是气候协定产生了多大影响,应该如何评估非政府组织对气候谈判的实际影响力。对于影响力评价,目前国际上较为著名的是贝兹尔(Betsill)和科雷尔(Corell)的研究,两人基于前期论文研究基础,对影响力评价指标进行修改,认为非政府组织的影响力不仅是在谈判会议期间,可能在会议之前或谈判议程设置阶段就已经开始施加影响,也可以是在闭门会议期间进行影响谈判的活动。

他们将影响力界定为:"NGO 国际谈判参与度和对其他行动者(如国家)行为的后续影响"。非政府组织通过影响谈判进程(问题建构、议程设置以及影响关键国家的立场)和谈判结果来影响气候谈判[①]。如表 3-2 所示。

表 3-2　NGO 影响力评价

影响力指标		影响力证据		NGO 影响力 (有/无)
		其他行动者的行为……	与 NGO 沟通后引起的……	
谈判过程的影响力	议题建构	· 在谈判开始之前是如何理解这个议题的 · 当谈判进行时是如何理解这个议题的,议题理解上有什么变化	· NGOs 为这种理解带来了什么	
	议程设定	· 这个议题是如何第一次被国际共同体关注的 · 有什么具体的条款加到议程中或被排除议程之外 · 具体议程辩论的专业术语是什么	· NGOs 为影响谈判议程做了什么	
	关键性行动者的立场	· 关键性行动者的最初谈判立场是什么 · 关键性行动者在谈判过程中有没有改变他们的立场	· NGOs 为影响关键性行动者的立场做了些什么	

①　米歇尔·M. 贝兹尔,伊丽莎白·科雷尔. NGO 外交非政府组织在国际环境谈判中的影响力[M]. 张一罾,译. 北京:经济管理出版社,2018.

续表

影响力指标		影响力证据		NGO 影响力
		其他行动者的行为……	与 NGO 沟通后引起的……	(有/无)
谈判结果的影响力	最后协议的程序性议题	•协议有没有为促进 NGO 在未来决策过程的参与建立了新制度 •协议是否承认 NGO 的政策执行角色	•NGOs 为促进这些程序性的变化做了些什么	
	最后协议的实体性议题	•在如何解决这个议题上,协议有没有反映 NGO 的政策立场	•NGOs 为促进这些实体性议题做了些什么	

　　从环境非政府组织对知名国际气候协定,诸如《防沙漠公约》的影响对比可以发现,贝兹尔(Betsill)和科雷尔(Corell)认为环境非政府组织对《京都议定书》的影响力只能是中等影响力,虽然对最终协定的程序性议题和实质性议题没有根本的影响,但是环境非政府组织在《京都议定书》谈判的主要问题如碳排放交易和碳汇都提出了自身的立场,诸如反对俄罗斯提出的"热气"排放交易,即一国未达到排放限额,可以出售"热气"的提法,并对谈判现场的碳汇方案进行反击,认为不应该将碳汇纳入交易排放的额度中。从这些具体的观点和行动可以看出,非政府组织在气候谈判中秉持气候正义的原则,坚决反对用任何手段推卸其气候减排的责任。所以,从这个角度来讲,非政府组织是气候谈判中的监督员毋庸置疑。而非政府组织对关键国家,尤其是对美国的谈判影响可见一斑,美国政府谈判方最开始仍然是代表化石集团的利益,但在国内非政府组织游行、示威的压力之下,最终美国在谈判现场改变立场加入了《京都议定书》。详见表 3-3。①

表 3-3　ENGO 在《京都议定书》谈判中的影响力评价

影响力指标		证据		NGO 影响力
		行为体的行为	NGO 的立场	(有/没有)
谈判过程的影响力	议题界定	•代表们将环境问题视为合理威胁而不是紧迫危机 •代表们主要对经济影响表示关心	•NGO 将环境问题视为迫不及待的环境危机	没有
	议程设置(谈判阶段)			
	排放交易	•代表们采纳了"热气"的说法	•NGO 呼吁收回俄罗斯交易并不存在"热气"指标条款	有
	碳汇	•代表们不情愿地立即采纳将碳汇计入减排指标的条款	•当碳汇方案被引进时,NGOs 引起了人们对有关碳汇核算和减排公正性等问题的大量关注	有
	关键性行动者的立场			
	美国	•减排的稳定性和灵活性	•最初的立场反映了来自化石燃料工业国的国内压力;由于 ENGOs 的外部施压以及与戈尔的个人关系而改变立场	有
	欧盟	•代表们在碳排放交易问题上对美国妥协,却坚持了减排目标	•来自 ENGOs 压力;政府介意他们在国内民众中的形象	有

---

　　①　米歇尔·M. 贝兹尔,伊丽莎白·科雷尔. NGO 外交非政府组织在国际环境谈判中的影响力[M]. 张一罾,译. 北京:经济管理出版社,2018:51.

影响力指标		证据		NGO 影响力 (有/没有)
		行为体的行为	NGO 的立场	
谈判结果的影响力	最终协定/程序性议题			没有
	最终协定/实质性议题	·文本仅要求 5% 的减排量并允许排放交易和碳汇计入减排量	·NGO 施压要求 20% 的减排量,并且反对这种灵活性机制	没有
		影响力水平		中等

二、非政府组织参与气候谈判的实例分析

上文主要介绍贝兹尔和科雷尔对非政府组织气候谈判影响力的分析,来看非政府组织在气候谈判中的主要活动方式,以及可能影响到气候谈判的方面。一些国际非政府组织在气候谈判中比较活跃,且相对影响较大。鉴于访谈的难度,这里主要对 CAN、乐施会在气候谈判前和谈判中的活动和表现进行分析。

(一)气候行动网络(CAN)

气候行动网络成立于 1989 年,是网络联盟型非政府组织,其成员都是致力于气候变化问题的各类非政府组织,各个成员都是独立、自主的组织。CAN 大概有超过 120 个国家的 1100 个成员,致力于促进政府和个人采取行动,将人类引起的气候变化限制在生态可持续的水平[①]。具体行动是推动各国制定有效的减排政策,并在气候大会上促进有效的气候减排协议。不仅为保护大气层做出努力,同时在全球范围内实现可持续和公平的发展,不损害子孙后代的需求与发展。CAN 有 8 个区域性网络,包括 CAN-Europe、Southern African Region CAN、CAN Latin American 等,有 10 个国家网络,包括 CAN-China、CAN-Australia、US Climate Action Network 等。

CAN 在气候谈判中的倡议和行动诉求"气候正义"的价值理念,支持发展中国家在气候谈判中的立场,促进人类发展的公平与公正;同时也在成员国家行动,影响本国政府的气候政策和立场;还深入社区,促进社区可持续发展。CAN 通过信息交流和协调制定关于国际、区域和国家气候问题的非政府组织战略,努力实现这一目标。CAN 在各个区域都有工作中心,可以协调全球各地的这些工作。所以,CAN 是一个将国际—国家—地方连接起来的行动网络组织。

1. 国际气候大会谈判前的活动[②]

国际气候大会谈判前的活动主要包括谈判前的各种出版物和立场宣言。这些出版物包括 CAN 对事件、话题、运动、地区等方面的报告。这些出版物可以是农业方面的递交给联合国气候变化大会秘书处的报告(表 3-4),CAN 寻求在 UNFCCC 下应对农业发展提供一些思路和方法,寻以报告的形式表达其主张。农业方面的报告以建立适应机制和恢复力为主,为保护粮食

① https://climateactionnetwork.ca/publications/.

② 根据 CAN International 官方网站整理。详见 http://www.climatenetwork.org.

安全和农业适应性发展,CAN 为联合国气候变化框架公约的科学技术顾问机构(SBSTA)和下属的执行机构(SBI)联合组织,2018 年 11 月建立"科洛尼亚"(Koronivia)工作项目递交了相关的农业适应报告。当然,CAN 关于 CDM、森林碳汇、KP 减缓等方面都有递交自己的看法。

表 3-4　CAN 在农业方面的递交报告(列举)

年份	递交报告
2012	CAN Submission：General approaches to address Agriculture in the UNFCCC-March 2012
2013	Submission to SBSTA：Addressing Agriculture in the UNFCCC
2018	CAN Submission：Elements to be included in Koronivia Joint Work on Agriculture (KJWA)，April 2018
2018	Climate Action Network International Submission：Koronivia Joint Work on Agriculture (KJWA)
2019	Climate Action Network Submission：Elements to be included in Koronivia Joint Work on Agriculture (KJWA) May 2019

气候大会谈判中,CAN 都会发表针对此次大会的立场书,这些立场书代表了其对谈判核心问题的看法(表 3-5)。在 2019 年 CAN 的立场书中有关于能源问题的《Energy Ambition in NDCs》立场书,面对《巴黎协定》下国家自主贡献目标,面对化石燃料占 2018 年所有温室气体排放量的四分之三,现代可再生能源仅占 1% 的现状,CAN 提出为加快 NDC 的目标,应承诺实现快速能源转型。在对 2019 年即将召开的气候大会,CAN 致信联合国气候大会秘书处,指出在 2019 年气候大会中对气候变化造成的损失和损害,恢复力和适应的金融行动应该实现变革,最贫穷国家缺少经济和金融能力,使其难以从气候变化灾害影响中迅速恢复,应为这些国家提供解决方案,建立国际损失和损害机制。

表 3-5　CAN 的立场(列举)

年份	立场
2011	CAN Submission：Work plan for the Durban Platform for Enhanced Action
2012	CAN Position：Position towards Rio＋20，January 2012
2014	CAN Submission：2015 Agreement and Post-2020 Actions，November 2014
2015	CAN Position：Integrating Human Rights into the Paris Agreement，October 2015
2015	CAN Position：The Paris outcome：Composition and placement of elements，August 2015
2019	CAN Position：Energy Ambition in NDCs，June 2019
2019	CAN Letter to the Special Envoy of the UN Secretary-General for the 2019 Climate Summit，March 2019

由此可见,CAN 作为气候大会上最活跃的气候非政府组织,通过其长期、专业性的努力,在为气候大会递交相应的专业报告,并通过立场书等试图影响气候大会谈判的紧急性议题。为气候公正和可持续发展贡献力量。

2. 国际气候大会谈判进行中的活动

在 1997 年的京都气候大会谈判中,CAN 整合不同环保组织的建议,设定了大会谈判的议程,即谁来减排、减排多少、以何种方式减排、如何对减排进行有效的监督。在 2009 年哥本哈根气候大会上,发展中国家与发达国家对《京都议定书》的延续有着巨大的矛盾。CAN 特地为坎昆气候大会谈判制定了新的议程,并且 CAN 努力地去影响谈判的过程使得谈判的结果能更好向着自己的目标靠近。为了更好地开展工作,CAN 分区进行工作,在京都谈判中,全球有8 个片区,在坎昆谈判中,全球细分成了 14 个片区,根据不同的利益诉求采取不同的游说政府的方式,以国家大会和国内相结合的方式,对气候谈判代表进行施压。

CAN 在气候谈判中最有名的活动当属"生态-ECO"通讯报道,ECO 紧密追踪气候谈判的进程,在 UNFCCC 谈判期间,ECO 每天发布对相关问题的看法,ECO 报道从 1972 年斯德哥尔摩环境大会就已经开始,已经成为 CAN 的标志性活动。ECO 设有专门的电子博客和 App供公众及时获取气候大会的相关信息。CAN 还在气候大会谈判期间颁布"每日化石奖"(Fossil of the Day),批评在气候谈判中当天表现不佳的政府代表。法国政府曾在气候谈判中主张将碳汇纳入碳市场,就被获"每日化石奖"。

所以,CAN 在气候谈判中通过游说、督促等方式也在不断地影响谈判进程。

(二)乐施会(Oxfam)

乐施会是著名的国际救援组织,它的分支机构有 14 个,各自独立开展活动。乐施会长期关注国际社会的贫穷问题,长期致力于为世界减少贫困问题做努力。"助人自助,对抗贫穷"是乐施会的宗旨和目标。乐施会在气候大会上的活动开展从筹备—参与—推动气候谈判都有紧密配合的策略步骤,这也使得乐施会在气候大会谈判中为维护谈判中发展中国家贫穷人口的权益和地位,不断对发达国家施压,主张发达国家为发展中国家提供气候适应的资金和支持发挥着积极的作用。

1. 国际气候大会谈判前的活动

乐施会在其活动中发布专业性报告是其重要活动。在 2007 年乐施会首次提出"气候贫困"的概念,在 2009 年发布《生存的权利:二十一世纪人的人道挑战》,认为到 2015 年,受气候灾害影响的人数较 1998—2007 年增长 54% ,平均每年 3.75 亿人。乐施会在 2009 年发布《气候变化与贫困——中国案例研究》报告,对中国生态脆弱区与气候贫困产生的耦合状态进行分析,对中国受气候变化影响的贫困状态进行分析。虽然乐施会在全球的 14 个分支机构独立开展活动,但是在气候大会谈判中,乐施会致力于解决发展中国家的贫穷人口的生存和发展,为维护气候公正做努力。

乐视会可以更好地在气候谈判中增加影响力。在哥本哈根气候谈判前乐施会筹备"I DO行动特使活动",这一活动在 2009 年 7 月发起,来自津巴布韦、尼泊尔等发展中国家驻华使馆、国内知名媒体、NGO 组织及驻京高校的 100 名代表齐聚明城墙遗址公园东南角楼,共同发布 I DO 宣言,宣布成立 I DO 联盟,承诺一起为贫穷人对抗气候变化。并选出 1 位"I DO 特使"亲赴哥本哈根气候谈判大会。在哥本哈根气候谈判前,乐施会在全球邀请受气候贫困影响的"见证人"。

2. 国际气候大会谈判进行中的活动

乐施会在气候谈判进行中最主要的特点就是紧密配合的组织分工,在分工中体现出乐施会对气候谈判舆论和气候传播的专业性。

乐施会在气候谈判中的基本活动包括演讲、抗议、追踪气候谈判进程、与媒体紧密合作进行会议报道,等等。乐施会参加哥本哈根气候大会的 80 多位工作人员来自各个分支机构,并被分成 5 个大组,(1)政策组。政策组成员由来自不同国家的气候变化专家构成,帮助分析自己国家和气候谈判的进展而发表机构观点。（2）政府代表组。身兼政府代表团和乐施会工作人员双重身份，共有 5 人，使得乐施会能够第一时间同步了解谈判信息。并且可以在最后哥本哈根气候大会限制入场的非政府组织名额时候，还能够及时了解到谈判进展和信息。（3）联盟组。联盟谈判中的其他代表团、其他非政府组织及民间代表。通过"I DO 行动特使"支持其参与气候谈判并进行展示、演讲等活动，增强说服力和感染力。（4）媒体组。负责与其他媒体沟通，与政策组沟通以便及时了解谈判进度及细节，及时将分析结论通过媒体形成舆论压力，以对发达国家施压以影响谈判走向。（5）行动组。通过外围形式，即演讲、和平游行等对这些首脑施加外围压力[①]。

第四节　非政府组织参与气候谈判的局限

一、大部分非政府组织是"过场式"参与

从 COP1 到 COP23 的非政府组织参与数量来看，非政府组织已经从 160 多家，增加到 3000 多家，可见，气候变化议题引起了更多非政府组织的关注，同时，也说明非政府组织作为重要的非国家行为体是参与气候大会谈判的重要主体，也是未来在实际行动中发挥组织特点、进行气候减缓与适应行动的重要主体。

但是，参与数量不代表参与质量。有很多参与气候大会的非政府组织仅在大会前注册，但谈判结束后不到两年时间就已经不再活动。很多非政府组织就在气候大会谈判期间活跃，开展一些活动，之后就是销声匿迹状态。在气候大会谈判中有实际影响力的还是一些著名的国际非政府组织，如 CAN、绿色和平、WWF、乐施会、国际自然保护联盟、大自然保护协会、第三世界网络这些组织。所以，有一部分非政府组织参与到气候大会中纯粹是为了博取眼球或蹭热度。使得虽然有 3000 多家非政府组织，依然无法与主权国家对气候谈判的实际影响力相比。

当然，非政府组织在气候谈判协议上永远无法与主权国家相比，但是也期望参与到气候大会谈判中的非政府组织不是仅仅停留在倡议和口号层面，而是能够通过切实有力的行动影响到气候谈判，维护非政府组织对人权、气候公平、公正等价值的诉求。

二、根据气候谈判形势变化调整行动内容

非政府组织对气候谈判的立场虽有不同，也代表不同的国家立场，但是，从国际上活跃的、著名非政府组织来看，CAN、绿色和平、WWF、乐施会等都基本还是认可发展中国家的利益诉求，认为发达国家因为其历史上的碳排放沉积，对气候变化负有首要责任，应该向发展中国家进行资金和技术转移，同时对气候融资、气候基金也表明自己的看法。

从 CAN 和气候公正网络这两个气候变化为主体的非政府组织来看，其递交的报告和立场基本是围绕着谈判的进程变化而进行不同的报告呈现。在《京都议定书》达成之后，2008 年CAN 的发布《CAN Submission：KP on methodologies（February 2008）》《CAN Submission：

---

① 王彬彬．乐施会参与哥本哈根谈判经验分享（三）谈判现场如何分工［EB/OL］．［2019-8-20］．http://bbcop15.blog.sohu.com/153104051.html.

KP AI mitigation objectives(February 2008)》两个报告,提醒发达国家尽可能减少温室气体排放的重要性,以及国内政策必须在履行和超越义务方面发挥主要作用。所以,CAN 的主要报告仍然是在 UNFCCC 和《京都议定书》确立的"双轨制"下开展活动,发表立场。

但是随着气候谈判形式的变化,欧盟等国家认为中国减排责任问题也应该纳入法律框架之下,中国面临诸多发达国家的压力,所以,国际气候谈判的内容也逐步开始调整,开始探讨自主贡献问题。所以,CAN 之后的报告也就开始围绕 NDC 问题发布报告和立场。

因此,非政府组织除了基本的价值诉求立场之外,基本活动内容也是跟着气候谈判的形势走。但不排除有些非政府组织始终如一的口号和立场,比如,有些非政府组织从一开始就要求发达国家和发展中国家共同承担责任,一些非政府组织一直在气候适应、生物多样性保护等领域要求发达国家对发展中国家进行资金和技术转让,并履行气候债务。

三、非政府组织对气候谈判的结果影响有限

从以上分析可以看出,面对全球治理这一复杂利益博弈场,主权国家要超越国家利益进行协商和谈判受诸多因素的干扰,谈判本身比较复杂,也充满大国竞争发展的博弈,国内政治也对国际政治产生影响。所以,气候谈判的会场是各种矛盾、各种利益充斥的会场。非政府组织只能是维护人道主义的观察者、监督者、参与者,但是并不能实质上影响气候谈判的程序议题和实质议题。非政府组织对气候谈判的结果影响有限。

面对国际博弈的复杂场域,非政府组织是一道靓丽的风景线,如果没有非政府组织,国际气候谈判可能更难以达成,或更难以获取到公众的认可,气候谈判可能会变成一些政客的黑箱的、不行动的内幕式谈判。非政府组织可以在谈判过程中起到与公众进行沟通和用民意来影响气候谈判的沟通桥梁。

总之,非政府组织在气候大会谈判中表现得相当积极,作为超越国家利益界限、秉持全球气候正义价值观念的非政府组织,其气候大会谈判的第三方角色既重要又不可或缺。全球气候谈判需要非政府组织承担起信息沟通、全球动员、舆论监督的重要作用。

第四章　气候政策议程设置中的非政府组织参与

目前,气候变化已经严重影响到人类的生存与发展,成为国际社会普遍关注的全球性问题。由于气候变化问题涉及政治、能源、经济和发展等一系列问题,具有特殊性和复杂性,导致各国在应对气候变化问题上出现了较多分歧与冲突,出台具有法律效力的全球性气候政策十分艰难。在主权国家内部,关于气候问题的政策制定以及气候减缓与适应的行动也存在着很多困难。气候政策的制定与实施对于应对气候变化具有十分重要的意义,气候政策的议程设置则是制定气候政策最为关键的一步。非政府组织在推动气候政策的议程设置的相关活动中一直保持积极的参与态度,气候非政府组织极力促进气候政策的跨国合作,在相关气候政策的制定过程中通过倡议、游行集会、抗议、媒体舆论等一系列活动发挥着压力集团的作用,致力于推动气候政策的议程设置,在全球气候治理中发挥着重要作用。

本章分析气候政策议程设置的主要过程,让人们更加清晰地了解到气候政策的具体产生过程。展示非政府组织在气候政策议程设置中的具体作用,分析国际和国内非政府组织在推动气候议程设置中存在的问题与面临的困境,并提出积极的解决办法,促进非政府组织提高自我政治参与水平,积极投身气候变化问题之中,更好地推动气候政策的议程设置,促进国际国内气候政策的制定与实施。通过个案地球之友"Big Ask"运动的成功经验,让人们更全面地了解这次运动的具体过程与实质成效,为推动非政府组织在气候政策议程设置中发挥作用提供思考。

第一节　气候政策议程设置的概念与理论

一、国外气候政策议程设置的相关研究

国外学者对于气候政策议程设置的研究文献比较丰富,研究内容主要集中在气候政策议程设置的途径。对于政策议程设置中的非政府组织相关研究文献不够充分,主要内容集中在非政府组织在气候政策议程设置中发挥的作用、非政府组织产生的影响力方面。

(一)气候政策议程设置的途径

Sarah B. Pralle 通过金登的多源流议程设置模型,探讨将气候变化问题纳入政策议程并将其列入政策优先事项的策略。文章总结提出了提高气候变化问题突出程度的具体策略、解决气候变化问题的框架方案策略和维持气候变化政治意愿的策略。通过定期方便民众了解的方式报告主要问题指标、强调科学共识和知识、重视日益增长的公众关注、强调具体的当地影响和个人经验、强调对人类健康的影响、在辩论中插入道德和伦理观点等具体的策略提高公

众对气候变化问题的关注度,推动气候政策的议程设置[①]。Dannevig 等在与已开始开展气候适应工作的 8 个挪威的城市进行深入访谈和了解的基础上,从参与问题的官员和政府机构能力、焦点事件、真实的相关指标、研究人员的参与和其他驱动因素几方面研究了气候适应政策是如何被纳入地方议程设置的[②]。Takahashi 等通过微观层面的分析,揭示了气候政策议程设置中信息处理框架内个人决策的具体实例,详细叙述了几项气候变化法案的制定过程,以及秘鲁国会 2006—2011 年立法期间气候变化和生物多样性特别委员会的发展情况。通过对立法精英的深入访谈分析,讨论了政策企业家在气候政策议程设置中的作用[③]。

(二)非政府组织在气候政策议程设置中发挥的作用

Matthias Finger 等的主要观点认为,非政府组织在全球环境与气候治理方面是联结地方与全球的关键点,非政府组织应处理好地方与全球的关系,在气候治理中发挥自身独特的优势[④]。Naghmeh Nasiritousi 等在其文章中通过两次气候大会的相关调查材料,研究不同非国家行为体在气候治理方面的作用,他们认为不同的非国家行为体具有不同的治理模式,在不同的治理领域的权威也是不同的。非国家行为体也在塑造气候治理的轮廓方面发挥了作用,包括私有、混合、网络化和基于社区的治理[⑤]。Lucas J. Giese 认为非政府组织在全球气候治理中发挥着包括推动治理、参与气候框架制定、提供信息和专业知识和游说政府代表等作用,作者以印度非政府组织为研究案例,并且使用了一个研究框架来研究非政府组织对《联合国气候变化框架公约》的影响[⑥]。Neil Carter 等以地球之友的"Big Ask"运动在 2008 年英国气候变化法案中发挥的作用进行了研究。首先,地球之友利用了 2006 年气候政治中开启的机遇之窗,赢得了跨党派对该法案的支持,然后不断充实其内容。随后,在与外交和联邦办公室合作的创新性研讨会项目帮助下,在整个欧洲推出了"Big Ask"运动,推动了气候政策议程设置[⑦]。

(三)非政府组织在气候政策议程设置中的影响力

Katharina Rietig 提出了一个基于一定指标的非政府组织外围战略对气候变化会议影响的分析框架。非政府组织在气候会议中的影响力取决于它们的策略、代表的个人能力、它们在谈判周期中处于多早的活跃状态和它们是否在政府代表团中获得内部地位,由于说客仍然是局外人,因此非政府组织在气候会议中的影响力通常仍然很低[⑧]。

① Sarah B Pralle. Agenda-setting and climate change[J]. Environmental Politics, 2009,18(5):781-799.

② Dannevig H, Hovelsrud G K, Husabø I A. Driving the agenda for climate change adaptation in Norwegian Municipalities[J]. Environment and Planning C: Government and Policy,2013,31(3):490-505.

③ Bruno Takahashi,Mark Meisner. Agenda setting and issue definition at the micro level: Giving climate change a voice in the Peruvian Congress[J]. Latin American Policy,2013, 4(2),340-357.

④ Matthias Finger, Thomas Princen. Environmental NGOs in World Politics: Linking the Local and the Global[M]. London:Routledge,1994.

⑤ Naghmeh Nasiritousi, Mattias Hjerpe, Björn-OLaLinnér. The roles of non-state actors in climate change governance: Understanding agency through governance profiles[J]. Int Environ Agreements,2016(16):109-126.

⑥ Lucas J Giese. The Role of NGOs in International Climate Governance: A Case Study of Indian NGOs[C/OL]. 2017. [2019-8-20]. All College Thesis Program, http://digital commons. csbsj. edu/honors_thesis/36.

⑦ Neil Carter,Mike Childs. Friends of the Earth as a policy entrepreneur: 'The Big Ask' campaign for a UK Climate Change Act[J]. Environmental Politics,2018,27(6):994-1013.

⑧ Katharina Rietig. Public Pressure Versus Lobbying-How do Environmental NGOs Matter Most in Climate Negotiations? Climate Change and the Environment[R]. Center for Climate Change Economics and Policy,2011.

二、国内气候政策议程设置的相关研究

国内学者对于气候政策议程设置中的非政府组织的研究主要集中在非政府组织影响气候议程设置的途径、发挥的作用、面临的困境等方面。

(一)非政府组织影响气候政策议程设置的途径

李学灵认为,在非政府组织推动气候政策议程设置方面,非政府组织利用自身专业的咨询地位和资源从而直接提出问题,通过社交媒体等方式进行广泛宣传,引起各方关注,推动问题进入议事日程。另一方面,非政府组织利用其分布在世界各地的分支,通过制造舆论、直接干预政府行动等方式,向相关政府施压,从而影响政策议程设置[1]。王金梅则认为非政府组织在气候治理过程中发挥作用的方式和手段相对有限,非政府组织主要通过协调、磋商、谈判等手段,这些间接手段一旦涉及相关主权国家的根本利益时就会受到很大的局限,其在国际气候治理过程中的地位和作用也不受国家重视[2]。于宏源认为国际非政府组织在全球气候治理中权力的有效性体现在意识宣传、信息提供、行动监督三个方面。国际非政府组织在全球治理中的权力获取主要途径为议程设置权力的引导和规则规范权力的引导[3]。

(二)非政府组织在气候政策议程设置中发挥的作用

李昕蕾主要从欧盟、美国、发展中国家三方面着手,分析后巴黎时代非政府组织对于气候治理格局产生的影响和其在推动气候政策议程设置中发挥的作用[4]。丁晓晶认为,非政府组织在全球气候共治中发挥着提出气候谈判议题、推动气候谈判进程、监督气候机制执行的作用[5]。张丽君则以我国非政府组织为主要研究对象,分析了其在国际气候政策议程设置中的作用。中国非政府组织在国际气候谈判和多边气候会议上以及在推动环境、能源等议题的国际气候合作中,特别是南南气候合作中,都发挥着重要的作用。并且积极促成其他国家在气候变化领域的人文交流[6]。

(三)非政府组织在气候政策议程设置中的困境

王金梅认为,非政府组织在影响气候政策议程设置中会受到国家主权、国内政策及国家利益等因素的影响,而且非政府组织发挥作用的方式和手段也相对有限[7]。侯佳儒和王倩以国际气候谈判为背景,提出非政府组织面临的主要困境有六点:一是参与资格面临丧失法律依据的问题;二是主权国家主导国际谈判,导致非政府组织在谈判中处于边缘地位;三是气候谈判的复杂性加大非政府组织参与谈判过程的难度;四是非政府组织内部也存在"南北问题";五是

① 李学灵. 全球气候政策议程设置问题研究[D]. 上海:上海交通大学,2011.
② 王金梅. 非国家行为体与主权国家在国际气候治理中的互动[J]. 法制与社会,2011(09):157-158.
③ 于宏源. 非国家行为体在全球治理中权力的变化:以环境气候领域国际非政府组织为分析中心[J]. 国际论坛,2018,20(02):1 7,70.
④ 李昕蕾. 非国家行为体参与全球气候治理的网络化发展:模式、动因及影响[J]. 国际论坛,2018,20(02):17-26,76-77.
⑤ 丁晓晶. 全球气候共治中的非政府组织研究[D]. 延边:延边大学,2013.
⑥ 张丽君. 气候变化领域中的中国非政府组织[J]. 公共外交季刊,2016(01):48-53,125.
⑦ 王金梅. 非国家行为体与主权国家在国际气候治理中的互动[J]. 法制与社会,2011(09):157-158.

非政府组织建设缺乏问责机制;六是非政府组织数量剧增但影响力却相对降低[①]。

第二节　气候政策议程设置的概念、过程与模式

一、气候政策议程设置的概念

政策议程设置是制定公共政策的重要一环,要了解政策议程设置的概念就必须要先明确什么是公共政策。公共政策的概念最早可以追溯到十九世纪末期的伍德罗·威尔逊,他认为公共政策主要指由立法人员制定并交由行政人员执行的法律,包括政策的制定和执行两个不同的阶段。随着时间的推移,政策理论不断完善,关于政策的界定也逐渐多元化。本书认为政策即为决策者想要达到某种特定目标而制定的政府行动计划,公共政策就是政府为了治理社会公共事务所制定的指导性准则[②]。

一般认为,公共政策过程主要包括政策制定、政策执行、政策监督、政策评估、政策终结五个方面。在政策的制定环节,政府需要明确目前社会上存在的、需要首先解决的问题,政府明确的问题清单就是政策议程,而问题清单的来源及其排序过程就是议程设置,政策议程是政府逐渐开始关注某种社会问题的重要环节,也是整个政策系统的逻辑开端。政策议程设置则是公共政策的逻辑起点,在政策过程中扮演着重要的角色。

所谓气候政策议程设置,就是指政府决策者在政策制定环节受到来自政府内外相关因素的影响,能够明确气候问题的严重性,并且最终将气候治理相关问题提上政府的政策议程。政府外的各类主体包括非政府组织、利益集团也可以成为内部决策的参与者。在国际领域,随着全球气候变暖及极端气候的加剧,国际社会开始重点关注气候变化问题。气候问题超越了主权国家的界限,具有全球性的特点,就需要国际社会共同解决。气候变化问题逐渐得到联合国环境大会的关注是一个逐步实现的过程,也是一个议题设置的问题。其中有学者对气候变暖做出相关研究,有相关环境非政府组织的极力呼吁,气候变化才逐步成为关注的热点问题,1988年政府间气候变化专门委员会(IPCC)正式成立,意味着气候变化正式进入联合国的议题谈判中来。1992年5月22日联合国政府间谈判委员会就气候变化问题达成《联合国气候变化框架公约》,该公约是世界上第一个为应对全球气候变化给人类生存带来不利影响的公约,更是为国际社会在应对全球气候变化问题上进行国际合作与谈判的一个基本的框架。从此,应对全球气候变化的责任分担与谈判问题就走上了联合国的议事日程,应对全球气候变化成为了历年国际气候大会谈判的主要问题,而关于气候政策的议程设置就始终伴随着国际气候谈判。

国际社会中影响气候政策议程设置的主要参与者包括主权国家、政府间国际组织、非政府间国际组织、跨国公司、媒体等。主权国家和政府间国际组织是具有国际法主体地位的参与者,他们受国际法承认,享受国际法所规定的权力。非政府间国际组织和跨国公司则不具有国际法上的主体地位,不能直接参与到联合国的气候政策制定的事务过程中去,但是由于他们不受主权国家的政治利益影响,可以利用自身资源推动气候政策议程设置。

---

① 侯佳儒,王倩. 国际气候谈判中的非政府组织:地位、影响及其困境[J]. 首都师范大学学报(社会科学版),2013(02):55-60.

② 丁文. 政策议程设置研究:国内外学术进展解析[J]. 江南论坛,2018(06):38-40.

二、气候政策议程设置的过程

气候政策议程设置是一个复杂的过程,气候政策的出台则受诸多因素的影响。根据上文的研究论述,这里将气候政策议程设置主要分为三个阶段。第一阶段是气候变化问题的提出;第二阶段是问题被提出后,受到社会各界的普遍关注,引发了较为强烈的反响;第三阶段是问题引起政府决策机构的关注,将气候变化问题列入政府问题清单,走上政策议程,具体过程见图 4-1。要想达到政府出台相应的气候政策的最终目的,就需要议程设置过程中的每一个阶段、每一个环节密切联系。

图 4-1　气候政策议程设置过程

(一)气候变化问题的提出

首先,问题的产生与确定是走上政策议程的开始,在气候政策议程设置过程中,气候问题的事实判断决定着这一情况能否被界定为问题,并且是政策制定者当前需要首要解决的问题。全球气候变化是存在的事实,相关科学观测表明,自 1900 年以来地球平均表面气温上升了 0.8 ℃,大部分的温度增长发生在 20 世纪 70 年代中期以后。北极冰层逐渐消融、海平面上升、全球极端天气气候事件多发、哺乳动物和昆虫等对温度敏感的动物开始向两极迁移都为全球气候变暖提供了大量的事实证据。

对于全球气候变化的原因,国际社会中有两种不同的理论,一种是以弗雷德・辛格和丹尼斯・艾弗里为代表的周期理论,认为全球气候变暖是由于太阳的周期性运动所导致,受人类活动的影响并不大。另一种是由法国科学家让・傅里叶在 1827 年首次提出的温室效应理论,该观点认为全球气候变暖是由于人类活动排放的大量温室气体所导致。目前国际科学界普遍认同温室效应理论,认为气候变化是受人类活动的影响,遏制全球气候变化需要从人类生产生活的各方面入手。

气候变暖问题的提出最开始是科学家,各种气候研究中心等科研机构也逐步开始持续关注和研究这一问题,诸如英国东安格利亚大学气候研究中心、皮尤全球气候变化研究中心等。国际环境非政府组织也开始将气候变化问题作为重要的组织活动主题。

(二)气候变化问题被社会各界广泛关注

问题的提出并不能直接走上议程设置,要想让政策制定者将气候变化问题提上政策议程,那么这个问题首先要具有广泛的社会影响力,以至于让政策制定者发现气候问题的存在和其产生的严重影响。这种社会广泛的关注度可以通过媒体、公共事件、广泛的社会动员等方式进行。

进入 21 世纪以来,气候变化引发的全球极端气候多发,造成了巨大的人员伤亡与经济损失,引发了国际社会各界的普遍关注。自 1995 年柏林气候谈判大会至今,每年都会举行全球性的国际气候大会,讨论应对全球气候变化的策略与方案,并且取得了一系列较为突出的成就。一些环境非政府组织也逐步将工作重心转向气候变化领域,组织了一系列活动来减缓全球气候变暖,积极推动气候政策的议程设置,诸如地球之友组织在英国和欧洲发动的"Big Ask"运动就是典型的非政府组织在议题设置方面的巨大成绩。

灾难性影视作品也可以增加社会公众对气候变化相关议题的关注。诸如《后天》《2012》等一些与气候变化相关的影视作品开始大量出现,而且以灾难题材为主要类型,描写了气候变化导致的一系列自然灾害给人类社会带来的危害。这些灾难题材的影视作品往往会带给人们极大的心灵震撼,从而加深人们对气候变化问题的认识。

(三)气候变化问题进入政府问题清单,进入议程设置

由于社会各界对于气候变化问题的高度关注,产生了广泛的社会影响力,使得气候变化问题从众多的政策问题中被政府决策机构注意到,从而将其提上了政府问题清单。要想真正走上政府的议事日程,就需要让政府了解气候变化问题的严重性,将其列在政府问题清单的前列。但是,现实中政府急需解决的问题往往是经济问题或者是突发的政治问题。因此,要想让气候变化问题列入政府问题的清单前列,就需要特殊时机的到来,也就是我们常说的政策之窗的出现。这种特殊情况可能会是气候变化问题引发的某一突发焦点事件或者公共事件,并且在短时间内引起极大的社会关注,民众强烈要求政府出台相关政策以解决问题,便会导致气候变化问题迅速进入政策问题清单前列。也有可能会是一些科学研究和报告,通过严谨的科学研究结果告诉政府解决气候变化问题的紧迫性和不作为的严重后果。

三、气候政策议程设置的主要模式

1962年,美国政治学家巴查赫(Peter Bachrach)和巴热兹(Morton Baratz)发表了一篇文章,题为《权力的两方面》,提出了一个重要的观点:"能否影响决策过程固然是权力的一面,能否影响议事日程的设置则是权力更为重要的一面。"在气候议程设置中,这个问题就转化为气候问题如何走上议事日程,以何种方式走上议事日程,气候政策议程设置属于公共政策议程设置范畴。公共政策的议程主要分为三大类:媒体议程、公众议程和政策议程。媒体议程是指新闻媒体广泛报道的问题,公众议程是指民众普遍关注、议论,希望政府能够解决的问题,政策议程是指政府决策者认为急需解决的问题[①]。在现实情况中,三种议程之间是存在相互联系的。媒体和公众议程发展到一定程度会影响到政策议程,媒体议程与公众议程之间也相互影响。气候政策议程主要是在政策议程领域,这里主要讨论气候政策议程设置中的主要模式。根据气候变化问题走上政府议事日程的方式不同,我们将气候政策议程设置的主要模式分为内部自发模式、外部压力模式和内外协商模式,具体见表4-1。

表 4-1　气候议程设置中的主要模式

内部自发模式	外部压力模式	内外协商模式
决策者自发模式	媒体压力模式	决策者与公众协商模式
官方智囊团模式	公众压力模式	决策者与非政府组织协商模式
	环保非政府组织压力模式	决策者广泛协商模式
	混合压力模式	

---

① 王绍光. 中国公共政策议程设置的模式[J]. 中国社会科学,2006(05):86-99,207.

（一）内部自发模式

内部自发模式是指政府决策机构内部意识到气候问题的严重性，将气候变化问题提上议事日程。这种模式中政府没有受到外部媒体和民众的影响，制定气候政策属于政府自发行为。这种自发模式根据政府内部提出问题的主体不同，又可以分为决策者自发模式和决策者官方智囊团模式。政府决策机构智囊团的意见对于政府了解社会问题、判断问题的轻重缓急有比较大的影响。因此智囊团对于气候变化问题的判断会对气候政策的议程设置产生比较直接的影响。

我国政府在应对气候变化问题上一直保持着积极态度，不仅在国际气候谈判中发挥主要作用，在国内也采取积极的应对措施，实施了一系列节能减排的政策措施。早在 2000 年 4 月 29 日，为保护和改善环境，防止大气污染，我国就颁布实施了《中华人民共和国大气污染防治法》。国务院新闻办公室于 2011 年 11 月 22 日发表了《中国应对气候变化的政策与行动（2011）》[①]白皮书，全面介绍了我国政府在"十一五"期间应对气候变化所采取的政策和行动，以及"十二五"时期的目标任务和政策行动。《中华人民共和国大气污染防治法》和《中国应对气候变化的政策与行动（2011）》白皮书的出台都是我国政府决策者自发将气候变化问题提上政府议事日程的，属于自发模式中的决策者自发模式。

联合国政府间气候变化专门委员会是世界气象组织和联合国环境规划署于 1988 年联合建立的，汇集了世界数千位科学家，主要任务是对气候变化问题及其带来的相关影响、减缓气候变化的可能对策进行评估，是气候变化国际谈判和规则制定的科学咨询机构。建立之初至今，该机构发表的相关评估报告，都会成为国际社会应对气候问题的重要依据，更会成为国际气候谈判中的相关议题。联合国政府间气候变化专门委员会属于联合国决策机构的智囊团，它发表的评估报告对于联合国认识气候变化问题具有直接影响，这种影响如果将气候变化问题列入联合国议事日程，它便发挥了议程设置的作用，属于自发模式中的官方智囊团模式。

（二）外部压力模式

在外部压力模式中，政府没有主动将气候问题提上政府议事日程，而是由于受到来自民间的外部压力，将气候政策问题提上议事日程。这种民间压力一般来自于公众、媒体或者环保非政府组织，在现实情况中这三种影响力量往往相互融合、共同作用。因此，我们可以将外部压力模式细分为媒体压力模式、公众压力模式、环保非政府组织压力模式和混合压力模式。

公众主要通过向决策机构上书以施加压力，让政府注意到气候变化问题在民间的高关注度。媒体是社会舆论的风向标，它虽然不能决定公众在想什么，却可以引导公众去想什么。媒体对于气候变化问题的高度关注和持续报道会引发社会各界的关注，尤其是对于突发气候焦点事件的报道会在短时间内产生较大的社会影响力，从而推动气候变化问题进入政府问题清单前列，走上议程设置。环保非政府组织的压力在国际气候谈判中有较多的体现，几乎每次国际气候大会都会出现非政府组织通过场外集会抗议等方式向气候大会施压，表达自己的政策意见，促进气候变化相关问题走上联合国气候大会问题清单的前列。

混合压力模式中，公众、媒体和环保非政府组织共同合作、相互协调，通过各种途径和方式

---

① 国务院．中国应对气候变化的政策与行动（2011）白皮书［EB/OL］．［2019-4-3］．http://www.gov.cn/jrzg/2011-11/22/content_2000047.htm．

向政府决策机构施压,促进气候变化问题进入政府的议事日程。这种模式比较成功的事件是2007年7月地球之友在英国联合一些明星和社会知名人士发起的"大质询在线游行"活动(The Big Ask Online March),呼吁公众直接向国会议员上书表达对气候变化问题的担忧,最终有超过17万人参与了这一活动。该活动对于英国政府具有较大的冲击力,为后续英国出台强有力的气候变化法案做出了比较突出的贡献,推动了英国气候政策议程设置的进程。

(三)内外协商模式

内外协商模式中,决策者与公众、环保非政府组织在气候问题方面具有较多的互动与沟通,气候变化问题进入政府决策机构的议事日程是一个相互协商的过程。这种沟通的产生往往是由政府决策机构首先发起的,对于政府决策机构来说,一项政策的出台如果想得到社会民众的普遍支持,对于政策制定者最有效的方法就是可以让民众参与政策的制定过程。气候变化问题也是如此,缓解气候变暖最主要的是需要减少碳排放,而减排的最终实施者是市场主体和社会公众,许多气候政策都需要企业、社会公众的支持与合作。根据与决策者进行协商的主体不同,我们可以将内外协商模式细分为决策者与公众协商模式、决策者与非政府组织协商模式、决策者广泛协商模式。

决策者与公众协商模式中,社会公众相较于其他社会力量占据人数的绝大多数,但是由于其缺乏强有力的组织与领导,在与政府决策机构的沟通中往往会出现一些问题。尽管存在不足,但公众与政府决策机构的协商对于气候变化问题的政策议程设置具有积极的影响。有极大一部分环保非政府组织在气候变化问题议程设置上做出了极大的贡献,环保非政府组织拥有严密的组织结构与知名的相关专家学者,在与政府决策机构的协商沟通中具有更好的主动权。决策者广泛协商模式中,公众、环保非政府组织等各种关心气候变化问题的民间社会力量都参与到政府决策机构的讨论中来,共同协商促进气候变化问题走上政府的议事日程。

第三节　国际非政府组织影响气候议程设置的途径及"Big Ask"案例

一、国际非政府组织影响气候议程设置的途径

非政府组织因其公益性和非政府性,加上长期关注一些前沿性议题,诸如反核、女权主义、反贫困、环保主义等,使得非政府组织具有强大的专业性和信息资源,这使得非政府组织的议题创设能力很强。而在气候变化议题上,国际非政府组织的气候议题设置能力也比较强大,其影响气候议程设置的途径主要有以下几项。

(一)利用专业优势直接向政府或政府间组织的决策机构提出政策建议

一些非政府组织长期关注某些议题,在专业知识、报告调查、研究水平方面具有较高优势和国际水准,国际非政府组织可以通过各种渠道,直接向政府或政府间组织的决策机构提出政策建议。例如,绿色和平在各个国家关注煤炭的清洁使用问题,其在能源使用问题上,以煤炭为着力点倡导新能源使用;WWF则关注自然动物保护、珍稀物种保护、低碳足迹问题。非政府组织自身的议题领域可以弥补政府的不足,都可以成为推动政府议题设置的来源。

以绿色和平组织为例,它拥有大约1000多名专职人员,主要人员来自于包括气候变化问题研究、新闻媒体传播和政商界等多个领域的专家和知名人士,还包括英国和乌克兰两个科学

实验室的科技工作者。2008 年 10 月 27 日,绿色和平组织联合能源基金会与世界自然基金会共同发布《煤炭的真实成本研究报告》,呼吁国际社会尽快实施煤炭价格体系改革,使煤炭价格能够反映其全部真实成本,以期改变目前不可持续的煤炭使用模式,减少对煤炭的依赖[①]。报告呼吁国际社会实施煤炭价格体系改革,在国际社会上引发了较大的反响,对于与其相关的气候变化问题走上政策议程设置具有一定的推动作用。绿色和平在中国的气候变化项目也长期关注中国煤炭产业的发展及对中国气候变化的影响,2008 年起,绿色和平开始系统地提出中国须尽快实施煤炭价格体系改革,使煤炭价格能够全面反映其社会与环境代价的政策建议。

(二)通过媒体宣传气候知识,引导动员国际社会的各种力量关注气候问题

媒体本身就具有议程设置和舆论引导的作用。非政府组织利用自身的优势和国际社会的影响力,通过大众传媒、气候问题演说、举办民间气候论坛等方式,宣传气候变化知识,让社会公众了解气候问题的严峻性,为全球气候变化问题聚焦更多的社会舆论。这种宣传与倡议不仅发生于基层的社会公众之间,更发生在一些政府间组织、企业和跨国公司之间。非政府组织通过演讲游说等方式,以期能够动员得到最广大社会各界力量的支持,推动气候变化问题走上政府决策机构的议事日程。1982 年 10 月 28 日联合国通过的《世界大自然宪章》,就是在国际自然与自然资源保护联盟(IUCN,即世界保护联盟)的游说下,由扎伊尔向联合国提出,从而被提上日程并得到批准通过。环保非政府组织地球之友在欧洲发动的"Big Ask"运动中,曾广泛运用这一途径,对国会的议员进行游说。尤其是在英国,地球之友动员了十几万民众通过写信、寄明信片、私下沟通等方式希望国会议员支持通过《气候变化法案》,最终在该法案的投票表决环节,463 名国会议员中只有 3 人反对。

(三)通过集会游行等抗议活动进行施压,推动气候变化问题议程设置

由于非政府组织与政府决策机构的政治地位不同,在大多数情况下,非政府组织因其自身局限性话语权较弱。当通过倡议、游说、政策建议得不到政府决策机构对气候变化问题的注意,他们便会组织进行一系列抗议活动,通过示威游行、集体请愿等比较过激的途径进行政策诉求表达,发挥压力集团的作用。在联合国华沙气候大会举办期间,非政府组织在波兰的联合国气候大会的会场周边进行了以"团结一致"为主题的千人游行集会抗议全球变暖,要求会议能商量出对策应对全球气候变暖。在气候大会举办期间,非政府组织以诉求"气候公正""气候债"为主题在会场外进行集会、游行活动,强调非政府组织关注的核心价值,以对气候谈判方施加影响。此类种种包括集会游行等在内的过激的抗议活动会引起决策者的关注,推动气候变化问题进入政府的问题清单,进入决策议程。

二、地球之友参与气候议程设置"Big Ask"运动分析

(一)"Big Ask"运动在英国和欧洲的发动过程

"Big Ask"运动是地球之友组织在英国首先发起的以气候问题政府立法为主要目的的运动,而后在整个欧洲推行。这个案例被视为非政府组织影响政府气候政策议程设置的最典型案例。表 4-2 和表 4-3 以时间为轴线,分别表述了该运动在英国和欧洲的主要发展过程。

[①]　绿色和平.绿色和平工作简报[R].2009.

表 4-2 "Big Ask"运动在英国的主要过程

时间	主要事件
2004 年末	气候变化法案的设想在地球之友的内部讨论中最先提出
2005 年 2 月	地球之友组织开始与其他非政府组织进行接触，寻求合作
2005 年 4 月 7 日	前劳工环境部长和前保守党环境部长共同向议会提交了《气候变化法案草案》
2005 年 5 月 25 日	地球之友发起"Big Ask"运动
2005 年 7 月 13 日	地球之友协调组成了一个联盟，向国会议员和记者公布了拟立法细节
2005 年 8 月	地球之友举办了一系列线下活动，宣传"Big Ask"运动
2005 年 12 月	卡梅伦被选为保守党领袖，他以 11 个有缺陷的气候方案攻击执政党政府，并且在唐宁街与环境非政府组织举行会谈
2006 年 9 月 1 日	保守党领袖卡梅伦与地球之友领导者 Tony Juniper 共同呼吁政府通过《气候变化法案》
2006 年 10 月 25 日	卡梅伦发表气候变化法案范本
2006 年 11 月 4 日	超过 25000 人参加了在特拉法加广场举行的气候变化集会
2006 年 11 月 15 日	政府决策机构在英国女王的演讲中宣布正式启动《气候变化法案》的立法工作
2007 年 3 月 13 日	英国政府公布《气候变化法案草案》
2007 年 9 月	首相卡梅伦要求新成立的独立气候变化委员会（CCC）做出关于是否应加强到 2050 年减排 60％的目标的报告
2008 年 6 月	80 多名工党议员呼吁制定一项更严格的法案，将包括航空和航运在内的排放 80％的减排目标纳入其中
2008 年 10 月 28 日	英国通过了《气候变化法案》

表 4-3 "Big Ask"运动在欧洲的主要过程

时间	主要事件
2007 年 3 月	地球之友欧洲执行委员会主席 Mike Childs 开始与欧洲各国地球之友的分部组织合作，希望帮助他们为气候变化法案开展活动
2008 年 2 月 27 日	"Big Ask"运动的欧洲部分在布鲁塞尔的托姆约克的一个活动中启动，七个欧洲国家的地球之友分部开始游说本国政府引入气候变化立法
2009—2010 年期间	在布达佩斯、柏林、马德里、都柏林、华沙、赫尔辛基、维也纳、布拉格和里加举办了与地球之友组织有关的研讨会
2011 年	奥地利通过气候变化立法
2014 年	丹麦通过气候变化立法
2015 年	芬兰、爱尔兰通过气候变化立法
2017 年	瑞典通过气候变化立法

（二）"Big Ask"运动推动气候政策议程设置的主要策略

1. 广泛动员了各种社会力量

在地球之友准备发动"Big Ask"运动的初期，地球之友便主动与世界自然基金会、绿色和平组织和英国皇家鸟类保护协会等非政府组织开始接触，寻求他们的支持，虽然一开始结果不太令人满意，但最终在运动过程中却获得了包括绿色和平组织在内的其他许多非政府组织的支持。地球之友也积极动员一些政府决策机构的高级官员，其中最为重要的便是保守党的领袖卡梅伦，卡梅伦也成为了气候变化法案最为重要的推动人之一。在 2006 年，卡梅伦与地球之友领导者 Tony Juniper 共同呼吁政府通过《气候变化法案》，随后卡梅伦又发表了气候变化法案的范本。同时，地球之友在活动过程中积极动员了一些支持气候变化法案的明星，进行活动的宣传号召工作。2007 年 7 月，地球之友为了加强气候变化法案的内容，动员了 Jude Law、Helen Baxendale 等明星与其他社会名人一起，帮助发起了"大质询在线游行"活动，最终该活动受到了超过 17 万人的支持。特别是法案在议会通过的时候，包括乐队 Razorlight 和演员 Gillian Anderson、Stephen Fry、Helen Baxendale 都参与了地球之友组织的相关活动中。这种社会名人广泛参与的方式，让运动的宣传效果达到了显著的提升。

地球之友依托其自身庞大的组织成员与力量，积极动员了包括社会组织、政党领袖、名人明星等一系列社会力量来促进"Big Ask"运动的推进，加速推动了气候变化法案被提上英国决策机构的议程进度，其经验值得借鉴。

2. 积极游说政府决策人员

在"Big Ask"运动中，地球之友组织另一种取得显著成效的策略便是积极游说政府决策机构的人员，这种方式让地球之友与政府决策机构建立了沟通对话的途径，对于促进气候变化法案走上政府的议事日程前列具有十分重要的作用。地球之友组织通过选民向议员个人施加压力，说服议员转而推动他们所在政党的领导层支持通过气候变化法案。2005 年 4 月 7 日，首先向议会提交气候变化法案草案（提案）的便是议会三名相对知名的后座议员，包括前劳工环境部长 Michael Meacher 和前保守党环境部长 John Gummer。截至 2006 年 9 月 1 日，380 名英国国会议员签署了支持"Big Ask"运动的 EDM 178。随后，地球之友发起了另一项重大活动，说服剩余的国会议员签署 EDM 178，在接下来的几周里，几乎每一位议员（646 名议员中的620 名）都受到了支持该运动的选民的亲自游说。2008 年 6 月，在地球之友的游说下，80 多名工党议员呼吁制定一项更严格的法案，将包括航空和航运在内的排放 80% 的减排目标纳入其中。最终，根据气候变化委员会的建议，新成立的能源和气候变化部的国务卿 Ed Miliband 在2006 年 10 月宣布，该法案将包含包括航空和航运排放在内的更严格的 80% 减排目标。

显而易见的是，地球之友对于国会议员的游说取得了突出的效果，对于其他非政府组织而言，要学习地球之友的成功经验，在推动气候政策议程设置的进程中，应积极发挥各种力量努力游说政府决策机构的工作人员，加速议程设置的进程。

（三）"Big Ask"运动推动气候政策议程设置的主要成效

1. 推动了英国《气候变化法案》的出台

由于地球之友的积极推动与努力，英国政府于 2007 年 3 月 13 日公布了气候变化法案草案。但是地球之友对于草案的内容不太满意，要求大幅度丰富草案的具体内容，并且提出希望到 2050 年将包括航空和航运排放在内的排放量削减 80% 的目标，这一要求得到了其他环保非政府组织的广泛支持，随后地球之友动员社会各界力量发动了一系列活动，包括明星的加入、呼吁公民直接向国会提出意见、游说国会议员等，最终使得气候变化法案的内容得到了丰富与加强。2008 年 10 月 28 日，英国议会以 460 人赞成、3 人反对的绝对优势通过了《气候变化法案》。地球之友充分发挥了其所能号召的社会资源与力量，积极推动气候变化问题进入英国政府的政策议程，最终推动英国政府直接出台了关于应对气候变化问题的国家性质的政策法律,这在非政府组织运动的历史上具有里程碑式的意义,为世界各国非政府组织的后续运动提供了宝贵经验。

2. 推动了欧洲气候政策议程设置的进程

地球之友发动的"Big Ask"运动在英国取得良好效果之后,将运动的成功经验依托其在欧洲各国的分支组织在欧洲各国进行推广,并且取得了比较突出的效果。奥地利于 2011 年,丹麦于 2014 年,芬兰、爱尔兰于 2015 年,瑞典于 2017 年都通过了具有不同优势的气候变化立法,此外挪威政府也承诺立法。地球之友围绕气候变化问题在欧洲发动系列运动,让欧洲各国公民广泛关注气候变化问题,给欧洲社会营造出一种极其有利于气候变化问题走上政府议程设置的大环境,最终促使相关政府出台政策解决气候变化问题。而且地球之友最可贵的是给了欧洲关注气候变化问题公民一个极大的参与气候治理的自信,对于气候政策的长远发展有十分重要的意义。

第四节　国内非政府组织影响气候议程设置

一、我国影响气候议程设置的主要途径

(一)政协或人大代表提案

我国政协代表或人大代表的提案可以有效发挥议程设置的作用。在我国,提案是发挥公民民主参与、社会各界广泛参与的重要途径。政协会议、人大会议上各种有关气候变化、节能减排的提案都有可能进入政策决策议程。根据相关数据统计,全国政协十三届一次会议以来,政协委员、政协各参加单位和各专门委员会提交大会提案 5360 件,平时提案 211 件。经审查,立案 4567 件,交 165 家承办单位办理。截至 2019 年 2 月 20 日,99.2% 已经办复。由此可见,在我国政协提案对于推动相关问题在政府决策机构的议程设置具有很好的效果。

例如,中国气象局在办理陈晓红委员第十三届全国政协一次会议上提出的《关于促进我国精准脱贫与气候变化适应协同推进的提案》过程中,提出了气象助力精准脱贫的具体措施,如塑造"天然氧吧""气候养生之乡""国家气象公园"等系列品牌,打造贫困地区特色农业气象服务名片,打造贫困地区气候资源开发利用名片。各民主党派也可以进行广泛提案,如十一届全国政协民进中央《关于防治机动车 $PM_{2.5}$ 污染改善大气质量的提案》。全国政协十二届二次会议提交的 5875 件提案中,涉及环境污染治理的提案有 204 件,主要包括强化大气污染综合治理等方面,关于气候变化问题提案数量和质量不断提高。

为发挥我国"社会组织协商"的作用,国内非政府组织(社会组织)的负责人逐渐被选为政协委员,这就可以发挥社会组织对社会议题的关注,并以委员的身份广泛调研进行提案。各类环境类非政府组织也可以通过委员的形式让气候问题进入政府部门的关注领域,推动气候政策的议程设置。

(二)知名专家学者/智库的政策提议

知名专家学者运用科学的研究结果与数据,向政府决策机构提出政策建议,能够推动相关气候政策的议程设置。各类研究机构/智库在气候治理中也发挥着重要作用,他们利用自己的专业研究,为政府提供具有针对性的政策建议,由他们提出的政策建议能够直接地影响到决策

者的意见。

以林而达教授为例,他长期从事重大环境问题的科学研究,他主持的"全球气候变化对农业、林业、水资源和沿海海平面影响和适应对策研究""全球气候变化区域评价中的农业系统模拟及其在环境外交中的应用""中国动物甲烷排放的测定与国家清单的编制""京都议定书和排放贸易对策研究"等课题都与气候变化问题有关,多次斩获国家级大奖。作为这一领域的专家,林而达教授曾经当选好几届全国政协委员,在此期间,他的政协提案都与气候变化等环境问题相关,并且他的提案更具有说服力,更能够引起决策机构的重视,能够发挥出知名专家学者推动气候政策的议程设置。

(三)非政府组织直接或间接进行议题推动

在我国,各类非政府组织也可以直接进行议题推动。可以通过公共事件、新闻媒体进行议题推动,也可以就其专业知识和影响力推动政府关注某些议题。

典型的环境类非政府组织影响政府议题设置的一个案例是怒江水电站开发问题。2003年国家发改委通过怒江水电站开发报告,但这一事件引起了媒体的广泛关注,环保组织也认为怒江水电站开发会严重影响周边生态环境及生物多样性,并且水电站开发刺激了当地一些高耗能、高废气、废渣、废水较重的行业产生,会引发严重的环境污染问题。之后在"怒江流域水电开发活动生态环境保护问题专家座谈会"上绿家园负责人等表示明确抗议,并联合科学家和其他非政府组织联合签名反对怒江水电站开发,最后,怒江水电站因各方面激烈争议而被叫停。2008年因国家发改委"十一五"规划显示将开发怒江水电站,绿家园、公众与环境研究中心、自然之友、地球村等21家环境保护 NGO 组织再次呼吁请求有关部门依法公示怒江水电站开发环评报告。

环境非政府组织也可以发布专业报告影响政府议程。诸如国际非政府组织因其较高的公信力和社会影响力,其发布的一些专业报告往往可以得到政府的重视,并进入政府议程中。典型的诸如绿色和平长期关注中国云南原始森林保护问题,2016年绿色和平通过遥感和考查发现采矿是云南原始森林退化的主要原因,在云南有33个采矿点位于"未受侵扰原始森林"内。2016年7月25日绿色和平发布《云南省"未受侵扰原始森林景观"受矿业侵扰退化调研报告》,引起了国家林业局、国家住建部和云南省政府的重视,香格里拉市政府还主动与绿色和平联系了解情况,并最后发出回函。绿色和平不仅进行议题创设,并对政府进行监督,进而最终影响政府的政策。

二、非政府组织影响气候政策议程设置

在气候治理领域,各类环境非政府组织同样可以通过组织自身关注的核心议题来影响政府议程。

(一)世界自然基金会(WWF)与低碳城市建设

世界自然基金会率先在中国开展低碳示范城市项目,WWF 关注生态足迹和碳足迹问题,通过研究发现,中国碳足迹的增长与城镇化发展非常吻合,所以,WWF 在中国开展低碳示范城市项目,在低碳城市中通过具体的示范项目并总结其发展模式,针对不同重点,比如一些行业性导则,希望能够把它的经验总结和推广到更多的同类型城市。WWF 在 2008 年就开始在国内宣布低碳示范城市建设项目,保定和上海逐渐加入。在保定,WWF 与政府密切合作,将示范项目进入政府议程,为其提供低碳城市发展的解决方案,以新能源为突破口为其产业发展提供研究和评估。保定的低碳示范项目因为 WWF 的专业推动,有效地进入了政策议程,所以保定的低碳示范城市建设采用的是自上而下的方式[①]。这就是典型的非政府组织影响气候政策议程设置的表现。

(二)保护国际与云南"碳汇"项目

森林碳汇项目是清洁发展机制的重要项目之一,是减少二氧化碳的有效手段。通过种植林木,增加植物、森林对二氧化碳的吸收,并将其固定在植被和土壤中,从而减少二氧化碳在空气中的浓度。碳汇可以进入市场交易,发达国家可以向发展中国家购买碳排放指标,从而实现森林碳排放的价值和交易价值。因此,不少国际非政府组织在中国西南省份开展碳汇活动,并帮助中国地方政府筹集资金,建立碳汇市场机制,实现森林碳汇项目的可持续发展。

保护国际(Conservation International,CI)成立于 1987 年,致力于保护自然遗产和生物多样性。2005 年保护国际与云南、四川省政府合作,在云南开展"气候变化、社区、生物多样性"多重效益标准 CCB(Climate Community and Biodiversity),在云南省腾冲县开发了全球第一个获得 CCBA[②] 认证的金牌林业碳汇项目。保护国际帮助筹集资金,并开展示范项目的宣传教育活动。这个项目不仅可以通过种植森林发挥碳汇的贡献,同时也保护了生物多样性,通过种植药材林木还可以增加收入,减少贫困问题,碳汇交易本身也增加了地方财政收入。表 4-4 是 2015 年 CI 在中国开展的气候变化类项目。

表 4-4　2015 年 CI 在中国开展的气候变化类项目[③]

项目名称	实施情况
保护国际与云南省绿色环境发展基金	腾冲碳汇项目的碳汇林管理和监测工作,并开展已有 CCB 项目的第二次核查
保护国际与云南省绿色环境发展基金会	协助美国能源部(DOE)完成项目更新注册及碳汇量签发,完善项目管理措施
保护国际和四川省林业厅、阿坝州理县林业局合作	在四川大熊猫栖息地周边开展基于社区的混农林业项目,保护及恢复植被,协助社区发展可持续土地利用方式,开发健康农产品,探索提高农村社区对气候变化适应力的方法

本章研究总结了气候政策议程设置的过程理论,提出内部自发模式、外部压力模式、内外协商模式三种气候政策议程设置的主要模式。以地球之友组织的"Big Ask"运动为例,系统深入研究了非政府组织推动气候议程设置的案例。作为气候治理中的积极分子,非政府组织在气候政策议程设置方面的影响力还是比较有限的,现阶段主要是通过抗议、游说等方式推动议程设置,缺少强有力的措施与能力来直接推动,取得成功的不确定因素太多。就我国而言,国际和本土非政府组织都可以在环境问题议程设置上发挥独特的议程推动作用。但因我国政府

---

① 卢伦燕:WWF 率先在中国发展低碳示范项目[EB/OL].[2019.8-20].https://gongyi.qq.com/a/20130925/015983.htm.

② CCBA 是一个由环境机构和企业组成的国际联盟,着眼于促进完善的林地管理能力提高,CCBA 正在建立气候、社区和生物多样性三方受益的标准去衡量项目在缓解气候变化的同时,支持可持续发展和保护生物多样性。

③ 保护国际基金会(美国).北京代表处(2015)年度工作报告摘要[R].http://www.gongyishibao.com/html/nianjianbaogao/2016/1011/10495.html.

对非政府组织的管理比较严格,非政府组织一般在政府议题框架内活动,其发挥议程设置的功能与国外相比相对有限。

气候问题关乎人类社会的可持续发展,国际社会应该给予非政府组织更多参与权,让其能够更好地参与到全球气候治理中来。中国气候非政府组织也应该更好地"走出去",更多地参与国内和国际气候政策的议程设置中,发挥其在气候治理中的作用。非政府组织需要不断提高自身的综合实力与参与水平,在气候政策的议程设置领域发挥更重要的作用。

第五章 气候适应中的非政府组织参与

随着人类社会的迅猛发展,人类活动愈加频繁,二氧化碳过度排放导致温室效应,造成全球表面气温加速升高,气温的升高进一步导致格陵兰岛冰川、南极冰盖的大量融化,引起海平面上升。气候变暖导致生物多样性也遭受到了严重的破坏,目前美洲地区丧失了将近 31% 的本土物种,非洲到 2100 年预计丧失一半以上的鸟类和哺乳动物物种。在已知的 27 万种高等植物中已有 12.5% 的种类濒临灭绝。两栖动物与爬行动物是最为濒危的类群,32% 的两栖动物以及 61% 的爬行动物正濒临灭绝。这些问题不断加速地动摇着以往地球气候的平衡,全球的气候变得越来越极端、不稳定,气候相关的灾害也变得更加频繁。因此,国际社会对于气候变化的关注度不断提高。

在"气候变化"到"应对气候变化"这个过程中,"气候变化"也逐渐从科学问题演变为集政治、经济、能源等其他领域的综合问题,包含着众多复杂多变的因素,将全球众多的发达国家和发展中国家纳入了解决处理这一问题的局面当中。这一问题的出现引发了全球人类最大的政治、经济博弈,"气候变化"诸领域成为了各国之间新的博弈场域。由于"气候变化"包含了政治、经济以及其他许多目前未知的参数因素,导致这一问题形成了很强的不稳定性,其问题的解决就变得更加困难。2009 年 12 月的哥本哈根气候大会以及 2010 年在墨西哥举行的坎昆气候大会展现了全球主要国家之间难以达成强制减排的协定局面。2015 年世界各国达成《巴黎协定》,承诺控制减少二氧化碳以及其他温室气体的排放,努力将未来世界平均温度的升幅控制在 2 摄氏度以内,同时向 1.5 摄氏度的方向发展。但 2018 年全球二氧化碳排放量比上一年增加了 1.6%,超过了 2.7%。这些数据的出现不断提醒着人类气候变化所带来的危害到底有多严重。加之美国于 2017 年宣布退出《巴黎协定》,这一决定将对国际气候谈判产生重大影响。

气候大会和谈判关注较多的是发达国家和发展中国家减排的责任承担,也即气候减缓问题,但气候适应也是应对气候变化的重要途径。随着气候协定未来不确定性越来越高,国际领域对气候适应问题也越来越重视。气候适应就是面对气候变化的各种影响,增强自身的适应气候变化的能力,以降低气候变化对人、财、物的影响。诸如增强农作物的抗旱抗寒能力,保护森林、保护生物多样性等,都可以起到提升气候适应能力的作用。非政府组织恰恰可以在气候适应领域崭露头角。非政府组织自愿性、非营利性等很好地弥补了政府组织的利益趋向的缺陷,因为非政府组织在气候治理中的主动性要强于政府组织,众多环境非政府组织的主要议题就是环境保护和生物多样性等问题,其在气候适应领域有着得天独厚的优势,也发挥着重要的作用。

第一节　气候适应概述

一、国内外相关研究

关于气候适应问题,Kettle 等[①]以美国海岸线上的气候适应计划为例,在多个州和非政府组织填写的网络问卷的反馈信息基础上,对 CCA(Climate Change Adaptation)这一计划进行分析。Allan 等[②]则对全球范围内的非政府组织在气候政策领域内的权利框架进行了详细分析,分析研究得出巴黎气候大会制定了巴黎气候协定的气候正义章程,这一协定有利于非政府组织扩展自身的活动领域,以加强它们在气候适应方面的影响,提升非政府组织自身的气候适应参与度。明确指出了仅仅凭借非政府组织的气候适应方面的行动还不足以产生足够良好的效果,同时还需要努力以说服和强迫性的方式去推动气候适应的进程。这里的气候正义框架第一点是通过引起众多媒体的关注加之提高股份来潜在性地给不愿纳入气候正义框架中的国家。第二是通过该气候正义框架来将比较弱势的国家群体联合起来形成一个强大的组织联盟。通过这一方式有利于全球的非政府组织利用气候正义这一框架进行组织理论建设,在全球气候适应方面发挥重要作用。Barkdull 等[③]介绍了一种基于生态系统的气候适应(Ecosystem-based Adapation,EbA)方式,EbA 这一方式主张利用自然生态系统的服务来提高城市社区对气候变化的适应,从而减小气候变化对人类社会和人类安全的危害。该文献从非政府组织、政府组织、国际组织及专家学者的角度详细分析了 EbA 这一方法的优势和劣势,以及它的支持方和反对方。而国外非政府组织活跃在气候适应的各个领域,包括非政府组织在罗马[④]和在墨西哥[⑤]的生物多样性保护。生物多样性保护中企业和非政府组织合作的模式在能源生物多样性方面取得了良好的效果[⑥]。热带雨林保护也是非政府组织活跃的重要领域,对于巴西亚马孙雨林、萨摩亚热带雨林的保护,非政府组织也起到了草根民间社会力量的作用。

国内对气候适应问题的研究大多集中在对国际气候谈判气候适应制度的发展进行探讨,认为国际气候适应制度发展较为落后[⑦],尤其是在 2001 年之前处于迟缓状态,在 2001 年《马拉喀什协议》之后,国际气候谈判协议对气候适应问题开始重视[⑧]。对国际气候适应谈判的主

---

①　Nathan P Kettle, Kirstin Dow Kettle. The role of perceived risk, uncertainty, and trust on coastal climate change adaptation planning[J]. Environment & behavior,2016,48(4):579-606.

②　Jen Iris Allan, Jennifer Hadden. Exploring the framing power of NGOs in global climate politics[J]. Environmental Politics,2017,26(4):600-620.

③　John Barkdull, Paul G Harris. Emerging responses to global climate change:Ecosystem-based adaptation[J]. Global Change,Peace & Security,2018,31(1):19-37.

④　Mikulcak F, Newig J, Milcu A I, et al. Integrating rural development and biodiversity conservation in Central Romania[J]. Environment Conservation, 2013,40(2):129-137.

⑤　Gordon J E. The role of science in NGO mediated conservation:Insights from a biodiversity hotspot in Mexico [J]. Environmental Science & Policy, 2006,6(9)547-554.

⑥　Tully S. Corporate-NGO partnerships as a form of civil regulation:Lessons from the energy biodiversity initiative [J]. Non-State Actors and International Law,2004(4):111-133.

⑦　张梓太,张乾红. 国际气候适应制度的滞后性以及发展障碍[J]. 法学,2010(2):127-137.

⑧　陶蕾. 国际气候适应制度进程及其展望[J]. 南京大学学报(哲学·人文科学·社会科学版),2014,51(02):52-60,158.

要发展的探讨方面,中国气候适应的能力与实际执行都比较欠缺[①],我国目前气候适应性政策所存在的问题与不足主要体现在适应性政策还不够完善、气候适应政策的目标与自身的适应能力不相匹配、政策实施过程中的监督不够、工作后的绩效评估也较弱[②]。相当一部分研究对于城市适应提升和发展,提出可以从改善城市规划、提高农作物耐寒耐旱能力、加强森林覆盖建设、提高森林碳汇储量等方面努力。提早预知气候变化带来的风险,以提高气象灾害预警预报能力等;建设韧性城市[③],提高城市的气候适应能力和恢复力都是在当前情境下应对气候变化的重要举措。非政府组织在大湄公河区域经济合作(GMS)生物多样性保护走廊建设中发挥着一定作用,世界自然保护联盟(IUCN)、野生动物保护国际(FFI)、WWF、云南生物多样性与传统知识研究会(CBIK)都积极参与了 GMS 的生物多样性保护工作[④],发挥着"指挥棒、小灵通、推动器、润滑剂、报警器"的作用[⑤]。

　　从国内外研究可以看出,国外对非政府组织参与气候适应的研究较为深入,但国内研究对非政府组织在中国气候适应领域的参与研究寥寥无几。

二、气候适应的概念

　　气候治理包含了两个方面即气候减缓和气候适应。1992 年联合国气候变化框架等首次引入了"减缓(mitigation)"和"适应(adaptation)"这两个战略概念。减缓是从污染源方面来讲,减少二氧化碳等温室气体排放量,进而减缓或者抑制气候变化的产生。气候减缓是应对气候变化的根本手段。气候适应是"通过调整自然和人类系统以应对实际发生或预估的气候变化和影响",从气候变化对人类社会造成的影响着手,即气候变化影响农业和粮食安全、生物多样性、公共健康、水资源安全、海岸线保护和灾害防御、贫困人口的生计,那么就可以通过多种措施去适应已经发生了的气候变化。诸如通过加强基础设施建设、增强对生态脆弱区的生态保护、增强农作物对干旱和洪涝的抵抗能力、增强对生物多样性的保护、发展碳汇、增强疾病预防及公共健康投入等措施来适应气候变化。通过气候适应来降低气候变化对人类社会造成的影响和损失,使气候变化所带来的危害和影响降低。气候适应是应对气候变化的补充手段。

　　气候适应本身包含脆弱性评估、相应的技术、工具、制度等配套措施。气候适应分增量型适应和发展型适应[⑥]。增量型适应是在系统现有基础上考虑新增风险所需的增量投入,发展型适应是因为发展滞后、发展能力落后,导致这些投入没有到位。所以两者的区分是一个投入过少,另一个是没有资金进行投入。因此,对于发展中国家来讲,发展落后是其适应气候变化的大难题,所以,国际气候谈判对发达国家向发展中国家转移资金和技术谈判也影响到发展中

　　① 曹格丽,姜彤. 中国适应气候变化的政策、行动与进展[C]//王伟光,郑国光. 应对气候变化报告(2010). 北京:社会科学文献出版社,2010:195.
　　② 彭斯震,何霄嘉,张九天,等. 中国适应气候变化政策现状、问题和建议[J]. 中国人口·资源与环境,2015,25(09):1-7.
　　③ 孙劭,巢清尘,黄磊. 构建韧性社会:挑战与展望[C]//谢伏瞻,刘雅鸣. 应对气候变化报告(2018). 北京:社会科学文献出版社,2018:066.
　　④ 李津津. 试论非政府组织在 GMS 生物多样性保护走廊建设中的作用与局限[C]//中国法学会环境资源法学研究会,昆明理工大学. 生态文明与环境资源法——2009 年全国环境资源法学研讨会论文集. 2009:5.
　　⑤ 刘昌明,段艳文. 论国际环境非政府组织(NGO)在大湄公河次区域经济合作(GMS)生物多样性保护中的作用[J]. 东南亚纵横,2011(09):53-58.
　　⑥ 潘家华,郑艳. 适应气候边的分析框架及政策含义[C]//王伟光,郑国光. 应对气候变化报告(2010). 北京:社会科学文献出版社,2010:300.

国家气候适应的实际执行力。

国际气候协定《联合国气候变化框架公约》中提出"缔约方应制定、执行、公布和经常更新……能够充分适应气候变化的措施"，发达国家应提供发展中国家用于气候适应的资金及技术转让。但实质上资金与技术这一核心问题，历年谈判都没有形成实质性的内容。《巴黎协定》规定，2020—2025年发达国家每年负责动员至少1000亿美元的援助资金，用于支持发展中国家在能源结构和工业化技术上的转型升级。但是这些规定的承诺都未实质到位。因此，在气候变化对生态系统、生物多样性等方面造成的影响越来越严重的情况下，气候适应应该抓紧提上日程。

三、气候适应相关政策

1992年联合国通过《联合国气候变化框架公约》，该公约旨在利用法律约束力来实现将大气温室气体浓度维持在一个人类活动不会对气候系统产生危害的稳定水平下。根据"共同但有区别的责任"原则来对发达国家和发展中国家规定相应的义务和其他要求。2009年世界气候大会在丹麦首都哥本哈根召开，全球192个国家的谈判代表参加峰会，商讨《京都议定书》后续方案，也就是2012—2020年的全球减排协议。2015年在巴黎气候大会上通过《巴黎协定》，该协定规定了2020年后全球应对气候变化的行动安排。《巴黎协定》主要目标是将21世纪全球平均温度上升幅度控制在2摄氏度以内，并将全球气温上升控制在工业化时期水平之上1.5摄氏度以内。COP24在波兰卡托维兹召开，该次会议主要讨论决定了有关提高世界各国的减排目标，会议的首要议程为《巴黎协定规则手册》，主要规范政府如何记录与报告温室气体排放量以及为减少温室气体排放所做出的贡献。

看起来，历次气候大会都是以气候减排为核心，但是气候谈判也提出发展中国家需要提升能力建设和恢复力，需要采取措施来应对气候变化的影响，需要制定国家适应气候变化行动（NAPAs），要对本国生态脆弱性进行评估，将适应行动纳入国家政策。在2001年COP7通过的《马拉喀什协议》，对气候适应问题提出设立气候变化特别基金、不发达国家基金，通过自愿性捐赠等形式为技术转让和发展中国家、不发达国家的气候适应提供资金帮助。2005年在COP11上通过了《关于气候变化影响、脆弱性和适应的五年工作方案》，指出"适应气候变化及其不利影响对所有国家来说都是高度优先事项"，并正式授权附属科学技术咨询机构实施上述工作方案，协助所有缔约方在合理的、科学的、技术的和社会经济的基础上应对气候变化，就实际的适应行动和措施做出明智的决定[①]。2018年，荷兰海牙成立全球气候适应委员会，表明国际社会对气候适应问题越来越重视。并且，提升城市的气候适应能力也成为一个重要话题。

2008年12月，德国政府为全面适应气候变化，通过了《德国适应气候变化战略》，其中分别列出了农业等13个领域为应对气候变化行动的可选择方案。澳大利亚政府通过为地方政府提供资金或资助的方式帮助地方政府承担气候变化所带来的损失，并且还采取措施防止局部气候变化的影响。2007年中国发布《中国应对气候变化国家方案》，中央与地方相继发布一系列的适应气候变化的政策方针，加速了我国气候适应的政策颁布与实施过程。针对不同地区的各方面的差别因素，在政策的发展目标方面因地制宜。2010年，我国发布《中国生物多样

---

① 陶蕾.国际气候适应制度进程及其展望[J].南京大学学报(哲学·人文科学·社会科学版),2014,51(02):52-60,158.

性保护战略与行动计划》。其中,特别设立了气候变化与生物多样性工作组,专门制定《生物多样性应对气候变化战略与行动计划》。2013 年发改委发布了《国家适应气候变化战略》,首次提出国家级的气候适应战略规划。目前,我国已经初步形成了自上而下的适应气候变化的政策体系,其中包括 117 项国家中央层次的相关政策方针,省级地方 31 个气候适应性的行动方案以及 21 个适应规划[①]。

结合我国人口众多、气候复杂、生态环境薄弱的基本国情,主要从三个方面来适应气候变化:一是建立起适应气候变化的工作机制,由中国气象局、国家发改委、农业部、科技部等部委组成了适应气候变化的工作小组,同时还组织了多个气象方面相关的专家进行气候变化数据库的建立与气候变化的相关适应性研究,加快我国对气候适应方面的调查研究进度。二是加强气候变化的适应性建设。加强农业、林业、水资源等方面适应气候变化的技术研究,提高这些领域抵抗极端天气现象的防御力度。三是加强适应气候变化的行动力度。国家层面正研究适合我国应对气候变化发展的适应性对策方针,地方政府同时提高区域性的行动力度,国家与地方统筹推进适应气候变化的行动力度。

我国还在 2016 年确立了包括内蒙古自治区呼和浩特市、辽宁省大连市、浙江省丽水市、安徽省合肥市、山东省济南市、河南省安阳市等在内的 28 个地区作为气候适应型城市建设试点,全面提高城市应对气候变化的能力,加强基础设施投资和布局优化,优化城市规划,借鉴国外经验,将气候变化适应融入城市政策当中,提高城市应对气候变化的防御能力和韧性。

我国的各类气候适应方案中也提出加强与民间组织合作,增强在生物多样性、水资源保护、森林保护、海洋资源保护方面的合作,建设优秀、典型示范区。

第二节　气候适应中非政府组织的活动领域

在气候适应领域,依靠气候谈判获取发达国家对发展中国家的支持难以履行,但恰恰是长期关注环境和生态保护的非政府组织对于气候适应问题一直有突出的贡献。典型的组织有大自然保护协会(The Nature Conservancy)、WWF、乐施会、保护国际、中华环保联合会、创绿中心等。

气候适应领域的非政府组织在诸多方面开展活动,主要集中在农业、生物多样性保护、碳汇、热带雨林保护、水资源保护几个方面。

一、农业

农业方面受到气候变化的影响巨大,气候变化带来的极端天气气候事件等深刻影响着农业的发展与产出。除了受到影响的各国政府加强本国农业发展适应的政策扶持外,国际农业发展基金会(IFAD)等农业相关的非政府组织也在加大农业气候适应方面的科技研究。非政府组织在农业方面提高风险管理,在提高农业发展、食物安全以及发展中国家的农业经济中有着重要的影响。例如,孟加拉国西南部地区农业在季风季节容易遭受自然灾害的影响,孟加拉国海岸气候复原框架项目(Coastal Climate Resilient Infrastructure Project,CCRIP)在沿海 12 个街区建立了防洪设施以提高该地区农业对潮汐海浪和洪水灾害的适应能力。召集了社会合同劳动力项目

---

① 彭斯震,何霄嘉,张九天,等. 中国适应气候变化政策现状、问题和建议[J]. 中国人口·资源与环境,2015,25(09):1-7.

(LCS)的5000个成员,利用能够抵抗洪水的材料和能够防止道路被侵蚀的香根草来建设355千米的道路。该项工程提高了附近地区排水沟渠等设施防御洪水的能力,同时也保障了当地农业粮食的生产,提高了当地农民的收入。

二、生物多样性保护

生物多样性体现在多个层次,一般指生物形式的多样性,生物多样性包括遗传多样性、物种多样性和生态系统多样性三个部分。从广义上来解释遗传多样性是指地球上生物所携带的各种遗传信息的总和;物种多样性则是生物多样性最为重要的部分,是那些能够相互繁殖,拥有自然种群的群类多样性;生态系统是指生物及其生存的周围环境的一个综合整体。生物多样性拥有着调节气候、稳定大气层等意义,有利于地球整个生态系统的稳定平衡。

气候变化造成全球年平均气温升高、极端天气气候事件等危害不断侵蚀着自然生态系统,自然生态系统日益脆弱,其中生物多样性也同样受到了严重的威胁,许多像美洲鹤、西藏雪豹、树袋熊、北美驯鹿等野生生物因为气候变化的影响而处于濒临物种灭绝的边缘。成立于1961年在全球享有盛誉的世界自然基金会(WWF)主要致力于保护世界生物多样性等领域,在我国开展了长江生态区保护、野生虎保护。在气候适应领域探索气候智慧型保护策略,探索城市适应气候变化的解决方案等。2017年WWF在气候与能源项目论坛上发布了《气候变化与中国韧性城市发展对策研究》报告,为中国建设韧性城市、提升城市的气候适应能力提供参考。中国全国性大型民间环保组织——自然之友也努力行使着自身的使命,保护自然环境,与大自然为友。自然之友开展了"守护长江鱼"的立案活动,维护了"长江上游珍稀特有鱼类国家级自然保护区"的生态环境,很好地保护了长江珍稀鱼类的生存空间。

三、碳汇

碳汇主要是指通过建造森林、恢复植被等措施,利用森林树木吸收二氧化碳气体,将空气中的二氧化碳沉淀在树木中,进而达到减缓地球温室效应的目的。碳汇也可以促进气候适应,可以改善生态环境的同时,保护森林物种的多样性,同时也可以带来良好的经济效益,进行碳汇市场交易等。碳汇项目是一个集气候减缓与适应、森林与环境保护、社区与可持续发展的多效益手段。1997年《京都议定书》提出的"碳排放权交易制度"为碳汇交易提供了更好的基础。除了森林碳汇,还有草地碳汇、耕地碳汇及海洋碳汇。这四种碳汇方式都是利用相关植被、细菌和浮游生物相关载体将二氧化碳吸收沉淀在其中,进而减少空气中二氧化碳的含量。中国绿色碳汇基金会在2010年成立,是UNFCCC的缔约方会议观察员机构,同时也是世界自然保护联盟(IUCN)的成员单位,致力于在中国开展增汇减排,开展植树造林、森林经营、森林生态效益补偿等适应气候变化的项目。例如,2015年中国绿色碳汇基金会使用老牛基金会捐款17.5万元,在内蒙古和林格尔县营造50亩碳汇林,将"中国绿公司年会"造成的碳排放全部吸收,实现碳中和目标。非政府组织开展的大型森林碳汇项目,碳汇吸收二氧化碳数量能达到几百吨。

四、热带雨林保护

被誉为"地球之肺"的热带雨林有着储藏水源、防止水土流失、调节地球气候等多重有益功能。实现适应气候变化目标,热带雨林保护的相关工作必不可少。巴西拥有世界上最大的热带雨林面积,保护面积占了巴西境内热带雨林总面积的 38%。先前由于人口的增长以及贫困导致了大量的商业性伐木、毁林耕地等破坏性活动,后在全球多国政府以及非政府组织的压力下促使巴西政府建立热带雨林保护区,采用采伐与重新造林相结合的措施来保护热带雨林。同时还采取新型技术手段,如卫星遥感系统进行热带雨林相关地区的监控,提供雨林面积变化的相关信息。雨林行动网络(Rainforest Action Network)是大型的热带雨林保护非政府组织,致力于开展反对企业和工业生产导致热带雨林退化和气候变化的活动。WWF 也曾经发起过"拯救热带雨林"活动,德国的拯救雨林(Rettet den Regenwald)和 Robin Wood(罗宾森林)都是专门的热带雨林保护非政府组织。

五、水资源保护

气候变化导致区域性降水发生重大异常,干旱地区水资源稀缺,降水过度地区洪涝灾害严重,出现水资源在地区间分布严重不均等问题。世界资源研究所(WRI)主要致力于水、气候、能源、粮食、森林、可持续城市六个关键领域的工作,对全球的水资源状况进行研究分析,从而实现水资源的安全与可持续供给等,为人类社会的发展解决水资源短缺的忧患。在水源方面,WRI 在全世界开展了沟渠(Aqueduct)、企业用水管理(Corporate Water Stewardship)以及天然水利基础设施(Natural Infrastructure for Water)等项目,多方面提高了全世界多个地区的水资源保护力度,同时还动员政府、企业等机构和社区来加强对水资源的保护力度,提高对水资源保护的监督。

第三节　气候适应中大自然保护协会(TNC)案例分析[①]

在我国,政府也不断重视城市、社区和农村的气候适应工作,大力支持非政府组织开展气候适应活动。大自然保护协会在中国广泛开展气候适应方面的工作,包括碳汇、生物多样性保护、气候适应的管理与方法研究等工作。

大自然保护协会(The Nature Conservancy,TNC)是全球最大的非营利性非政府性质的国际性自然保护组织之一,该组织成立于 1951 年,总部设在美国弗吉尼亚州阿灵顿市。TNC成立以来其保护足迹不断扩大,直至扩展到全球的范围,包括北美、拉美、亚太以及非洲地区均有该组织的足迹。大自然保护协会旨在保护全球所有生命赖以生存生活的陆地和水域,主要集中在保护土地、水域、气候、海洋以及城市五个方面,其保护项目主要有:保护地、淡水、气候变化、海洋等。1998 年,受中国政府邀请,TNC 在中国开展活动,并在气候变化尤其是气候适应领域做出了卓越的贡献。

一、TNC 在气候适应方面的主要活动方式

TNC 注重以科学的保护理念来进行保护地的保护,同时为选出优先保护的区域,根据保护地的自身环境来提升保护力度,开发了自然保护系统工程(Conservation by Design,CbD)的方法。TNC 采取发现问题、分析问题、解决问题的环保三步骤。特别重视环境政策倡导方面的成果,同时 TNC 希望协会本身的工作方法能够体现在政策中,并通过政府或企业来将政策

---

① 本部分主要参考 TNC 官方网站。

付诸实践。在自然保护方面,TNC 制定了一套循环式的保护方法(图 5-1),并且将这一保护方法充分运用在保护地、淡水、气候变化、海洋以及城市五个保护领域。

确定挑战与目标　01

制定战略与确定地点　02

评估与改善　06

明确产出　03

采取行动　05

适应性管理循环　04

图 5-1　TNC 循环式活动方法

在气候适应领域,TNC 有一套适应性管理(adaptive management)方法,即自然保护系统工程、保护工作开放式评估、生态区评估和保护行动规划。其中,其自主开发的自然保护系统工程可以对我国的生物多样性保护现状和面临的威胁进行全面评估,进而确定中国的哪些区域为优先保护区域,协助我国优先保护区域进行保护性的适应行动措施。保护工作开放式评估、生态区评估与自然保护系统工程都有密切的联系,最主要的是保护行动规划,确定优先保护区之后,即制定有效的、可持续的珍稀物种保护、湿地保护、生态系统修复等具体方案。运用这些方法,TNC 可对我国受气候变化影响的优先保护区进行全面的数据分析、影响评估和策略研究[①]。

2005—2008 年 TNC 参与了环境保护部主持的《中国生物多样性保护战略与行动计划》,在全国范围内运用 CbD 方法进行了充分的综合评估,确定划分了 32 个陆地生物多样性优先保护区域,占全国总面积 24% 的区域。TNC 发布了《气候变化对中国生物多样性保护优先区的影响与适应研究报告》,并呈交国务院。2010 年国务院正式制定通过了关于生物多样性保护的《中国生物多样性保护战略行动计划 2011—2030》。之后 TNC 又运用这些方法发布了《气候变化对中国 32 个陆地生态系统保护优先区的影响评估及适应对策》和《四川省适应气候变化的生物多样性保护网络规划技术报告》。

TNC 在中国气候适应方面开展了相应的研究活动,分三阶段进行:第一阶段(2009—2010年),分析评估国内 32 个优先区域气候变化影响的严重性,按严重性排序,根据不同的严重性采取相应的措施。第二阶段(2010—2012 年),从 32 个地点中选出具有代表性的优先区开展深入的研究,深入分析气候变化对这些区域产生的生态系统和生物多样性层面的影响,分析考量气候变化对这些区域带来的风险。该项目在基于中国 753 个地区观测站观测资料的基础上成功建立了以往历史与未来的气候数据集,对中国 32 个陆地生态的优先保护区进行了分析评估以及提出相适应的气候适应对策,开发了全面系统的气候适应的规划保护方案,完成了试点上的适应气候变化的生物多样性网络规划,提供了解决生态系统适应未来气候变化的可行方案。

二、TNC 在气候适应方面的主要活动领域

(一)保护地

TNC 已在中国建立了 2600 多个自然保护区,自 2006 年以来,TNC 与中国合作开展保护

---

①　大自然保护协会. 保护与气候变化在中国[R/OL]. [2019-8-15]. http://www.tnc.org.cn/.

中国生物多样性远景规划项目。TNC 重点在滇西北、四川、内蒙古等地开展保护地和生态修复项目。保护地丰富的林木、河流、植物物种等构成了良好的生态系统,拥有十分丰富的珍稀生物物种,如云南的滇金丝猴、四川大熊猫等。

TNC 在云南的保护地模式是物种保护—社区共赢—公众参与的模式。首先,对珍稀物种金丝猴加强保护能力建设和宣传,对社区居民进行生计改善,发展社区居民绿色生计,同时,增强公众对生态环境保护的意识,减少薪柴消耗,实现对整个保护地的系统性保护。

TNC 也加强与政府相关部门的合作,进行社会公益型保护地建设,采用政府监督、民间管理的新型保护模式,推动政府和社会合作共同促进保护地的生态保护工作的开展。例如,由 TNC 和四川自然基金会合作的老河沟社会公益型保护地项目获得 2016 年英国精英国际奖(British Expertise International Award)之杰出国际总体规划项目优异奖。

(二)森林碳汇

森林碳汇作为应对气候变化的主要项目之一,对气候减缓和适应有着重大的效益。TNC 采取森林碳汇的机制和方法,在云南、四川、内蒙古等地的生物多样性的保护区内已经开展了 6 个林业碳汇项目活动,约恢复了 11400 公顷的森林覆盖区,在未来 60 年的时间当中将会吸收大气中至少 260 万吨的二氧化碳温室气体。这些森林碳汇项目均采取"气候、社区和生物多样性标准"(CCB 标准),提高项目森林的效率标准。确保每一个森林碳汇项目都具备减缓、适应气候变化,促进社区可持续发展、生物多样性保护的多重效益。

2005 年 TNC 与合作方在云南开启的云南腾冲森林多重效益(FCCB)项目成为全球首个通过气候、社区和生物多样性标准(CCB 标准)认证的森林碳汇项目,以及全球第一个获得 CCB 标准金牌认证的项目。预计在未来的 30 年内将吸收二氧化碳 15 万吨。

(三)淡水

TNC 组织开展了长江保护计划,主要解决长江流域所面临的一系列如气候变化带来的灾害、过度捕捞、生态环境破坏等问题,保护长江流域的水资源以及动植物生态系统,提高流域对气候变化的适应能力。该项目加强了淡水保护区的能力建设,提高了保护防御能力,同时还恢复了重要的淡水区生态栖息地,形成了有效的淡水资源保护网。湿地也是净化水源的重要区域,保护湿地可有效保护自然生态水资源。TNC 联合国内外科学家针对中国 30 个发展最为迅速的大型城市及 135 个地表水源进行了现状调查分析,成功调查分析出中国的《城市水蓝图》,为城市解决水资源相关问题提供了大量的数据和信息,提高了城市水资源的管理效率和技术发展程度。

TNC 还利用 CbA 方法以长江流域为试点调查分析得出《长江上游流域的陆地和淡水生态区评估报告》,还与长江水利委员会联合,建立了合作实验室,为长江的总体规划提供详细的方法、技术以及数据方面的帮助支持。

(四)海洋

TNC 于过去的 25 年内在全球范围内已与 30 多个国家的政府、科研组织以及社区共同实践了多种海岸带生态恢复方法和技术,并成功修复了上千公里海岸带的生态问题,同时积累了大量海洋保护领域的实践知识资料。TNC 于 2016 年在中国启动海洋保护项目,组建了相关团队,制定了五年战略目标和规划,以海岸带的生态恢复技术的引进和传播为主要目标。目前 TNC 开始关注研究粤港澳大湾区海岸带的规划与发展以及该区域海岸应对气候适应方面的现状。2018 年 11 月 TNC 与中国水产学会合作开展了粤浙生态水产养殖模式的调研,走访了广东渔业种质保护中心、浙江省海洋水产养殖研究所永兴基地、浙江省水产养殖技术推广总站等多家机构,研究分析绿色水产养殖模式的详细信息,探讨未来海产养殖与环境友好共处的绿色新型发展模式。

　　TNC 自 1998 年进入中国以来,引导社会公众和公益力量来保护中国重要的生态区,积极推进森林碳汇等方案来实现对气候变化的适应。为生物多样性、自然生态系统多样性、城市和海岸带系统等提出绿色环保的适应性方案,同时还推动国内众多区域的绿色基础设施建设。通过“自然保护系统工程”(CbD),在气候变化、淡水保护、海洋保护以及保护地四大项目领域为中国气候适应做出了卓越贡献,极大提高了这些地区预防气候灾害以及适应气候变化的能力。

第四节　气候适应中乐施会做出的贡献

　　乐施会主要在中国从事气候贫困的减缓与气候适应工作,主要开展低碳式气候适应与扶贫综合发展计划、贫困农村引进新能源技术推广培训等活动来减少碳排放以减缓气候贫困。在气候适应方面,乐施会主要通过专业性的气候研究,发布气候贫困相关的报告为政府提供政策建议,探索气候贫困地区的恢复力等来提高气候贫困地区人口对气候变化的适应力,改善贫困状况。乐施会在减缓气候贫困中的精准行动主要包括四个方面。

一、乐施会发布气候贫困研究报告

　　乐施会以长期关注国际贫困问题的专业视角,对中国气候贫困相关问题发布了多个独一无二的研究报告,发挥其在精准扶贫中的宣传与参与功能,为治理气候贫困提供了科学的依据。这些研究报告用科学的调研方法及翔实的论证分析中国生态脆弱区与气候贫困的耦合问题、生态脆弱区适应能力与全国平均水平的差距问题等,为各级政府开展精准扶贫提供了较好的政策咨询,也加深了对中国气候贫困问题的认识(表 5-1)。

表 5-1　乐施会发布的气候贫困研究报告

报告名称	发布时间	核心问题	政策建议
《气候变化与贫困——中国案例研究》	2009 年	从气候变化角度分析中国的贫困现状,指出气象灾害已是中国贫困地区致贫甚至返贫的重要原因	制定气候变化适应政策,采取积极的减排措施与行动遏制全球气候变暖
《非洲农业的转型发展与南南合作》	2014 年	促进非洲贫困地区农业的转型与发展,为非洲贫困农民提供帮助	提倡新型农业以帮助其他国家的贫穷和脆弱性人口解决粮食等生存基本需求,倡导气候变化南南合作
《气候变化与精准扶贫》	2015 年	指出中国的连片特困地区与生态脆弱区和气候敏感带高度耦合,气候变化使贫困人群成为最大的受害者	提升决策者和公众的意识,将中国精准扶贫发展策略与气候变化及其适应问题相结合
《农村社区发展指南——在规划与设计中纳入气候变化视角》	2016 年	指出中国贫困的农村地区正面临扶贫发展和应对气候变化的双重挑战,为农村减排温室气体、提升适应气候变化能力提供设计和规划方法指南	在农村规划和设计中纳入气候变化视角,促进农村社区的低碳可持续发展,提高农民对气候变化的适应能力

　　资料来源:根据资料整理。

乐施会在 2009 年发布《气候变化与贫困——中国案例研究》报告,这是中国第一份从气候变化的角度研究中国贫困问题的报告。它指出在全球变暖导致穷者更穷的前提下,气候变化带来的冰川退缩、干旱加剧、极端气候事件频发等灾害已成为中国贫困地区致贫甚至返贫的重要原因,使生态脆弱地区的环境进一步恶化,生活在生态环境极度脆弱地区的贫困人口由于应对气候灾害能力薄弱而成为气候变化最大的受害者。通过对中国 3 个典型的因受气候变化影响的贫困县进行分析表明,气候变化正在影响这些地区的粮食生产、用水条件、房屋设施、牲畜养殖等基本生活生计,造成了返贫后果。乐施会呼吁中国重视气候贫困,加大相关气候变化适应政策及技术投入,采取积极的减排措施与行动,从根源上加大遏制气候变暖的力度,达成减贫发展目标①。

乐施会在 2016 年发布了《农村社区发展指南——在规划与设计中纳入气候变化视角》报告,强调应对气候变化的视角应纳入农村发展规划设计中,以促进农村社区的低碳可持续发展。气候变化已经公认是最具有挑战性的全球性议题,它不仅仅是环境问题,更是社会公正和扶贫发展问题,而中国贫困的农村地区正面临扶贫发展和应对气候变化的双重挑战。如何实现农村能源清洁化、低碳化,并增强农村防范气候灾害、适应气候变化的能力,是亟待解决的问题。这份报告旨在为农村发展中如何适应气候变化、如何减排温室气体提供规划与指南,从而提升农村应对气候变化的能力。以气候变化视角来规划与设计农村的发展,提高农民对气候变化潜在影响的理解,进而有意识地采取行动减少农村二氧化碳排放量,探索适应气候变化不同的技术和措施,减少气候变化对农村发展的负面影响,最终减缓农村的气候贫困状况,提升农村社区的恢复力②。这份报告是乐施会“低碳适应与扶贫综合发展计划”的研究成果之一,为国家 2016 年印发《城市适应气候变化行动方案的通知》提供了参考,显示出中国对规划体系纳入气候变化视角有了更多的重视和行动。

为帮助贫困地区的贫困人群应对气候变化,支持中国政府实现到 2020 年 7000 多万贫困人口脱贫的战略目标,乐施会在 2015 年发布研究报告《气候变化与精准扶贫》③,指出中国的连片特困地区与生态脆弱区和气候敏感带高度耦合;特困地区具有气候暴露度高、敏感性高、适应能力弱的特点,气候变化使得贫困人群成为最大的受害者。通过案例研究、社会调研和宏观分析揭示了中国正在发生的气候贫困现象,强调中国的扶贫发展目标正面临着气候变化的威胁,应考虑将中国精准扶贫发展策略与气候变化及其适应问题相结合。《气候变化与精准扶贫》报告也是乐施会“低碳适应与扶贫综合发展计划”的研究成果之一。长期以来,在扶贫发展规划中很少考虑气候变化的影响,在应对气候变化工作的政策实施和推进中也较少真正覆盖到农村,尤其是农村中弱势贫困农民的利益。

乐施会在 2014 年发布了《非洲农业的转型发展与南南合作》报告,这是为促进非洲贫困地区农业的发展而设计的,通过新兴市场国家对非洲农业的南南合作以及中国对非洲农业合作的新型实践,深入研究非洲农业发展和自身的政策激励机制,进而指导决策者和其他利益相关

① 乐施会. 气候变化与贫困——中国案例研究［R/OL］. http://www.oxfam.org.cn/uploads/soft/20130428/1367143945.pdf.
② 乐施会. 农村社区发展指南——在规划与设计中纳入气候变化视角［R/OL］. http://www.oxfam.org.cn/uploads/soft/20161101/1478006499.pdf.
③ 乐施会. 气候变化与精准扶贫——中国 11 个集中连片特困区气候脆弱性适应能力及贫困程度评估报告［R/OL］. http://www.oxfam.org.cn/uploads/soft/20150819/1439960208.pdf.

方进行可持续的中非农业合作,为非洲贫困农民提供帮助[①]。

二、低碳式气候变化适应与扶贫综合发展计划

乐施会于 2013 年启动了面向中国农村社区的"低碳适应与扶贫综合发展计划"(Low-Carbon Adaptation and Poverty Alleviation programme,LAPA),通过与各级政府、研究机构、NGO、私营部门和媒体等开展不同层面的互动与合作,将兼顾减缓与适应的气候变化视角融入农村扶贫发展规划中,探索农村气候变化适应与低碳发展和扶贫有机结合的可行路径,提出适应气候变化的扶贫脱贫政策措施建议,以帮助贫困人群应对气候变化,实现贫困地区的可持续发展。在该项目中,乐施会发挥治理功能,积极参与气候贫困治理,让农村贫困人口适应气候变化带来的风险。

为了有效地帮助贫困地区应对气候变化带来的负面影响,更好地发挥气候政策在农村扶贫领域中的作用,2015 年 5 月底,由乐施会、山西省农村新能源技术推广站联合筹办了"山西省贫困地区农村能源研究及管理体系能力建设——气候变化与贫困"培训会。这次会议重点介绍了气候变化知识、扶贫政策以及农村能源领域发展趋势,围绕气候政策、农村新能源推广、碳市场减排政策等方面探索中国能源气候变化发展战略,来推进农村低碳发展与扶贫相结合。乐施会通过举办气候变化与贫困培训会,积极探索气候减贫与低碳适应相结合的农村实践路径,向农村推广新能源,不仅能减少碳排放量,而且能够提高贫困农民应对气候变化的能力,改善他们的生活质量。乐施会为减缓气候贫困做出了表率。

2015 年 3 月 26 日,乐施会又在陕西省长武县亭口镇宇家山村进行低碳适应与扶贫综合发展计划试点活动。希望通过在宇家山试点来探索在社区层面如何支持农户更好地适应气候变化和增强适应能力的措施和方法。乐施会一方面通过与地方政府合作,开展扶贫减贫工作,帮助贫困人口提高生活水平;另一方面又在试点进行各种低碳式适应气候变化的研究,引入一系列适应、低碳和可持续发展模式,促进该地区应对气候变化的能力,从而探索将气候变化与地方的发展规划和新村建设规划相结合的方法,为地方政府精准扶贫开拓了工作思路。宇家山的这次试点是在扶贫减贫中推进农业生产和农民生活的低碳转型,探索一条在中国贫困农村地区将扶贫减贫工作与农村低碳可持续发展相结合的路径[②]。

三、改善农村生计,提高应对气候变化能力

乐施会认为改善农民的生计与开展扶贫工作是相辅相成的,是减缓气候贫困的主要方法,因此在罗全岩村实施"生态农业及减防灾项目"以减轻灾害对农村生产生活的不利影响,使村民更好地适应气候变化,以应对气候变化造成的贫困。因为该地区近年来极端天气频繁出现,增加了村民面对灾害的脆弱性,给当地农民生产生活带来了打击,导致多数农民陷入贫困境地。因此乐施会通过帮助村民学习气象知识,同时开展气象信息知识运用培训以及防灾培训,促使农民将学会的气象信息知识应用到实际生产生活中,提高应对气候灾害的能力,从而减少气候灾害带来的损失与贫困。此外,该项目还帮助村民实现多元化种养殖,减少对单一作物的生计依赖,并通过农业技术培训、引

---

　　① 乐施会. 非洲农业的转型发展与南南合作[R/OL]. http://www. oxfam. org. cn/download. php? cid＝18&id＝287&p＝cbkw.

　　② 乐施会. 低碳适应与扶贫综合发展计划——中国陕西省宇家山村试点项目[R/OL]. http://www. oxfam. org. cn/uploads/soft/20170105/1483613025. pdf.

进新型农作物与肥料、使用清洁能源等方法提高农作物适应气候的能力,降低生产风险。

四、提升气候变化影响恢复力

恢复力[①],是指个体、家庭、群体或系统在不牺牲(或潜在提升)其长远利益的前提下,预测其承受危害、气候变化影响、其他的冲击和压力以及从中恢复的能力,它不是一个固定的或稳定的状态,而是一系列动态的条件和过程[②]。由于气候变化具有不确定性,近些年一些国际NGO 选择通过构建系统(个人、家庭或社区)的恢复力来适应气候变化,并把基于恢复力的管理作为应对气候变化的重要途径。

乐施会预见到恢复性在减贫扶贫方面的作用,进而发布《提升恢复力:灾害风险管理与气候变化适应指南》中译本,提出降低灾害和气候变化风险,需要同时注意灾害风险管理与气候变化适应两个方面,以降低社区的脆弱性和提升恢复力,从而实现可持续发展。我国国内对恢复力的理论研究还缺乏统一的定义和认知,乐施会此时发布中译本,不仅为国家开展灾害风险管理与气候变化适应工作提供指引和借鉴,也为我国应对气候变化、减缓气候贫困提供了一种新的方法与思路。引入恢复力视角,可以将非政府组织的项目与应对气候变化建立联系,通过采取更加主动、积极的适应措施增强贫困地区人口的恢复力,进而帮助他们应对气候变化和气候贫困等风险。此外,书中还提出灾害风险管理与气候变化适应的十项基本原则来推动最终目标减缓气候贫困的实现[②]。

总之,随着气候变化问题的日益严峻,全世界各国许多领域都面临着诸多气候变化灾害风险及更多气候变化不确定的影响。由于气候变化的不可逆性,世界各国只有适应当前气候变化的现实,才能尽量减少气候变化带来的危害和影响,但由于气候变化的适应属于公共领域的重大问题,集体行动的困境在全世界气候适应领域也尤为突出,各主权国家因为自身的利益等各种博弈导致气候适应的资金和技术难以到位。在这样的背景下,非营利性质的非政府组织在气候适应领域的重要性开始凸显出来,非政府组织在国际气候议程中的地位也在不断提高。国际上著名的大自然保护协会(TNC)、乐施会、世界自然基金会(WWF)、世界资源研究所(WRI)等非政府组织在全世界气候适应领域都做出了重大的贡献。这些非政府组织长期关注环境保护、贫困问题,恰恰都属于气候适应领域需要解决的问题。在中国,非政府组织往往采取自主行动或与政府合作的方式来实现气候适应的建设。例如,TNC 在中国的项目是努力推动组织探索的适应管理方法进入政府政策中来实现对保护地、生物多样性等领域的保护,善于探索环境保护和社区共赢的模式,取得了良好的效果。乐施会长期关注贫困问题,对中国生态脆弱区的生态贫穷和气候贫困问题有持续的研究和行动,注重提升贫困人口的适应能力和恢复力。因此,非政府组织在气候适应领域发挥着政府不可比拟的作用。在气候适应领域,国际社会和国家主体也应该给予非政府组织更多的参与机会,使其更好地为气候适应和人类社会的可持续性发展做出贡献。

---

① 2015 年 3 月,中国气象局在联合国世界减灾大会上发布了《中国极端气候事件和灾害风险管理与适应国家评估报告》,第一次将 Resilience 翻译为“恢复力”。

② 乐施会. 提升恢复力:灾害风险管理与气候变化适应指南[R/OL]. http://www.oxfam.org.cn/info.php? cid=110&id=1652&p=work.

第六章　欧盟气候治理中的非政府组织参与

　　欧盟作为超国家联合体,在世界舞台上代表欧洲与美国、日本、俄罗斯、中国等形成鼎立状态。欧盟对气候变化问题的关注,不仅有在国际上扩张"欧盟模式"的需要,也有提升欧盟自身合法性的需要。欧盟在气候治理中建立了欧盟碳排放交易体系,在德班气候大会上提出德班路线图,欧盟不仅仅是气候治理中的积极参与者,也试图成为国际碳排放规则的制定者[①]。

　　欧盟在欧洲一体化过程中形成了多层治理的特殊治理模式,在进行气候治理的过程中就涉及多个国家、多个地区的政策制定及执行问题。欧盟各成员国发展程度不一,在国家发展和气候治理应承担的责任之间依旧存在矛盾,因此就导致欧盟各成员国在气候政策制定及执行问题上,为了维护国家利益,不可避免会产生扯皮现象。

　　非政府组织是非营利性、志愿性的公民组织,相比起成员国家来说,非政府组织在气候治理问题上不存在主权成员国家利益层面的顾虑,针对欧盟区域内的气候减缓与适应问题可以采用合法的方式影响欧洲委员会、欧洲议会等,更具灵活性和协调性;同时,非政府组织能够充分发挥其道义优势及对公民的鼓动性,有效弥补超国家共同体治理效力的不足,协助欧盟进行气候治理。

第一节　欧盟气候治理的困境

一、欧盟的气候政策

　　工业革命以来,大规模人类活动导致全球气候与环境生态问题日益加重。近年来,极端天气现象频发,不仅对自然环境造成了大规模破坏,而且也影响到社会经济正常发展运行,气候变化问题引起全球广泛关注。欧盟作为气候治理发展较早的区域,在全球气候治理中一直扮演着领导者的角色,但是其多层治理体系也使得气候治理面临一系列难题。

　　自国际社会开始讨论气候变化问题以来,欧盟就一直努力试图在应对气候变化政策制定中成为领导者的角色。欧盟不仅在区域内制定且表态自身的减排计划和目标,更重要的是在气候大会上欧盟一直与美国、中国等国家存在着博弈,欧盟在气候谈判中的最大优势在于它的"思想领导和启动谈判进程(巴厘岛行动计划和德班平台)"[②]。但是,因为欧盟自身复杂的制度和支离破碎的领导环境,使得其在气候大会谈判中的领导者角色时有变化[③]。但不管怎样,欧盟在国际舞台一直是应对气候变化的领导者和先行者不容置疑。

---

①　欧盟试图将航空和船运纳入到碳排放交易体系当中,遭到了众多国家的反对,质疑中就有欧盟试图成为航空和船运排放的规则制定者。

② Charles F Parker, Christer Karlsson. The European Union as a global climate leader: Confronting aspiration with evidence[J]. Int Environ Agreements, 2017(17):445-461.

③　欧盟在 COP15 哥本哈根气候大会上处于劣势,但在 COP17 德班气候大会和 COP18 多哈气候大会上则处于核心引领位置。

欧盟整体上的气候政策与其提升能源效率和发展可再生能源的长远规划是结合在一起的。其气候政策包括碳排放交易、碳捕获与封存、气候适应、能源等一系列的行动与计划。为达成《京都议定书》的目标，欧盟在 2005 年就正式启动了欧盟温室气体排放交易机制（EUETS），规定了能源、石化、钢铁、水泥、玻璃、陶瓷、造纸等高耗能行业的排放配额，使欧盟在气候治理的一体化行动方面迈出了关键的一步，也奠定了欧盟在全球气候治理中的地位。欧盟成员国之间推行责任分担协议（Burden Sharing Agreement，BSA）机制，要求各成员国根据自身的能力与责任减排，以达到欧盟的减排目标。2008 年，欧洲委员会对《温室气体排放限额交易指令》继续进行修改，如采取措施稳定碳排放交易的价格，对联合履行（JI）和清洁发展机制（CDM）的减排信用进行限制，扩大指令适用范围等，该指定修改在 2013 年 1 月 1 日正式实施。欧盟一直将气候变化限制在不超过工业化前 2 摄氏度的水平视为气候治理的目标。

欧盟在 2007 年提出了单边的"20-20-20"计划，为实现 2020 年的排放目标做出努力，这一计划也被国际能源署（IEA）肯定，认为其在全球向低碳经济过渡中处于领先地位。2008 年开始推动《市长公约》，推动成员国各市州加入"20-20-20"计划。2013 年 5 月拟定的《2030 年气候与能源框架绿皮书》，针对气候治理方面均提出了具有高标准、系统性的实用建议。这里将欧盟已有气候治理政策和条例，进行了汇总分析，具体详见表 6-1。

表 6-1　欧盟气候治理相关政策机制

政策文件	时间	主要内容
ECCP I	2000 年	《欧盟气候变化方案 I》围绕联合国《气候变化公约》推行环保灵活管理体系、绿色技术研发、教育相关政策
ECCP II	2005 年	遵循《京都协议书》推动节能、减排条例，陆续制定了 EU ETS 法律框架，推动碳捕获及封存技术（CCS）的应用
《气候行动和可再生能源一揽子计划》	2007 年	欧理会推动气候、能源一体治理计划，提出在 2020 年时欧盟温室气体排放量相比 1990 年减少 20%，可再生能源占耗能 20%，石油能源消耗下降 20%，即"20-20-20"计划
《市长公约》	2008 年	先期推动欧盟成员国各市州加入"20-20-20"计划，推动一次性能源战略消耗下调、减排战略；至今已延伸为全球性运动，合计 54 国 6400 多个市州加入计划
EU ETS 体系修正案	2013 年	推动成员国责任分担协议机制（BSA）建设，在现有各国排放量基础上，至 2020 年区域碳排量相比 2005 年降低 21%，扩大非可再生能源使用及行业减排限定值
《2030 能源和气候政策框架绿皮书》	2013 年	计划确立 2030 年温室气体排放量目标，在 1990 年基础上实现到 2030 年减排 40% 以上，提出 2040 年减排 60%，2050 年 80%~95% 构想，有序推动低碳经济发展转型
欧洲气候变化减缓政策	2017 年	推动《可再生能源发展指南》RED 规划，实施能源认证计划，督促成员国内部气候治理具体细则的拟定
SET-PLAN	2018 年	《战略能源技术规划》内容，推动可再生能源、智能能源系统、能效、可持续交通、核能、碳捕捉技术创新研究

资料来源：根据欧盟（EEA）温室气体清单报告内容整理。

综合表 6-1 不难发现，欧盟在气候治理工作方面保持了足够的关注，同时也围绕气候治理方面出台了系列化的政策。随着时代发展进步不断予以细化完善，在欧洲理事会主导下，欧盟气候治理的实践不断深入。

　　欧盟气候治理也取得了不少的成绩。就欧盟碳排放交易体系来讲,它已经是全世界最大的碳排放交易市场,也是跨国家、多部门联合的碳交易市场。仅在 2007 年,欧盟就实现了20.6 亿吨的碳排放交易量[①]。从欧盟近些年气候治理碳减排目标来讲,相比过去数年间有了较大幅度的变化。具体以 1990 年基数目标为参照,可以发现欧盟 2013—2017 年的 CO_2e 减排情况有了较大幅度提升,区域气候治理工作卓有成效。事实上,CO_2e 排放量作为衡量气候质量的重要规范标准,是对某区域释放到大气中一氧化二氢、二氧化碳、甲烷及非二氧化碳排放水平当量的体现,能够合理控制 CO_2e,对于抑制气候变化有着较高的价值。

　　通过表 6-2 不难发现,欧盟在 2014 年时即提前完成了 2020 年减少温室气体排放比的目标。欧盟通过系列规划及管控措施,将其前期预期计划提前了 6 年时间,而在其后 2 年时间内也一直维持了较好的水平,此类情况也意味着欧盟区域空气治理成效斐然。但深入分析欧盟2017 年碳排量数据不难发现,相较于 2013—2016 年减排量逐年增加的趋势,2017 年碳排放量不仅没有下降,反而反弹增长了 1.8%,且超出了 2013 年排放量,也即意味着欧盟 2017 年排放量跌破了计划水平。

表 6-2　欧盟 2013—2017 年 CO_2e 排放量变化(单位:吨)

年份	2013 年	2014 年	2015 年	2016 年	2017 年
碳排放量	43.74 亿	43.44 亿	43.26 亿	43.01 亿	43.78 亿
同比增幅率	−0.2%	−0.7%	−0.4%	−0.6%	1.8%
相比减少	19.2%	20.1%	22.4%	24.2%	23.7%

资料来源:根据欧盟(EEA)温室气体清单报告内容整理。

二、欧盟气候治理的困境

　　欧盟气候治理虽然取得了一定的成绩,在气候治理舞台上发挥着领导者的角色,但是欧盟自身的多层治理体制,使得二十多个成员国之间发展水平、利益诉求等存在差异,欧盟共同体也难以调动公民层次的行动,这都导致了欧盟的碳减排目标出现回弹。

(一)欧盟组织减排目标与成员国自身发展需求博弈

　　当前,在气候治理问题上,欧盟整体减排目标与成员国发展间的需求冲突日益尖锐。欧盟区域整体经济发展态势良好,但欧盟内部成员国之间经济发展水平存在差异,而要推动国家经济发展,碳排放量水平与经济发展速度间的矛盾至今难以协调。

　　以 2030 年气候与能源政策目标为例,欧盟提出的 2030 年目标以碳减排为核心,要求在2030 年之前,欧盟成员国必须将温室气体排放量在 1990 年基础上至少减排 40%,各部门可再生能源普及率至少达到 27%。为实现这一目标,欧盟必须督促各成员国承担各自责任,需要各成员国共同响应,共同推动传统化石燃料向清洁可再生能源转变,以实现减排目标。

　　欧盟组织减排目标需要各成员国分担实现。由于各成员国间经济发展程度存在差异,经济水平与能源结构紧密相关,经济发展较缓慢的国家对传统化石能源依赖度较高,如果为了实现欧盟减排目标,强行推动本国能源结构向清洁能源转化,则将超出本国经济承受能力,影响本国经济发展。因此,欧盟减排目标对于这些国家来说,与其国家发展需求存在冲突,这就导

① World Bank. State and Trends of the Carbon Market 2009[R]. 2009:1.

致这些国家在自主减排方面积极性不高,甚至存在消极抗拒情绪。

同时,欧盟成员国参与气候治理始终是从国家角度出发考虑,在不损害国家利益或对国家发展有利的情况下,各国响应积极性较高,一旦欧盟气候政策与国家利益发生冲突,各国为了维护国家利益,便会与欧盟进行博弈扯皮,阻碍不利本国的气候政策通过,或者采取消极抵抗行为。

(二)欧盟成员国能源结构差异导致减排态度差异

欧盟成员国之间能源结构存在差异,这主要是由于各国所处地理位置以及经济发展水平不同导致。德国、法国等多数成员国均支持欧盟范围内推动气候治理,而相比波兰、英国①则存在一定的消极之势。这一情况主要源于国别之间结构的差异性。

从地理位置角度来说,各国所处位置不同导致能够利用的能源资源不同,如爱尔兰地区风力资源充足,北欧地区水力资源充足,地中海沿岸地区太阳能资源充足,这就导致了各国能源利用侧重点不同。自然能源资源分布不可能完全均衡,各成员国之间必然存在差异,这就导致各国向清洁可再生能源转型难度不一。

从经济发展水平来讲,经济发展水平很大程度上影响着国家能源结构。经济发展水平较高的国家由于发展态势相对稳定,国民生活水平较高,更有意愿关注气候治理问题,推动能源结构转型,以德国为例,德国工业基础较好,2013年其国家总发电量中对于可再生能源的利用占比率就已达到25%,而近些年还在不断提升。而对经济发展水平较低的国家来说,发展是第一要义,国家经济发展是首要问题,而传统能源在发展过程中成本较低,为了更大效率推动国家发展,导致相较于清洁能源,传统能源更受青睐。同时,经济发展水平与科技发展程度联系紧密,传统能源向清洁能源转型不仅要面对资本问题,而且还存在能源转型技术水平高低的问题。

因此,针对欧盟组织减排目标,欧盟各成员国态度不一,如德国就建议欧盟将2030年目标定得更高,而欧洲最大的煤炭消费国之一的波兰则对减排目标态度消极,甚至三次否决欧盟减排目标。

(三)欧盟组织减排目标与公民生活成本间存在矛盾

为实现欧盟减排目标,各成员国通过制定相应气候能源政策的方式以减少本国碳排放量,而税收作为经济调节的重要手段,在气候能源领域也发挥着重要作用。

2018年,法国总统为履行《巴黎协定》承诺上调了燃油税,导致油价暴涨,继而引发了法国黄马甲运动。政府期望通过提高传统能源税率或增加传统能源税种的方式,提高传统化石能源价格,而对可再生能源则给予一定程度的税收优惠,从而实现对传统能源开发利用的抑制,扩大可再生能源的市场竞争优势,期望能以此影响公众消费选择,也即通过价格变动推动公众减少对传统能源的使用,以消费带动可再生能源发展。

从政府角度来说,提高燃油税是为了履行《巴黎协定》,是为了推动气候治理发展。但从公民生活角度来看,政府提高燃油税增加了他们负担的燃油成本,一定程度上损害了他们的权益,因而引发民众的不满和抗议。

目前,虽然清洁可再生能源取代传统化石能源已成必然趋势,但清洁可再生能源发展尚不

---

① 截至2019年底,英国尚未正式脱欧。

成熟,技术和利用成本依旧较高,而化石能源获取成本明显更低廉,因此化石能源仍是各国能源主体来源。公民生活虽有部分能源已由清洁能源提供,但仍以传统能源为主。政府试图通过提高燃油税的方法来实现减排,实际上是将一部分减排成本分摊给公民承担,从世界整体来说,是为了实现气候治理,但从公民角度来说,是一定利益的损失。

无论国家还是公民,都更愿意选择相对便宜的能源。因此,要提高清洁能源消费占有率,推动传统能源向清洁能源转变,必须加快清洁能源技术发展,提高清洁能源利用率的同时,尽可能降低清洁能源使用成本。

(四)欧盟成员国碳排放量出现回弹

从欧盟气候治理整体情况来讲,虽保持了现有规划的规范、持续深入,但深入执行仍存在一定困难性。2014—2016年欧盟各成员国履约达到2020年预期排量标准。但据联合国环境规划署(UNEP)2018年7月统计报告显示,2030年全球温室气体排放量应控制在130亿~150亿吨或更高水平,才能达到控制全球气温下降2摄氏度的目标,通过UNEP报告内容可知,2017年全球温室气体排放量达到了创纪录的535亿吨,而欧盟成员国总体占比不低。

欧盟国家2017年CO_2e排放量43.78亿吨,相比2016年排放量增幅1.8%,这无疑打破了欧盟雄心勃勃制定的"20-20-20"低碳计划要求的标准,按照欧盟2030年标准,意味着各成员国还存在较大差距。而碳排放量增加、行动滞后为欧盟气候治理工作的持续造成了极大影响。从深层次理解,欧盟排放量增加,主要在于欧盟20个经济成员国,在计划协同推动层面存在着局限及制约,对此可以通过表6-3对不同欧盟成员国CO_2e排放量实施情况进行了解。

表6-3　欧盟成员国2017年相比2016年温室气体碳排放量增幅情况

国别	排放组织比	同比增幅	国别	排放组织比	同比增幅
比利时	2.3%	1.8%	瑞典	0.05%	12.8%
芬兰	1.3%	−5.9%	匈牙利	1.4%	6.9%
斯洛伐克	0.8%	3.7%	卢森堡	0.3%	1.8%
斯洛文尼亚	0.4%	3.1%	立陶宛	0.4%	3.7%
罗马尼亚	2.1%	6.8%	拉脱维亚	0.2%	−0.7%
葡萄牙	1.5%	7.3%	塞浦路斯	0.2%	1.7%
波兰	9.8%	3.8%	意大利	10.7%	3.2%
奥地利	1.7%	3.1%	克罗地亚	0.5%	1.2%
荷兰	5.2%	2.3%	西班牙	7.7%	7.4%
马耳他	11.2%	−3.2%	法国	10%	3.2%
希腊	2.1%	4.2%	捷克共和国	3.4%	1.2%
爱尔兰	1.2%	−2.9%	丹麦	1%	−5.8%
爱沙尼亚	0.6%	11.3%	德国	23%	0.0%
保加利亚	1.5%	8.3%	欧盟	100%	1.8%

资料来源:中石化新闻网相关资料整理。

综合表6-3内容可知,欧盟各成员国间排放量存在较大的悬殊差异,年排放量下降国较少,仅芬兰、丹麦、爱尔兰、拉脱维亚、德国、马耳他6国呈下降趋势,相比其他21个成员国均呈不同幅度增加。此背景下，根据欧盟拟定的 2030 计划展开分析，各成员国平均碳排放量需逐年维持 1990 年标准的 25％以上排量，才能够巩固实现 2030 年目标，但根据各国兑现《巴黎协定》国家自主贡献（NDCs）减排的承诺来讲，按照发展趋势能否实现既定目标也很难讲。

第二节　欧盟气候治理中非政府组织及参与优势

欧盟气候治理工作涉及的体系范围相对较广，涉及 20 多个成员国的目标协同及利益协调等多方面问题。而非政府组织不仅组织目标恒定，具有自发参与的热情，而且在人力资源、项目策划、政策沟通层面也具有优势，在欧盟这一复杂的多层气候治理领域更具灵活性，一定程度上有利于解决单纯依靠政府主导进行气候减缓与适应的难题，能够较好地推动欧盟气候治理工作。

欧盟因其成员国众多，多层治理使得在制定统一的政策和协调行动有一定的难度，且具有无法克服的欧洲"民主赤字"问题。所以，欧盟在政策上给予了环境非政府组织极大的发展空间，目的是希望成员国的非政府组织能够将欧盟的统一行动影响到成员国本国的政策。欧盟希望公民社会组织的融合可以提升欧盟决策过程的民主合法性。

在政策层面上，欧洲委员会给予了各国环境非政府组织参与欧盟的一些机会。在法律上和政策上给予了非政府组织参与欧盟的合法性。影响欧盟气候政策制定的组织包括各种利益集团[①]和非政府组织。参与方式包括制度化参与和非制度化参与。制度化参与包括正式听证会和会议。非制度化参与包括与官僚和政治家的非正式会议。此外，还包括广告、运用媒体等影响气候政策制定。欧盟内部的环境非政府组织更多地靠获取非制度化途径来游说欧洲议会，而众多的商业利益集团则更倾向于影响欧洲委员会。环保非政府组织试图在一定程度上影响欧盟的气候政策，诸如国际气候变化谈判和欧盟的长期减排目标。

一、欧盟气候治理领域的非政府组织

活跃在欧盟层面比较活跃的环境非政府组织被称为绿色 10（Green 10），包括如国际鸟盟（Bird Europe and Central Asia）、CEE 银行手表网络（CEE Bankwatch Network）、欧洲环境局（European Environmental Bureau）、欧洲交通与环境联合会（T&E）、健康与环境联盟（Health and Environment Alliance，HEAL）、国际自然之友（IFoE）。而只有 4 个非政府组织活跃在欧盟气候变化领域，它们是欧洲气候行动网络（CAN-Europe）、欧洲地球之友（Friend of the Earth Europe）、绿色和平欧洲联合（Green Peace European Unit）、世界自然保护基金会欧洲政策办公室（WWF European Policy Office），如表 6-4 所示。

表 6-4　欧盟气候治理领域中的环境非政府组织（部分）

组织	成立时间	类型	组织目标
欧洲环境局（EEB）	1974 年	保护型 NGO，联合 30 多个国家的约 140 个公民组织	为非政府组织与欧盟之间的接触提供渠道。团结成员国中的非政府组织，加强对欧盟政策的集团影响力。致力于可持续发展、环境正义和参与民主

---

① 较突出的利益集团有欧洲圆桌工业家（ERT）、欧洲天然气工业联盟（Eurogas）、欧洲石油工业协会（EUROPIA）等。

组织	成立时间	类型	组织目标
欧洲地球之友（FoEE）	1986 年	伞形 NGO，欧洲最大草根环境联盟，33 个国家成员	针对当今最紧迫的环境和社会正义问题开展活动
绿色和平欧洲联合（Green Peace EU）	1988 年	独立 NGO，活跃于全球 55 个国家的国际绿色和平的欧洲分支	监督欧盟机构的工作，揭露欧盟不完善的政策和法律，并挑战欧盟决策者实施渐进式解决方案。重视独立，不接受政府、欧盟、企业或政党的捐赠
世界自然基金会欧洲政策办公室（WWF EPO）	1989 年	独立 NGO，代表 25 个国家和地区办事处以及 300 多万会员	倡导并推动有利于欧洲和全球环境的更好的欧盟政策
欧洲交通与环境联合会（T&E）	1992 年	伞形 NGO，欧洲 26 个国家的 58 个组织的支持	旨在促进清洁运输
欧洲气候行动网络（CAN-Europe）	1989 年	伞形 NGO，联盟 35 个国家超过 160 个成员组织	阻止气候变化带来的危害，提升欧洲可持续气候和能源和发展政策

资料来源：https://green10.org/。

欧洲地球之友、绿色和平欧洲联合、世界自然保护基金会欧洲政策办公室这些组织在布鲁塞尔都设有办事处，有常驻的工作人员，能够更直接地接触到欧盟委员会和欧洲议会，以便进行游说和施压。在国家层面，这些组织也非常有影响力，可以把欧盟的政策向国家传递，给欧盟成员国施加压力。非政府组织是连接欧盟与成员国、欧盟与欧盟外国家的重要桥梁。

二、非政府组织参与欧盟气候治理的优势

从非政府组织参与欧盟气候治理的作用及优势来讲，主要体现在以下几个方面。

（一）非政府组织沟通欧盟和成员国，推动实现欧盟区域气候治理目标

非政府组织可以在欧盟和成员国之间形成有效的沟通。可以将欧盟的政策在成员国国内进行游说等，影响成员国的政策执行，同样，非政府组织也可以与本国政府合作，对欧洲委员会或欧洲议会进行游说，以达成本国的利益诉求。欧盟促进了成员国非政府组织进入欧盟，并促进其专业化。成员国的环境非政府组织也定期支持欧盟在国家和区域层面的环境政策，对欧盟法规的执行情况进行通报和监督。

欧盟重视环境非政府组织在欧盟决策与执行中的沟通功能，欧盟与环境非政府组织的合作是基于共同目标。欧盟的大多数决策涉及多个层面，需要欧盟和国家层面的定期监管，环境非政府组织恰恰可以在多个层面实现监督和沟通功能。欧盟给予成员国环境非政府组织一定的培训和参与欧盟决策的机会。（1）欧盟将成员国的环境非政府组织纳入欧盟范围的非政府组织网络。1999—2004 年欧盟委员会环境司通过欧盟—非政府组织对话形式，促使成员国的非政府组织参加每年两次的对话。通过对话形式，欧盟将其正在开展的环境发展行动及新环境政策向环境非政府组织进行通报和咨商。发挥环境非政府组织的建设性监督功能，并加强与环境非政府组织的合作。（2）欧盟为成员国环境非政府组织领导代表提供培训，如欧盟通过 PHARE 计划为捷克民间社会组织提供了培训课程。这些培训不仅可以提升管理者的专业知

识和管理技能,促使其提升与地方政府的联系,并积极影响成员国公民与欧盟之间的关系。(3)财政支持。成员国的环境非政府组织可以获取到欧盟的专项资金,诸如从 PHARE、IS-PA、SAPARD 获取欧盟资金[①]。

在气候治理中,非政府组织以非营利性、志愿性的目标,本着改革、倡导、参与的精神也致力于独立参与欧盟气候治理的减排与适应工作。欧盟环境非政府组织依照《奥尔胡斯公约》获取相关环境信息公开数据,并影响相关环境决策,编制相关报告以影响欧盟。相较于决策时需要考虑到多方利益的政府来说,在一些敏感的气候与环保问题上,非政府组织更能够从公共利益角度出发,以坚定的立场进行倡议或采取行动,对于弱势领域能够投入更多的人力物力进行关注,对政府未做、迟疑做的事情,非政府组织能够予以实际行动促进发展,提出具有创新性的构想,并及时传递给政府组织,从而形成具有可行性的气候环境机制。因此,非政府组织对推动欧盟气候治理目标具有重要意义。

举例来说,推动传统化石能源向清洁能源转型是发展的必然要求,但考虑到技术发展成本、利用成本等因素,欧盟各成员国对于发展清洁能源表现出较迟疑的态度,清洁能源利用率上升较为缓慢,而欧洲地球之友则公开要求气候正义,要求结束化石能源使用,大力发展清洁能源。欧洲地球之友的要求引起全球气候保护者的强烈共鸣,对于各国政府也形成了一股推动力。

(二)非政府组织影响欧盟气候决策

欧盟多层治理的特点就在于欧盟内部的超国家机构、国家主体和次国家机构可以实现自下而上和自上而下的双层互动。在超国家层面,欧盟的主要决策机构主要有欧洲议会、欧盟理事会和欧洲理事会,欧盟委员会是议程设置的重要机构。就气候政策而言,欧盟的气候决策不仅有来自国际气候协定的压力,也有欧盟内部欧委会的政策导向,还有欧盟层面环境非政府组织、成员国层面环境非政府组织的自下而上的推动。在欧盟的立法和决策过程中,非政府组织可以通过直接或间接方式影响决策者对气候治理领域的看法,进而影响气候政策制定,从而推动气候决策向期望方向发展。

直接方式是非政府组织直接与欧盟机构进行接触或交流,对决策机构成员进行游说。近年来,欧洲议会在气候决策上发挥日益突出的作用。因此,非政府组织在选择游说对象时,更倾向于选择欧洲议会议员,一方面是因为欧洲议会在气候政策上的立场相较于欧盟委员会、欧盟理事会更加友好,另一方面是因为比起影响全体会议,通过影响议员从而实现影响气候决策门槛相对较低。当然,非政府组织也可以通过影响欧盟专家小组、筹备委员会和执行委员会,为制定欧盟政策、方案和倡议做出贡献。

间接方式即是非政府组织运用媒体、民众力量等公共参与的非正式途径,对较多政府环保会议氛围形成了烘托,并影响了不愿积极推进环保决策政府的最终行动,形成了全球气候治理的直接性影响,达到了较理想的预期成效。非政府组织定期成为欧盟国际环境相关谈判代表团的一部分,诸如在里约举行的联合国环境与发展会议(UNCED)和联合国可持续发展委员会的大多数会议[②]。在气候谈判中,国际环境非政府组织也积极在气候大会谈判中发声,以影

---

① Pleines H, Bušková K. Czech environmental NGOs: Actors or agents in EU multi-level governance[J]. Contemporary European Studies, 2007, 2(1): 20-31.

② http://europa-eu-un.org/articles/sv/article_1004_sv.htm.

响欧盟的气候决策。

(三)非政府组织推动欧盟民众及企业提高气候治理意识

国际著名的环境非政府组织在欧盟的影响都比较大,成员国的环境非政府组织在本国的民众基础好。在 2004 年,在捷克加入欧盟的那一年进行的民意调查中,三分之二的捷克人宣布他们信任环境非政府组织[①]。所以,环境非政府组织对于欧盟内的民众影响具有得天独厚的优势,对企业也可以通过监督和诉讼的方式促进其纠正排放多、污染性强的项目。

首先,非政府组织具有教育传播作用。非政府组织以刊登气候治理类技术文献、举办活动、媒介宣传的方式,呼吁更多环保人群参与到气候治理活动中,达到信息供给、传播,形成教育引导作用。目前,不少民众的气候保护意识已经觉醒,加上信息传播媒介丰富,非政府组织通过众多宣传渠道、呼吁倡导的方式推动民众自发自愿参与到气候治理中去,可以对政府治理起到补充作用。世界自然基金会提出的"地球一小时"活动倡议至今已持续 13 年,是非政府组织在气候治理领域提出的一个具有深远影响的倡议,在欧盟范围内也得到了民众的热烈响应和支持,是对节能减排、保护地球气候观点的一种广泛普及。

其次,非政府组织具有沟通倡导作用。非政府组织涉及社会各层面,往下可以接触到社会民众,了解民众意见与反响,往上可以接触到各领域专家或精英人士,了解专业意见,在此同时,也充当着普通民众与政府组织之间的桥梁,了解政府政策是否有偏差、是否具有专业可行性,通过社会舆论及行动,来开展社会实践活动,推动政府气候治理体系的深入,并且及时根据社会风向,将政府未能及时关注到的事件反馈上去,通过自身影响力促使政府采取行动,形成民众与政府间的沟通。以绿色和平组织为例,其在气候变暖、可再生能源等领域都拥有自己的科研人员,能够对这些问题进行研究,期望通过技术研究减少对气候环境的破坏。

最后,非政府组织具有监督导正作用。在气候治理问题上,政府主要负责整体把控,对于企业运营过程中危害气候环境的行为不可能花费大量资源时时关注。非政府组织作为志愿性组织,成员对气候治理活动拥有高度热情,同时因为充足的人力、物力,能够及时关注到企业是否存在罔顾气候环境的发展行为,一旦发现存在此类行为,非政府组织会运用多样化的媒介渠道将事件影响扩大,让公众共同关注,通过民意或法律手段迫使企业进行整改,制止其行为。非政府组织的监督导正作用在荷兰地球之友起诉壳牌公司这一案例中得到了充分体现,在下文将会具体分析。

综合上述内容可知,非政府组织具有良好的公益服务导向,且行动导向明确,主要针对气候环境展开服务,担负起了政府及公民间的沟通身份,积极承担了气候治理公共服务职能,期间并不追求利益层面回馈。非政府组织形式覆盖面较宽泛,比政府机构、商业团体更加多元化,富有弹性机制,多类型主体共同参与下可以形成创新、实验性的理念及推动方案。特别是非政府组织能够对公共价值做出维护,对政府忽视的气候治理环节,以组织呼吁、倡导、舆论宣传的方式,推动政府在民意呼声下展开实际行动,制定对应的治理体系,产生有利于全民化的影响性。另一方面,欧盟成熟的 NGO 组织体系中,组织呼吁关注内容常早于政府机关,在民主意愿下,借助行为共同体,实现气候治理领域的团结一致性,且所提出的诸多改革意见通常具有前瞻性,可以弥补政府缺位、市场缺位情况,达到良好的环保治理工作,并起到改进推动作用。

---

① Pleines H, Bušková K. Czech environmental NGOs: Actors or agents in EU multi-level governance[J]. Contemporary European Studies, 2007, 2(1): 20-31.

第三节　欧盟气候治理中欧洲地球之友(FoEE)参与个案

通过对欧盟气候治理中非政府组织参与优势的研究分析可以发现,非政府组织在欧盟气候治理中具有积极的价值作用,为欧盟气候治理工作成效提升提供了坚实的保障。因此,本节将选择欧洲地球之友为例,针对该组织参与欧盟气候治理举措及行动轨迹做综合研究分析。通过欧洲地球之友这个个案,以点带面,研究非政府组织在欧盟气候治理中采用的活动形式与方法。

一、FoEE 组织简介

地球之友是世界著名的非政府环境组织之一,成立于 1971 年,由美国、法国、瑞典、英国 4 个环保团体共同创立。组织创始人大卫·布洛尔原为美国山岭俱乐部执行主任,但因环保组织对于核污染问题不重视而离职,1969 年于美国旧金山组建了地球之友组织,并围绕国际化环保组织定位,在西欧国家奔走寻找联盟组织体系,在创始人精心筹划下,法国、瑞典、英国多国家环保人士聚集在瑞典召开会议,成立了国际性的地球之友组织。

根据地球之友组织成立以来的相关活动轨迹来看,其 20 世纪 80 年代活动主要围绕反核能、禁止捕鲸活动做了系列动作。在 1979 年切尔诺贝利核电站事故后,地球之友组织的成员积极加入了反核能行列。20 世纪 80 年代后期,地球之友则关注了酸雨、热带雨林、空气污染、杀虫剂使用等生态治理问题,通过联合原住民一并推动反热带雨林砍伐活动,并联合巴西、马来西亚、美国地球之友组织,建立了"杀虫剂行动网络",开始关注环境与发展关系问题。而自从进入 21 世纪,组织开始围绕西方发达国家社会生产与气候不协调问题展开综合活动,通过组织分支机构及同类型非政府组织机构联合方式,陆续推动了系列化气候治理活动,并形成了相应较好的成效。

地球之友是公益性的组织结构形式,主要是通过吸纳全球多国家环保组织爱好者进行组织活动,通过形成各地域组织分支方式,来推动开展各类环保倡议活动。

欧洲地球之友(Friends of the Earth Europe,FoEE)是地球之友在欧洲地区的分支组织,总部设在布鲁塞尔,将欧洲各国地球之友组织与当地团体联合起来,共有 33 个国家成员、数千个当地群体。这 33 个国家成员都是欧洲国家,大部分兼有欧盟成员国身份。这些成员国通过欧洲地球之友进行联合,但多数情况下并不以欧洲地球之友的名义进行气候治理活动,而是根据本国情况以本国地球之友名义推动气候治理。欧洲地球之友长期致力于环境保护领域的工作,组织的核心焦点是环保主义、可持续发展和人权。

二、FoEE 参与欧盟气候治理相关活动分析

欧洲地球之友是典型的促进型非政府组织。从欧洲地球之友组织参与的气候治理活动来讲,其在新世纪以来一度致力于气候环境领域,主要的活动方法包括游说、研究和直接行动等。通过组织呼吁、游行示威、违规企业披露、公益诉讼、论坛会议等多元方式,推动了欧盟气候治理工作的深入。具体可以从以下几个方面进行分析。

(一)欧洲地球之友影响欧盟气候决策

欧洲地球之友在欧盟范围是规模较大、影响较大的非政府组织代表,是 Green 10 的重要

组织之一,是典型的区域性协调组织。其在布鲁塞尔设有专门工作室,有利于直接向欧洲议会、欧委会开展游说活动。欧洲地球之友将草根活动与国际性、国家性的游说与协调相结合。主要通过提出环境问题—对欧委会和欧洲议会进行游说—开展政府咨询—对欧盟气候政策执行进行评价等来影响欧盟气候政策。如图 6-1 所示,欧洲地球之友在欧盟的整个气候政策制定和执行中首先是一个"连接"欧盟和成员国的作用,将欧盟的气候政策向成员国进行转达和监督,同时也可以将成员国的诉求通过游说反映到欧洲委员会、欧洲议会。当然,欧洲地球之友最重要的角色还是基于组织目标的直接对欧盟层面和成员国层面的直接影响。表 6-5 列举了欧洲地球之友影响欧盟气候决策的游行、游说等活动。

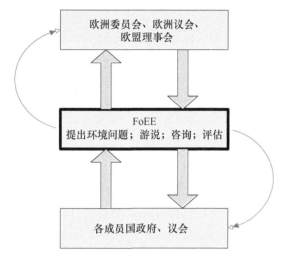

图 6-1　FoEE 活动图

表 6-5　欧洲地球之友的气候治理活动参与情况列举

活动	活动情况
2001 年	4 月,欧洲地球之友发动数千人向白宫发送邮件,抗议布什政府拒绝《京都议定书》。6 月,在瑞典欧盟峰会上,欧洲地球之友参与游行,要求欧盟承诺单方面批准《京都议定书》
2006 年	组织全球 65 个成员组织,代表矿业影响地区,向欧盟委员会提议,建议增加可再生能源使用率机制,抑制无规律开采燃烧煤炭,避免全球温室气体排放量增加,维持生物多样性、环境持续性;次年,欧盟颁布相关抑制措施
2008 年	以新闻发布会方式指责东欧成员国投资 100 亿欧元建设的 50 个基建项目中,垃圾场、高速公路、核电站、精矿等均存在气候环境威胁,须重新规划
2014 年	组织召开新闻发布会,质疑欧盟节能减排目标设定过低,欧盟在哥本哈根气候大会上提出将参考地球之友建议,提高减排 30% 目标。但同时对组织一味通过"会谈筹码"进行施压的行为表达了不认同

资料来源:据地球之友活动资料整理。

就资源使用问题来讲,欧盟仅关注资源生产率、资源利用的环境影响和资源安全问题。
欧洲地球之友对欧洲环境资源的利用效率、资源贫困、资源正义问题有超前的关注,有利于解决资源使用的总体水平。欧洲地球之友做出了"产品和国家一级的资源使用体系指标",内容涵盖材料(material)、水、土地和温室气体排放四个方面。这套资源指标的开放,可以使欧洲地球之友参与欧盟层面的政策咨询,有利于评估欧盟政策对欧洲和全球自然资源的影响[①]。

(二)欧洲地球之友关注气候正义,呼吁淘汰煤炭等化石能源

气候正义和能源是欧洲地球之友主要的活动领域。

组织呼吁是非政府组织一种倡议性的手段,主要通过呼吁的形式,将组织呼吁目的、呼吁原因以及可造成的影响向公众表明,争取公众、政府认同,从而实现规模化影响。

淘汰化石能源对于应对气候变化至关重要,化石能源的不可再生性以及使用时产生的废气排放意味着其必须被取代。目前,全世界计划在 850 个地点建立超过 1500 个新燃煤电厂,这些燃煤电厂正在并且将继续破坏《巴黎协定》规定的保持温度升高不超过 2 摄氏度的努力。全球平均气温上升已经超过 1 摄氏度,造成了严重的气候破坏,而这些问题的产生与化石燃料使用紧密相关。

因此,国际地球之友主席 Karin Nansen 呼吁发达国家政府立即停止开采化石能源,并停止为在本国国内和发展中国家进行的化石能源开采项目提供资金支持,承担其应该承担的气候责任,坚持气候正义。加拿大、意大利、荷兰及英国此前已宣布将在 2030 年前逐步淘汰煤炭,德国地球之友主席 Hubert Weiger 呼吁德国政府效仿这些国家,发布新的气候政策,逐步淘汰煤炭,使用更清洁的能源,以此应对气候变化。

通常来说,欧洲地球之友进行组织呼吁的对象范围较广。既有普通民众,呼吁其关注生活细节,从小处为气候治理贡献;也有企业,呼吁企业自觉主动关注生产行为,规范生产环节,减少碳排放,更有国家政府,期望通过组织呼吁引起政府关注其诉求,主动考虑可行性及影响。但是,由于组织呼吁实际上只是一种倡议,不具有强制性和威胁性,导致其效用实现上较为局限,因此导致欧洲地球之友在气候问题上对欧盟、欧盟成员国、欧洲议会影响力都有限,下文将对此进行具体分析。

(三)欧洲地球之友支持青年气候游行抗议活动

游行示威通常是为了向当权政府表达一致利益诉求或不满意见而进行的活动,主要是通过进行游行示威,造成舆论影响,期望以此影响政府决策。

2019 年 3 月 15 日,大批青年在每个欧洲国家城市中进行气候游行抗议活动,要求不作为的政府采取紧急、大规模和变革性的行动,结束化石燃料时代,呼吁发展清洁能源。这是有史以来最大规模的气候示威活动,在 35 个欧洲国家,如奥地利、捷克、爱尔兰、西班牙等国,大约发生了 900 次平民组织的气候示威活动。欧洲地球之友对这些气候游行示威者表示了全力支持,呼吁欧洲停止开发新的化石燃料基础设施,推动能源产业从化石燃料转变为清洁能源。

必须注意的是,相较于组织舆论来说,游行示威具有抗争性,较为激烈,虽然在一定程度上有助于直接表达诉求,实现其期望目标,但如果游行示威超过法律界限,不受控制,又或者被利用、被刻意煽动,极易危害社会秩序,带来负面影响。法国的黄马甲运动,由最初的反对燃油税提高逐渐演变成多重利益诉求的表达,不仅偏离了最初的目的,而且其暴力性的对抗手段也带来了政府的武力镇压以及社会公众的恐慌和不满。

因此,欧洲地球之友在使用游行示威手段时,必须要考虑能否对人员进行有效管控、能否

---

① Stefan Giljum, Friedrich Hinterberger, Stephan Lutter, et al. How to measure Europe's resource use: An analysis for Friends of the Earth Europe[R]. 2009.

控制活动采用的方式和程度,必须避免发生暴力对抗情况,避免引起政府反感及强制镇压。

(四)荷兰地球之友起诉壳牌公司

违规企业披露和公益诉讼是非政府组织在气候治理活动中对企业进行监督导正的重要手段。通常来说,一旦发现企业存在明显气候破坏行为且影响重大,非政府组织首先往往会对其行为向社会公众进行披露,期望借助公众舆论力量使其自主整改,但若是单纯借助公众力量无法达到预期效果,非政府组织便会通过公益诉讼,借助法律强制力以实现对企业的导正。

以荷兰地球之友起诉壳牌公司这个案例来说,壳牌公司曾公开声称接受《巴黎协定》,但其具体行为却与其声称的完全不同,不仅继续花费大量金钱进行游说反对气候政策,并进一步加大对化石燃料开采的投资,因此,荷兰地球之友收集整合了壳牌公司严重损害气候违规行为的证据资料,将这些资料向社会公众公开,要求壳牌公司承担其应当承担的法律责任,停止违规行为,对企业进行整改。但壳牌公司拒绝了荷兰地球之友的要求,因此荷兰地球之友对壳牌公司进行公益起诉,通过法律强制手段以确保壳牌停止破坏气候环境。

荷兰地球之友起诉壳牌公司的案例是日益发展的全球气候运动的一部分,这是第一个要求化石燃料公司承担其对气候变化的责任而不是寻求赔偿的气候诉讼案件。这一突破性案例如果成功,首先将严重限制壳牌公司在全球范围内对石油和天然气的投资,要求其严守气候目标,其次也将对其他化石燃料公司产生重大影响,为其由化石燃料向清洁能源转变提供外部推动压力,最后为非政府组织在针对其他气候污染者采取法律行动时提供借鉴。

通过上述地球之友组织的相关活动不难发现,组织在对气候治理方面保持了系列化、持续化的关注,通过多样化方式对政府及企业等主体进行监管,参与到了欧盟气候治理活动之中,不仅成功引发了社会公众对气候问题的关注,而且也对欧盟成员国在气候治理方面的工作发挥了积极的影响作用。欧洲地球之友运用游行示威、组织呼吁的形式,将公众未能关注到的气候问题扩大影响,将其放在社会公众面前,最后督促政府作为;针对一些企业违规破坏气候的行为,欧洲地球之友及时予以披露,期望企业自主整改,若企业不作为,也会运用公益诉讼方式诉诸法律,借助法律强制力对其行为进行规范。

第四节　欧盟气候治理中非政府组织参与存在的问题

现实中,非政府组织虽然支持了欧盟气候治理工作成效提升,但不可否认非政府组织在部分环节具有的能力、影响力相对有限,具体还须从组织职能、管理完善、资金支持层面展开持续优化,才能推动非政府组织高水平参与气候治理。以下将围绕其现实问题及解决对策做综合研究。

一、非政府组织对欧盟气候治理影响力有限

(一)多层治理制度影响非政府组织作用发挥

在气候问题上,非政府组织始终是为了达成公益性目标,站在广大民众立场上为了人类共同利益而发声,在欧盟气候治理活动中作用也日益显著。但必须注意到的是,非政府组织在活动过程中,多层治理制度对其作用发挥存在一定的限制。

欧盟作为国家联合体具有独特性,在决策过程中表现出了行为主体多元化、多层次的特征,传统主权国家的制度已经不适用,为此,欧盟通过多层治理制度来实现区域治理。

多层治理制度,简单来说就是不同层面代表不同群体利益诉求的行为体通过协商互动最终完成决策与实行,其行为主体包含超国家层面的欧盟机构、国家层面的成员国政府、次国家层面的成员国行政机构以及非政府组织、利益集团和各国公民等,这些行为主体没有等级之分,相互制约平衡。现实来看,多层治理制度在具体实施过程中,决策权力是非垄断的,欧盟各机构、成员国政府及其下属机构都具有话语权,可以参与欧盟决策。

在多层治理制度中,非政府组织虽然能够参与欧盟决策过程,但实际决策权依旧掌握在欧洲议会手中,非政府组织只拥有发言权,能够发表看法与建议,但却未获得投票决定权,只能发挥辅助作用,但是单纯的辅助建议如果不被采纳,那么对于决策就不能造成实质影响。从气候治理问题来看,当前非政府组织在欧盟气候治理过程中的各类活动并不能在大范围造成有效影响,要想气候治理达成突破性进展,关键要看欧盟整体能否在多层治理制度协调下做出有效气候决策。

非政府组织在多层治理制度下能够造成的影响与经济利益集团相差甚远。气候领域非政府组织发展仍不充分,资源远不如经济利益集团充足,又因为非政府组织本身的非营利性,这就导致非政府组织资金有限,极大程度上限制了其参与气候决策的可能性及参与程度。同时,不管是欧盟还是欧盟成员国,在决策问题上经济利益依旧放在首位。非政府组织关注气候问题,代表和维护的是公共利益,而经济利益集团大多关注商业、农业方面的问题,能够带来实际经济效益,这就导致非政府组织在游说时不仅需要面对资金问题的限制,而且还受到其本身关注议题的限制,在多层治理体系中难以提升话语权[①]。要解决这个问题,非政府组织资金来源必须扩大,同时,非政府组织可以对气候治理的经济效益进行发掘,在进行游说时必须阐明气候治理的重要性不在于能否带来经济效益,而在于其对全人类生存环境至关重要。

(二)非政府组织对欧盟国家影响力不足

现实来讲,欧盟非政府组织在环境问题、全球气候治理方面的作用日益提升,发挥了较大的作用,但不可否认,现代国际关系中,欧盟仍担负着气候治理的主导性作用,且对国际气候治理议题拥有较强影响力,而各国政府必须配合欧盟以实现欧盟气候治理目标。

非政府组织机构相比国家而言,国家仍是气候治理的最有效主体,将继续维持气候治理资源的分配、重要议题主导权限,在欧盟成员国各自领土范围内,政府机构具有行政强制权威。且就全球性环境、气候治理问题而言,以国家为主导、自上而下的气候治理模式是任何气候议题解决脱离不开的部分,而非政府组织相关活动决议也绕不开政府环节,无法直接参与决策,只能试图通过劝说、说服拥有正式决策权的政府,使其接受其组织观点,从而产生对气候治理条款拟定、决议影响。非政府组织作为观察员参与,没有正式投票权,这就使得非政府组织难以影响谈判进程,也就是说,非政府组织在全球气候谈判或国家气候政策制定中的作用发挥,依旧是依靠国家政策或行为来体现。尽管非政府组织在全球气候变化治理领域形成了相对政府来说日益明显的作用,对国家行为影响也日益加大,但其身份、行为如果不能得到政府认同,那么也即面临着持续发展的制约。

以欧洲地球之友来说,其自成立以来一直承担着国际环境监督的责任,努力通过各种手段监督及影响国家环境政策及行为。但由于目前对非政府组织的认同性偏弱,最终行为实施依旧要通过国家实现,欧洲地球之友只能通过间接影响政治家或争取民众认同实施游行示威此

---

① 胡爱敏. 欧盟多层治理框架内欧洲公民社会组织的政治参与[D]. 济南:山东大学,2010.

类非直接方式,进而影响国家政策与具体行为。也就是说,如果欧洲地球之友的行为无法争取到政治家的支持与认同、无法引起民众的共鸣,从而得到行为上的响应,其形成的影响及实现的结果将受到极大制约。

再以《联合国气候变化框架公约》为例,在谈判期间,非政府组织进行了大量游说工作,显得十分活跃,但最终未能成功影响实质谈判结果。究其失败原因可以归结为非政府组织在谈判过程中只被允许作为观察员而不被允许发表自己的立场。同时,非政府组织能够获取到的信息受限。各国通过在"非正式信息"期间举行会谈并做出关键决定,力求尽量减少非政府组织在国际环境谈判中的影响,这些"非正式信息"将非政府组织排除在外。一些非政府组织的游说对象为了个人利益或其他原因,在与非政府组织沟通过程中可能存在刻意隐瞒信息或欺骗等行为,这就导致非政府组织相对政府来说存在信息短板,一定程度上限制了其话语权。

(三)非政府组织对欧洲议会影响有限

欧洲议会是欧盟的监督和咨询机构,享有部分参与立法的权力。早期在欧盟立法过程中,欧洲议会只有咨询作用,但随着欧洲议会的发展,其在立法过程中的地位日益重要,与欧盟委员会、欧盟理事会共同决定欧盟立法。

咨询程序指的是欧盟理事会在通过欧盟委员会的提案前,必须将提案提交到欧洲议会,向欧洲议会征询意见的程序。目前,虽然在某些方面,咨询程序已被新立法程序替代,但在气候环境政策等重要领域依旧适用。通常情况下,欧盟理事会会在充分考虑欧洲议会意见后进行提案决议。因此,欧洲议会在欧盟立法上的影响力不可忽视。近年来,欧洲议会的决策体现其对气候治理的友好态度,因此,在游说过程中,非政府组织对游说欧洲议会意愿度较高。

欧洲议会议员共有 732 个议席,由各成员国公民通过直接选举产生,综合考虑各成员国人口、政党利益等因素后进行分配,很大程度上代表着欧洲的政治党团。这些议员首先代表着自己国家和政党的利益诉求,在决议过程中也以此为出发点。而非政府组织要想影响气候政策制定或推动气候政策向其期望方向发展,很大程度上需要依赖对欧洲议会的游说,这一过程通常是通过游说议员实现,此前也曾分析过气候治理对国家发展的影响及各成员国对气候治理态度不一,因此,除非非政府组织的游说方向对其有益,否则非政府组织难以影响其观点。不得不承认的一点是,当前来看,对于多数欧盟成员国来说,进行气候治理,践行《巴黎协定》承诺,一定程度上会影响国家发展速度,尤其是对一些本身发展较慢的国家来说,非政府组织倡导的传统化石能源向清洁能源转变的观点无疑会加重其发展负担,因此,这些国家的议员对于非政府组织游说接受度较低;对于气候治理较为积极的国家则必须考虑到气候治理对本国利益以及本国民众生活的影响,避免自身利益受损,这些国家的议员首先考虑的是能否从决策中为本国谋利,而非政府组织站在公益角度进行游说,对于各国利益保持公正态度,因此非政府组织的游说实现较困难。

二、非政府组织独立性易受资金来源影响

目前,资金不足是制约欧盟气候治理非政府组织持续发展的关键因素。任何行为体只有拥有强大经济实力,才会发挥更大的作用,而充足的资金来源是非政府组织良性运行的保障。

近年来,尽管欧盟气候治理非政府组织发展迅速壮大,但无疑缺乏强有力的资金渠道来源,除了组织会费之外,非政府组织资金来源大多来自政府、企业和个人的资助,经济层面存在着严重依赖。由于其资源、资金支持缺乏稳定独立的来源,难免受到政府或政府间组织操控,甚至沦为某些群体谋取私利的工具,影响其参与全球气候治理自主性、独立性,因而导致其公正性受到国际社会质疑。

非政府组织其基本特点之一便是独立性,既不属于政府,也不属于私人,存在组织主旨、政策、行动独立性、自由性,这也是组织拥有广泛受众基础的原因。

但是,由于气候问题治理难度大,气候问题治理投入资金不断增多,许多非政府组织资金募集渠道过度依赖个人、政府及企业募集,财政依赖会极大破坏非政府组织的独立性形象,甚至一部分非政府组织为获得资金层面的支持,选择主动接近政府或社会性企业,也有政府或企业通过资助来控制非政府组织为其服务。此类情况都会使非政府组织失去本身的独立性。以捷克非政府组织为例,捷克本国民众对非政府组织的资金贡献仅 9％,而仅欧盟的支持率就达到了 7％,可以看出,捷克本国民众对非政府组织的资金支持相对较少,捷克环境非政府组织的资金主要依赖机构内的捐助者和商业活动,后者约占其预算的 20％,这就导致一个问题,即为了确保稳定资金来源,非政府组织不可避免地会出现迎合资金方意见的行为,这就导致非政府组织无法保证自身的独立性。

而部分非政府组织为保持自身独立性,也会选择拒绝接受企业和政府捐款,如地球之友的资金 90％ 以上源于个人,绿色和平组织也不接受企业、政府资助。但是,此类知名组织机构毕竟较少,多数非政府组织囿于资金制约,往往导致了组织活动开展困难。

三、组织形式松散,活动形式易引起政府反感

从非政府组织运营方面来讲,全球气候治理领域的非政府组织机构日益增多,而类似地球之友这一类的知名规模组织相应较少,较多中小型组织结构体系不完善、制度欠缺细化,未能形成专职化的岗位工作人员,在参与气候治理活动过程中,较多区域非政府组织存在相近性的活动,加上组织体系较小,活动期间缺乏稳定沟通、关联,呈现出各自为战的运营局面,活动效应平平,易形成资源层面的浪费,长久以往,单纯依据社会正义感及公益人士热情维系组织发展,很难实现稳定有效的发展深入。所以,在实施组织活动参与期间,如何准确有效地通过预先调查、活动计划来发挥社会影响性及公共参与性,以形成积极影响值得综合考虑。

从欧盟非政府组织活动的开展层面来讲,如何形成与欧盟成员国政府之间的协同性,积极理性地深入推动气候治理工作十分关键。比如,上文中欧洲地球之友选择的游行抗议、舆论压迫式气候治理参与活动,虽在一定程度推动了欧盟国家对气候治理活动的关注,但同样也引发了政府方面对于其行为的厌倦,并且组织的非理性行为对政府运行机制方面也产生了负面影响。所以,如何在准确关注政府政策立法走向的情况下,改变非理性抗议活动的存在,以实际行动推动组织活动的深入,值得各类非政府组织思考。

第五节　提升欧盟气候治理中非政府组织参与的对策

一、改善非政府组织参与欧盟气候治理的制度环境

目前,非政府组织在欧盟气候治理过程中更多的是起到观察、建议的辅助作用,不管是欧盟或各成员国对非政府组织参与气候治理认同度仍旧不高,因此,现阶段欧盟各成员国政府方面还须强化对组织身份的认同,合理赋予非政府组织发展的机会。具体来说,首先须从制度方

面认可非政府组织参与气候治理,在行政立法层面给予非政府组织适当的活动权限,允许非政府组织直接参与决策过程,明确划分权力界限,赋予此类机构气候危机政策制定参与权限、治理技术标准拟定权利,从而改变非政府组织依赖影响政治家以形成政策影响的情况,促使非政府组织在气候治理方面充分发挥自主行动力,积极发表气候治理意见,通过直接沟通减少与政府意见违背的情况,在排除矛盾的前提下,明确角色定位。

当然,非政府组织不是全球气候治理的主角,气候治理最终需要国家主体和非国家行为体共同发挥作用。欧盟的非政府组织比较发达,可以充分利用其在欧盟多层气候治理中的优势发挥沟通、连接的作用,结合自身拥有的资源,向欧盟及成员国政府提出一些科学可行的建议或倡议,通过政府带头,结合组织自身对社会的影响,达到最终目的。

欧盟各成员国政府方面也须强化和非政府组织机构的沟通,注重在气候治理决议阶段将具有知名度的非政府组织机构纳入其中,通过沟通交流来聆听民间意愿,建立起稳固的合作伙伴关系,从而在成员国政策机制协调下鼓励非政府组织的发展,从国家政策层面降低非政府组织的准入门槛。

欧盟非政府组织也要多与自身所在成员国政府沟通,积极配合政府工作,在国家计划和政策的指导下开展合作。政府及非政府组织双方可以建立长期有效的合作机制,以研讨会、论坛会议形式定期交流、协商,互通有无,听取对方在气候治理层面的意见,共同合作,积极应对日益变化的气候问题。

二、多渠道改善非政府组织资金局限问题

基于非政府组织在欧盟乃至全球气候治理范畴承担了部分政府职能,扮演了政府辅助及合作的角色,可为政府气候治理提供参考依据。所以,欧盟各成员国政府方面不应该因为部分行为欠理性的组织活动就对非政府组织持排斥态度,应该明确注意到非政府组织所兼具的价值作用,鼓励非政府组织持续发展,围绕扶持政策、资金、物资及人力资源方面给予支持,扶持非政府组织在气候治理领域发挥自身价值作用。

同时,非政府组织要提高自身筹资能力,在建立社会公信度的基础上,拓宽资助渠道。组织须注重以广告赞助、组织基金吸纳等方式,通过政府、社会企业、媒体、大众、国际基金会等多元化机构,获得更多社会公益力量的资金支持。

另外,非政府组织机构在多年气候治理经验、技术积累背景下,完全可以通过各类技术经验总结,出版气候期刊或杂志方式赚取对应资金费用,拓宽组织收入。对筹措到的资金费用,在使用期间,组织自身须细化资金管理体系,对资金进行明确安排、合理利用,制订长期有效的可持续发展计划。只有具有明确目标、长久规划,才能够保障活动内容延续性,得到民众、政府的持续关注。因此,应该通过设立一个长久发展目标,向绿色和平组织学习,通过技术研发、技术推动,形成惠民、利民项目,从而吸纳更多的资本进入组织,制定一系列切实可行的发展措施,并朝着自身组织目标推动行动计划,担负起组织使命。

非政府组织通过多渠道、多元化方式筹集组织活动资金,可以避免对单一资金来源的依靠,避免了资金来源不稳定导致组织动荡的风险,同时也减少了过度资金依赖的可能,更利于保持自身独立性,表达组织真实意见,而非受特定人士影响成为反映其政见的传声筒。

三、非政府组织需要加强自身建设

欧盟气候治理非政府组织须具备完善的管理机制,这决定了其后续发展的持续性,须着重

强化组织管理体系、完善机制,推动组织内部成员素质提升,同时依托完善会员章程、行为守则,确保自身组织稳定发展。例如绿色和平组织的理性发展模式,通过理论结合实践行动,真正意义上实现气候环境变化的深度分析,依托治理技术、专业能力获得对应的气候治理工作成效。保障组织机构、运行机制完善的同时,积极整合发掘社会资源、专业资源,推动自身发展实力水平的提升,而非盲目性地参与欧盟或成员国气候治理决议范畴,需要积极把握组织运营"度",从组织力量促进、环境治理目标达成角度考虑,处理对外关系,与政府关系应保持监督、协同思路,选择合理方式参与到气候治理立法决议范畴,不能一味采取对抗性模式,合理为全球应对气候变化做出贡献。

现实中,非政府组织可以依托自身机构灵活的组织优势,以及组织内部主体行业覆盖渠道宽泛性,来推动自身理性的组织活动,选择擅长的媒体合作、传播影响机制,来对政府气候治理执行情况进行监督、披露,确保机制顺利执行。但此类活动还应建立在政府体系完善及推动背景下,不应一直对政府持对抗态度,需要从大局观考虑,来形成正确的舆论引导、监督,潜在施压来督促政府关注、重视环保体系建设。例如,每年气候大会召开期间,气候行动网络组织(CAN)通过联合各国媒体设置"每日化石奖"的方式,"奖励"气候谈判进程阻碍国,对只从自身国家经济角度考虑,不兼顾气候治理意识的国家形成暗讽,意寓此类国家思维滞后如同化石,目的是向气候谈判阻碍国施压,担负起全球气候治理职责,共同推动气候变化治理的实质进展,此类方式无疑存在着较大的影响价值,值得诸多非政府组织机构学习。

总之,全球气候问题日益严峻,仅依靠政府进行气候治理无法取得突破性成果,在发挥政府主导作用的同时,必须重视非政府组织作用。欧盟本身就是气候治理的积极行动者,且重视非政府组织对欧盟治理的功能。非政府组织在参与欧盟区域气候治理活动中,积极倡导遵循自然生态规律发展,减少碳排放及污染问题,维持优质的生态环境背景,良好推动了欧盟气候治理成效提升。但通过欧洲地球之友参与欧盟气候治理的案例可以发现,非政府组织在开展气候治理活动时也面临着较典型的管理体系、资本局限等问题。本章通过围绕此类问题综合分析的基础上,提出了具体的应对建议,对后续非政府组织发展方向进行了综合探讨。

第七章　美国气候治理中的非政府组织参与

随着"全球气候变暖"的加剧,气候变化问题逐渐成为全球最复杂、影响最深远的重大环境议题之一,引起了全球的广泛关注。同时出于气候治理问题本身的复杂性以及气候治理问题涉及领域的专业性和范围的全球性,各国的气候治理都面临严峻挑战。自1988年成立政府间气候变化专门委员会(IPCC)以来,应对气候变化逐渐成为国际社会的广泛共识。在全球气候治理中,非国家行为体越来越发挥着重要的作用。2015年《巴黎协定》提到"非缔约方利益相关者"的相关概念①,意味着非国家行为体为气候治理所做的努力得到了国际社会的广泛认可,具备国际意义的合法性和有效性,全球治理格局逐渐出现非国家行为体广泛参与的治理形式。

美国作为世界上碳排放量居前的发达国家,其气候治理的进程不但影响着自身的发展,同时也必将对全球气候治理产生广泛而深远的影响。美国政府在全球气候治理进程中大多是消极态度,2001年3月,美国布什政府宣布退出《京都议定书》,2017年6月1日,特朗普总统在白宫宣布,为了美国人民的利益,美国将退出《巴黎协定》,引起了全球范围的广泛震惊,对国际气候治理体系造成了一定程度上的打击。美国单方面宣布退出《巴黎协定》充分证明了发达国家对国际协议的不尊重,狭隘的国家利益至上而不顾及全球气候变暖的事实,不顾及发达国家历史排放对发展中国家带来的影响和损害,不顾及人类可持续发展的长远目标。2019年11月4日,美国正式向联合国申请,启动退出《巴黎协定》的进程。美国政府的"去气候化"政策对全球气候治理的进程带来打击,不利于全球气候治理目标的实现。

面对美国联邦政府应对气候变化的消极态度,美国主要的非国家行为体,如美国气候联盟(U. S. Climate Alliance)、C40城市网络、美国市长会议组织(The U. S. Conference of Mayors,U. S. -COM)、美国可持续发展工商理事会(ASBC)等在美国政府不作为的情况下,都积极表态在地方层面应对气候变化,表示依旧遵守《巴黎协定》的内容,一同为全球气候治理做出努力。美国本土的环境非政府组织表现出了不同的姿态,站在全球人类的发展立场,质疑白宫的做法。气候现实项目、美国气候行动网络、皮尤气候变化研究中心(PCGCC)、塞拉俱乐部、美国自然资源保护委员会(NRDC)都是活跃在美国本土的气候非政府组织。

第一节　美国气候治理中的博弈

美国气候治理与其他国家相比气候治理较为复杂,主要原因是美国国内政治体制决定了其存在诸多政治博弈,使得其气候治理进程一再放缓和倒退。

一、气候治理中白宫与国会之间的博弈

美国本身是一个个人主义价值观至上的国家,所以,对于一切对其有约束或需要其付出资金

---

① UNFCCC. Adoption of the Paris Agreement Decision 1/CP. 21[R]. 2015.

等方面的国际谈判或协议,美国向来都是"拖后腿"的国家。但是美国在世界上是超级大国,任何国际性的协定都离不开美国的参与和签署。美国在环境领域的"不积极"最早是在 1992 年里约世界环境大会,大会签署了 3 个重要文件《里约环境与发展宣言》《21 世纪议程》《关于森林问题的原则声明》。当时参会的所有国家的首相都代表本国政府在这 3 个重要文件上签名,唯独美国总统既没有去参会也没有签字。最后终于在会议结束的最后 24 小时时,美国总统才确定参会并签署文件。美国的政党立场决定其在国际环境与气候谈判中的立场。美国共和党主张用市场的手段解决社会问题,反对政府过多干预,认为减排政策会导致美国失去大量就业岗位,产生就业危机,同时,也认为碳排放制约了美国的发展,但是却有利于中国的发展,使其在国际竞争中不利。布什政府在美国是代表大资产阶级利益和化石集团利益的政党,2001 年 3 月,布什政府宣布退出《京都议定书》。2017 年 6 月 1 日,特朗普政府宣布退出《巴黎协定》。2019 年 11 月 4 日,美国正式通知联合国退出旨在加强全球应对气候变化威胁的《巴黎协定》。

在美国,白宫与国会之间存在着政治博弈,也就是成为总统的政党可能在国会当中不占绝大多数席位。所以,美国在野党和执政党之间的竞争和博弈在国会当中体现尤为明显。美国总统在国际会议上签署的协定,可能在国会不能获得批准通过,也即不能生效。《京都议定书》和《巴黎协定》在美国都未走上批准程序。奥巴马政府虽然在 2015 年签署了《巴黎协定》,但由于任期原因,奥巴马也并未递交给国会进行审批,虽然奥巴马是《巴黎协定》的支持者,但美国国内强大的反对声音加上政党博弈,国会也很难批准。所以,特朗普上台后便宣布退出《巴黎协定》。

二、气候治理中联邦政府与地方政府之间的态度差异

美国政治体制中还有一个特点就是州政府与联邦政府之间的关系相对独立。美国宪法规定,宪法未授予联邦政府也未授予州政府的权力,均由各州和人民保留,各个州享有制定本州大多数社会管理方面政策的权力。

在气候治理问题上,白宫基本是消极态度,但是州政府和地方政府有较大的自主权,可以在州和地方层面开展气候治理活动。面对白宫的多次"退群",地方政府已经显现出不同于联邦政府的积极态度。2017 年在特朗普宣布退出《巴黎协定》当天,纽约州、加利福尼亚州和华盛顿州宣布结成"美国气候联盟",承诺在州内坚持美国曾做出的较 2005 年碳排放下降 26%～28% 目标的承诺,科罗拉多、康涅狄格等州随后宣布加入这一联盟,目前这一联盟包括 24 个州及波多黎各,有 61 个市长发表声明对抗特朗普的决定。

各个州在气候变化法规等方面开展各种交流活动,并致力于在州级层面积极应对气候变化。美国市长会议组织是美国城市联盟较为著名的组织,2008 年有接近 902 位市(镇)长签署了气候保护协议,以共同应对气候变暖。美国多个地方城市也加入了地方环境行动国际理事会(ICLEI)和跨国城市气候领导联盟(C40),作为重要的次国家主体积极参与气候变化。美国纽约州前州长乔治·帕塔基于 2003 年 4 月创立的"区域温室气体倡议"(RGGI),是美国第一个强制性的、基于市场手段的减少温室气体排放的区域性行动。美国市长气候联盟共有 391个城市,将通过网络联系增强城市应对气候变化的领导力和有意义的行动,并表达构建有效的联盟和全球政策行动。

所以说,美国政府在国际和联邦层面消极应对气候变化,也促使了美国各州和地方积极参与到气候治理当中,很多州、城市、高新企业都表达了继续支持控制温室气体排放和发展可再生能源的意愿,展现出地方政府对气候变化的行动和担当。

三、气候治理中非政府组织之间的立场差异

美国的公民社会比较发达,环境类的非政府组织也非常多,数量多达上万个。但是关注气候变化议题的非政府组织数量要少很多。美国本土成立了许多著名的国际环境非政府组织,诸如 1951 年成立的大自然保护协会、1969 年成立的地球之友、1892 年成立的塞拉俱乐部等。大自然保护协会和地球之友都是国际性环境非政府组织,网络遍布全球各地,这些组织在全球环境领域有较大的影响力。

但是美国国内复杂的政治利益博弈,加上化石企业资助反气候变化的研究型智库,使得美国国内非政府组织对气候变化的立场和态度表现出极大的差异。绿色和平曾在 2010 年揭露科赫工业秘密资助保守派的智库(如哈特兰研究所、美国企业研究所、哈德逊研究所),发表反对气候变化和全球变暖的研究和论调。共有 75 家组织接受了来自科赫工业约 2500 万美元的资助。哈特兰研究所、美国企业研究所、哈德逊研究所这些研究型智库都是反气候变化的立场。当然,由野生生物保卫者(Defenders of Wildlife)联合绿色和平、美国自然资源保护委员会等开展的"Expose Exxon"运动揭露的埃克森美孚公司资助的保守派智库也是鼓吹气候变化怀疑论的立场。

而美国著名的研究型非政府组织皮尤全球气候变化中心(Pew Center on Global Climate Change,PCGCC)则是立场较为中立的非政府组织,每年都会发布气候变化调查报告。诸如研究 40 个主要经济体的民众对气候变化的关心程度,认为美国民众有 80% 以上的人支持可再生能源的发展,许多国家的公民认为气候变化是严重的威胁。认为有些发达国家在气候问题上存在严重的党派分歧和意识形态分歧,这也是美国国内的非政府组织比较客观的研究结果。

第二节　美国宣布退出《巴黎协定》的影响

气候变化这一"公共问题"是环境政策中争议最激烈的领域,也是人类历史上最复杂的领域之一。国际气候治理的进程充满着发达国家阵营、发展中国家阵营、小岛国集团等的激烈博弈,而南北矛盾也是其中的主线。美国特朗普政府认为《巴黎协定》的自主减排要求,以及奥巴马时期承诺的 2025 年较 2005 年削减 26%~28% 的要求给美国带来了"不公平",为实现竞选承诺,如提供更多的就业岗位、努力发展美国制造业、能源自给和独立等众多原因,特朗普政府正式在 2019 年 11 月 4 日启动退出《巴黎协定》的程序,被视为是"历史性的倒退""倒行逆施"等,将会产生一系列负面影响。

一、对其他国家应对气候变化产生影响

美国宣布退出《巴黎协定》,全球治理体系结构将因为美国的缺失而遭重创,一个排放量居世界前几位的大国,脱离于协约规则之下,"无政府"下的国际治理体系显得无能为力。同时也表明,美国正从气候治理的供应者进而成为气候治理的消费者,美国放弃承担气候责任,从而增大了其他缔约国家的压力,尤其是欧盟的压力。特别是发展中国家,由于自身经济发展和国内的发展状况,没有美国的参与,发展中国家将要承担更多气候治理责任,发展空间和公平将被无限缩小和排挤。

美国宣布退出《巴黎协定》也对其他发达国家产生了不良的态度效应,其他国家恐在减排问题上进行模仿,要么不作为,要么也不履行减排的目标。国际与欧洲事务研究所 2018 年 12

月发布的一份报告显示,特朗普总统的退出决定对《巴黎协定》造成了"实质性损害",为"其他国家效仿提供了道义和政治上的掩护"。

二、对全球碳减排目标的影响

美国宣布退出《巴黎协定》,导致传统石化行业排放限制将会削弱,各方面的"去低碳化"政策将会影响到美国自身的碳排放量及全球的碳排放总量。如果不考虑中、高危气候政策,美国2025年温室气体排放也仅能相对2005年下降11.0%～14.9%,低于减排目标。同时,特朗普政府拒绝履行向发展中国家提供气候资金支持的义务,将有可能导致绿色气候基金拖欠资金总额上升117%,并进一步挫伤全球低碳投资的信心[①]。美国宣布退出《巴黎协定》的自身效应、资金效应及对伞形国家的政治效应和对发展中国家的政治效应,将分别导致全球2030年的年温室气体净排放量(扣除碳汇吸收量后的温室气体排放量)上升2.0、1.0、1.0和1.9 Gt CO_2e,并导致全球2015—2100年的累计排放量分别上升246.9、145.3、102.0、270.2 Gt CO_2e[②]。因此,美国的退出对全球气候治理目标达成不利。

三、影响了美国的政治声誉和国际合作

特朗普政府气候政策调整后,大量重用持反气候变化立场的官员,并弱化气候变化、可再生能源、温室气体在官方文件中的出现,削减气候政策、科研相关的预算,等等。美国全面的"去气候化"政策对美国的国际形象极为不利。宣布退出《巴黎协定》本身就是对国际气候治理成果的无视,损害了国际社会各个国家对气候变化问题的长期努力,缺乏对国际气候环境可持续发展的责任承担,不利于气候公平。特朗普连续否认奥巴马的气候政策不但使联邦政府的形象在美国人民心中大打折扣,也损害了美国的大国形象。美国作为大国的狭隘自私也破坏了欧美之间的信任,打破了国际社会良好的问题协商机制。美国在2018年波兰卡托维兹气候谈判期间,气候谈判团队就持气候怀疑论的消极态度,影响国际合作的开展。特朗普也在各个场合诸如意大利G7峰会、德国G20峰会态度消极,阻碍了峰会达成一致的落实《巴黎协定》的政治合作。另外由于中美签订了《中美气候合作条约》,美国的退出会导致中美两个大国在气候治理合作方面止步。

四、对美国能源结构和经济发展产生影响

特朗普退出《巴黎协定》后,美国将重回石油、煤电等传统能源行业,这不利于美国风能、太阳能等新能源技术和行业的发展。特朗普政府逐步修改和抛弃奥巴马时期的清洁电力计划、平均燃油经济性标准等气候遗产,为石油、煤电行业松绑,减轻其成本压力。短期来看,特朗普的政策倾向缩减不利于就业和经济的规则与政策,有利于美国的企业发展和就业岗位的提高,短期内可能会给美国经济带来繁荣。特朗普试图复兴传统能源行业的想法也很难奏效,因为可再生能源已经可以获得价格优势,并且美国能源市场转型已经基本形成。过于依赖传统化石能源,使得美国可能丧失在新能源技术上的发展机遇,难以与中国相竞争。但如果对传统化石燃料行业减少约束和限制后,必然带来其在环境问题上污染、碳排放加剧。

---

①　柴麒敏,傅莎,祁悦,等. 特朗普"去气候化"政策对全球气候治理的影响[J]. 中国人口·资源与环境,2017,27(08):1-8.

②　苏鑫,滕飞. 美国退出《巴黎协定》对全球温室气体排放的影响[J]. 气候变化研究进展,2019,15(01):74-83.

第三节　美国非政府组织对气候治理的参与

一、美国气候治理领域的主要非政府组织

美国是一个非政府组织非常发达的国家,美国给予非政府组织以免税资格,对其管理制度比较宽松,这些都有利于非政府组织的发展。美国国内的环境类非政府组织多达 10000 多家,其中不乏知名的国际性环境非政府组织,如地球之友、大自然保护协会、美国环保协会等。美国的非政府组织有多种类型,有全国性非政府组织、地方性非政府组织、草根型非政府组织,有研究型非政府组织、倡导型非政府组织、政策型非政府组织,也有环境类非政府组织、工商业非政府组织,以及联盟型非政府组织和独立开展活动的非政府组织。

"气候现实项目"(Climate Reality Project,CRP)是 2005 年戈尔先生在美国创办的非营利组织。由于美国国内政治及科学宣传的影响,很多美国公众对于气候变化问题的认知都比较低,美国前副总统戈尔在 2006 年制作的纪录片《难以忽视的真相》,讲述了工业化对全球气候变暖和人类生存的影响,在美国启蒙了不少原先对气候变化一无所知的美国公民。戈尔为气候议题在美国的传播做出了巨大贡献,他因此也在 2006 年获得了诺贝尔和平奖。CRP 的前身是气候保护联盟,该组织致力于解决气候危机,通过基层领导培训、全球媒体活动、数字通信和教育活动,致力于传播气候变化的真相,提高公众对于气候危机的认识。气候变化是不争的现实,只不过这一现实被美国利益集团和政客所掩盖。CRP 在全球推广气候现实领导培训(Climate Reality Leadership Corps Training),致力于提升全球行动要求领导人接受气候危机解决方案,要求美国环保署加强碳排放法规。CRP 在加拿大、澳大利亚和印度有分支网络。

美国气候行动合作网络(US-CAN)是联盟型的非政府组织,也是 CAN 的分支组织。US-CAN 在美国约有 165 个组织成员,核心成员约有 80 多家。US-CAN 通过地方行动,促进美国非政府组织对于气候变化的影响力,促进在气候谈判中的对话。US-CAN 的活动策略先制定了 2017—2022 年的整体战略计划,然后每年划分出气候行动小组,完成组织制定的环保目标。行动小组旨在激励成员彼此联系,协调重要的工作主题和具体工作,并以富有成效的方式共同努力。US-CAN 侧重整体政治性参与、新能源的开发、美国民众的环保意识开发等,作为联盟型的非政府组织,成员包括各种类型,其组织的信息共享程度较高,组织的整合度有限。

皮尤全球气候变化研究中心(PCGCC)成立于 1998 年,由前美国国家海洋及国际环境和科学事务局局长建立。PCGCC 是无党派的非倡议型非政府组织,以研究型为主。PCGCC 致力于为气候变化提供可靠的、直接的和有创新性的解决方案。作为全球变化问题高端的、有影响力的智库,PCGCC 已经发布了 100 多份气候变化核心问题的研究报告,并对公众对气候变化的态度认知进行调查研究。其发布的报告影响了世界各国的领导人。PCGCC 注重与企业商业组织合作,成立了商业环境领导委员会(BELC)。PCGCC 创立了美国气候行动合作组织(USCAP),属于 NGO—企业合作联盟,在美国也有一定的影响力。PCGCC 的信息和观点会定期在主要的国家、国际媒体发布,诸如《华盛顿邮报》《洛杉矶时报》《经济学人》、全国公共广播电台、CNN 等。

350.org 是通过互联网形式组成的社会动员型、激进型非政府组织。其口号就是要停止使用化石燃料,建设 100％的可再生能源。其组织活动比较激进,致力于进行有影响力的、草

根型的气候运动,诸如利用互联网在全球招募气候罢工(climate strike)的人员。通过自下而上的、遍布 188 个国家的网络行动促使领导人对科学事实和正义原则负责任。350.org 擅长运用媒体、互联网等来发起社会动员,往往参与者声势比较大,波及面比较广。2009 年 10 月24 日,在哥本哈根大会前 350.org 与全球 181 个国家同时组织了 5200 场示威活动。350.org还发起了"美国商会不能代表我(The U.S. Chamber Doesn't Speak for me)"行动,认为美国商会被能源公司操纵,表达其支持气候变化的立场。

二、美国非政府组织参与气候治理的主要途径

美国的非政府组织独立性和自主性较强,其参与气候变化的合法性途径也较多,往往有许多正式批准的渠道进行参与,比如游说国会、参与公共听证、建议和评论等,其开展活动的途径与采用的方法基本上是属于自下而上的方式,一般它们参与气候治理的途径有以下几种。

(一)基础性途径

1. 开展气候变化宣传与倡导

这是非政府组织参与气候治理的最基本也是最主要的形式之一,观察美国本土非政府组织的行为方式可以发现,基本上所有的非政府组织都进行了最基础的宣传倡导活动。希望推动社会全体民众参与到气候治理中来。一些非政府组织通过出版刊物、书籍,环保宣传网络等途径获取公众认可,然后运用大众媒体扩大影响。诸如皮尤中心和气候现实项目,都有针对气候变化的公众教育项目,目的在于提升美国公众对气候变化的危机感和认知,提升公众对于电力企业排放污染气体、碳排放等危害的认知,提高民众对使用新能源的认知。

2. 影响企业提升能源效率,使用清洁能源和清洁技术

能源效率与美国气候政策挂钩,影响美国温室气体排放。从 20 世纪 70 年代开始,非政府组织将互动策略转变为直接鼓励企业提高能源效率来减少碳排放。环境非政府组织与行业协会建立紧密联系,影响行业协会对提升能源效率的重视。作为咨询组织,使用协作或内幕战略,如研究报告、知识建设来制定性质更自愿、行业可以接受的政策。清洁能源的使用是目前对于减缓气候变化情况最为有效的途径之一。另外在《京都议定书》后各国都加大了对清洁能源的研究与开发,尽管美国退出协定,但这并不会影响清洁能源的前景。非政府组织向企业提供清洁能源的技术建议,鼓励工厂选择对环境最负责的方式来减少化石燃料的使用。

科学界联盟类的环境组织在 20 世纪 90 年代中期协助开发了加利福尼亚可再生能源投资组合标准(RPS)的政策框架。绿色和平组织、保护选民联盟、NRDC、公众公民和塞拉俱乐部等环保组织在许多其他州采用 RPS 政策方面都发挥了重要作用。环保组织还为采用和实施能源效率资源标准(EERS)做出了贡献。例如,在华盛顿州,塞拉俱乐部、关注科学家联盟、NRDC 和国家野生动物联盟等非政府组织已与公民、卫生、劳工和信仰团体联合起来,以支持"937 号"倡议,该法案要求大型公用事业使用可再生能源并采取节能措施;在明尼苏达州,包括环保基金(EDF)、环境法律和政策中心、NRDC 和塞拉俱乐部在内的环保组织游说实施《新能源法案》[①]。

---

① Rachael Shwom, Analena Bruce. U. S. non-governmental organizations' cross-sectoral entrepreneurial strategies in energy efficiency[J]. Regional Environmental Change,2018(18):1309-1321.

3. 监督和发起抗议活动,反对企业高碳排放

一些激进的非政府组织往往发起环境运动,迫使电力公司减少空气污染和温室气体排放,迫使政府关闭化石燃料工厂以减少绝对的环境污染和排放。经常使用社会运动策略,如抗议、静坐、游行、抵制、游说等手段来对抗污染企业,倡导政府颁布限制污染者排放的政策。2002年,环保组织组织了请愿活动,要求芝加哥市政厅举行全民公决,以颁布法令迫使中西电力公司(Midwest Generation)到2006年将污染减少90%或关掉部分公司。2010年芝加哥清洁能源组织(Chicago Clean Power)要求该公司的二氧化碳排放符合《清洁电力条例》,并最终通过支持地方选举获得地方政治家的支持,赢得了对法案的支持,迫使中西电力公司最终关闭了菲斯克电厂[①]。

部分非政府组织的基础性参与方式见表7-1。

表 7-1 部分非政府组织的基础性参与方式

组织	创立年份	参与内容	目标
塞拉俱乐部(创建最早)	1892	①进行舆论引导 ②创办"塞拉"双月刊 ③创办"塞拉之声"广播节目	实现对地球生态系统负责任的使用,运用一切合法手段取得目标
热带森林行动网络	1979	①植树造林 ②选择性砍伐,基于树木的大小限制砍伐,以确保树木的生长周期 ③通过适当性的有控制的燃烧刺激树种萌芽	保护热带森林,维护绿家园
气候现实项目 (气候保护联盟和气候项目合并)	2005	①通过基层游说进行气候变化的宣传活动 ②鼓励开发新能源,"重新启动美国活动"鼓励使用清洁能源 ③24小时现实活动	气候变化教育和气候变化拒绝运动

(二)强制性途径

1. 推进气候变化相关立法工作

环境非政府组织通过影响国会、影响竞选候选人、与核心领导人保持密切关系、游行抗议、舆论压力、加入能源合作组织并向公用事业委员会提交意见等各种方式影响各类气候立法或政策制定。在美国,政府相关气候治理政策的出台需要相关非政府组织的科学判断与专业性分析,一般会及时与非政府组织保持联系,非政府组织也时常以"利益集团"的方式对联邦政府进行游说,诸如塞拉俱乐部、美国环保协会、自然资源保护委员会等,并将推动各级政府在气候治理立法等方面作为组织的常规性工作。塞拉俱乐部在国会中有较大的影响力,能够影响环境法的制定和拨款,参与公共听证、建议和评论过程。塞拉俱乐部认为,为达成环境治理的目的,可以使用一切合法手段。

---

① Rachael Shwom, Analena Bruce. U. S. non-governmental organizations' cross-sectoral entrepreneurial strategies in energy efficiency[J]. Regional Environmental Change,2018(18):1309-1321.

加州 2006 年通过的《全球气候变暖解决法案》,在美国设置了第一个州级温室气体减排目标,要求加州 2020 年温室气体排放量降低到 1990 年的水平。而这一法案的最终通过,得益于美国环保基金、美国自然资源保护协会等的直接起草工作①,2002 年,协会帮助加州通过国家第一部减少导致全球变暖的汽车排放物法律;鼓励纽约市市长柏德基签署法案,要求世界贸易中心的柴油设备利用燃煤新技术,重新改造以减少污染②。草根型非政府组织"1 Sky"在美国各州共 425 个国会选区动员了 4200 名选区气候志愿领导者,动员选民给各自选区的国会议员打电话、写信、表达诉求③,以影响国会通过支持气候变化的法案。

2. 发起气候保护环境诉讼

美国是世界上最早建立起环境诉讼制度的国家之一,它赋予非政府组织作为"检察官或个人"提起诉讼的权利,因而成为美国非政府组织的强大武器,这也是美国非政府组织成为美国气候治理中不可或缺的力量的原因之一。非政府组织发起多起有关气候变化的诉讼。强制性途径作为美国非政府组织典型活动方式,在环保诉讼和立法途径充分展现出来,美国的法律诉讼制度历来受美国人民赞扬,通过公益诉讼,非政府组织与政府组织被放在了同等地位进行较量,且司法部门不受其他部门控制管辖,使其可以站在国家利益的角度,使得各类环境诉讼和纠纷得到公正处理。

1970 年以来,环保组织就与电力公司和电力运营商进行对抗。在 1975 年,自然保护委员会起诉邦纳维尔电力管理局,因为电力公司没有考虑建造化石燃料发电厂的替代方案。NRDC 和其他环境 NGO 也于 1977 年发布了替代方案。区域环境组织环境法基金会针对道米尼能源公司(Dominion Energy)下的电厂屡次违反《清洁空气法》提出了联邦诉讼。由于环保组织的长期抗议,2014 年,马萨诸塞州法院要求道米尼能源公司关闭部分电厂。

第四节　美国非政府组织参与气候治理的作用与不足

一、美国非政府组织参与气候治理的作用

面对美国政府历史上对气候大会及气候协定的消极态度,面对美国特朗普政府宣布退出《巴黎协定》的窘境,非政府组织恰恰可以在气候治理方面发挥出代表美国社会层面声音的一股积极力量,代表具有公共精神、具有气候正义价值情怀的组织特点,不同于美国联邦政府的自私、狭隘和意识形态对抗。2017 年 11 月联合国气候大会在德国波恩举行,在这次大会上却出现了两个"美国代表团",美国联邦政府出席了会议却没有设馆,而会场外,"美国行动中心"却支起了白色帐篷组成了美国馆。非政府组织替代政府角色倡导环境正义,在某些角度而言,在美国政府选择退出《巴黎协定》开始,美国政府就不再站在道德那一方了。寻找美国的道德责任,倡导环境正义是当今美国环保组织应该发挥的作用,也是作为环保组织该有的态度。

① 蓝煜昕,杨丽,曾少军. 美国 NGO 参与气候变化的策略及行为模式探析[J]. 中国人口·资源与环境,2011,21(S2):286-290.
② 赵菁奇. 美国环保协会研究[D]. 合肥:中国科学技术大学,2009.
③ 杨丽,蓝煜昕,曾少军. 美国 NGO 参与气候变化的组织生态探析[J]. 中国人口·资源与环境,2012,22(S1):114-117.

通过之前分析可以看出,非政府组织在美国历史上对气候变化的治理发挥出不少积极作用。通过揭露和对抗电力企业的污染和排放,一方面提升公众对电力相关企业污染的认识,另一方面,通过对抗影响了地方政府对相关能源企业的政策规制和法律制裁,倒逼政府下令关闭部分高排放、高污染电力企业。在很大程度上担当政府智囊团的角色,推动了新能源相关法案、条例、标准在地方的出台。

在气候大会谈判期间,美国各类支持积极应对气候变化的非政府组织积极在国内游说国会、政府、甚至是最高领导人,督促、倡议其对气候治理的减排行动表现出应有的姿态。诸如美国气候变化行动网络就在气候大会谈判期间,积极在国内组织游行示威,以影响美国领导人在气候谈判中的态度。

非政府组织可以动员企业和公众参与气候治理。在联邦政府缺位的情况下,地方性和草根型的非政府组织还可以将企业与公众拧成一股绳。气候治理需要多主体共同参与,也是一项需要极高科学性、专业性合作才能完成的项目,它需要一支独立且完备的科学家团队,也需要企业和公众能够参与到气候治理的实践中,进行低碳技术革新,践行低碳生活方式,等等。比起联邦政府,非政府组织更具专业性和自下而上的动员能力,在气候治理问题上更具优势。

二、美国非政府组织参与气候治理的不足

美国气候治理的实践证明,联邦政府的消极避责与非政府组织的积极参与共存。虽然非政府组织在美国气候治理中发挥了一定作用,但仅仅是有限作用,并没有从根本上左右美国政府的气候决策。从根本上讲,非政府组织在气候变化议题上虽然做出了诸多努力,但发挥的作用大多是在地方层次,在全国层面的影响力极为有限。非政府组织虽然有广泛的动员基础,但仍然起不到在气候变化议题上的全国动员作用,所以,美国奥巴马政府的气候政策为什么可以轻易被废除,也跟美国公民对气候变化的认知和难以动员有关。

一些全国性非政府组织也易被精英甚至利益集团把持,从退出《巴黎协定》这件事来看,过度依赖政府“信誉”,一旦政府出尔反尔,环保组织很容易自食恶果。虽然美国国内有中立性较强的非政府组织,但是一些全国非政府组织与政府有着千丝万缕的联系,使其在资金等方面有可能获得与政府更密切的利益集团的支持。这也限制了一些非政府组织为真正的应对气候变化而做出努力。

非政府组织参与是气候治理的一个显著特征,在气候治理领域,非政府组织独立于政府之外,有其特殊的内在优势。它比主权国家政府更自由,比企业更公益,很多时候可以提供气候治理政策的新角度。在美国宣布退出《巴黎协定》的大环境下,非政府组织应该积极作为,督促美国领导人、联邦政府和地方各州做出积极应对气候变化的政策和法律。在其他方面,可以继续倡导“节能减排”的战略概念,而不是抱有发达国家的优势主义论,将节能减排作为生活水平降低的一种体现。在改变美国人高消费、高排放生活方式的活动方面,非政府组织可以继续努力。

第八章　中国气候治理中的非政府组织参与

　　气候治理是全球公共问题,也是所有国家和地区的共同责任,中国是最大的发展中国家,是气候治理的重要场地,其治理成效备受关注。中国一直以来作为发展中国家中的大国,积极参与气候治理,中国在1992年全国人民代表大会常务委员会批准了《联合国气候变化框架公约》,并后续编写了《气候变化国家评估报告》《中国应对气候变化行动方案》,积极推进"国家自主决定贡献"目标的碳减排行动,创新性地提出了清洁发展机制基金(CDM基金),将生态文明理念与绿色发展相结合,中国在寻求经济发展与绿色低碳方面已经走出了一条中国路径。但中国目前正处于经济快速发展阶段,减排与发展之间存在一定矛盾,另外,气候大会上国际发达国家及最不发达国家对中国不断提出减排要求,《巴黎协定》框架下中国提出了四大自主减排贡献目标,"到2030年中国单位GDP的二氧化碳排放,要比2005下降60%~65%。到2030年非化石能源在总的能源当中的比例,要提升到20%左右。到2030年左右,中国的二氧化碳排放要达到峰值,并且争取尽早达到峰值。增加森林蓄积量和增加碳汇,到2030年中国的森林蓄积量要比2005年增加45亿立方米"。要想实现这一目标,中国必须在调整能源结构、低碳发展各个方面继续保持积极的态度,与此同时,中国自身也面临环境治理、雾/霾治理、发展转型等压力。因此,双重目标压力下,中国必须充分调动社会力量尤其是非政府组织参与到气候治理中。

　　与西方国家相比,中国非政府组织产生和发展都较晚。20世纪90年代初期中国各类民间环保组织开始兴起,随着政策环境逐渐宽松,中国各类非政府组织逐步发展壮大。国外的国际环境非政府组织也纷纷在中国设立分支机构,进行专业报告写作、活动倡议、影响企业行为、引导公众等方面参与中国气候治理。国内不少本土环境非政府组织以环保宣传、学术交流、培养人才、献策建言等方式参与气候治理,对中国气候治理做出较大的贡献,也取得了一定的成绩。同时,不少本土非政府组织也走出国门参与全球气候大会和谈判,代表中国进行发声,让世界了解中国的立场、态度,中国的绿色发展转型和减排行动,为中国气候外交做出了贡献。在气候变化领域比较活跃的国际非政府组织有绿色和平、世界自然基金会、气候组织、美国环保协会,等等。本土非政府组织有自然之友、中国民间气候变化行动网络(CCAN)、中国青年应对气候变化行动网络(CYCAN)、全球环境研究所(GEI)、创绿中心、地球村、绿家园志愿者、公众与环境研究中心等。

第一节　国际非政府组织在中国气候治理中的参与

一、国际非政府组织在中国气候治理中的参与情况

　　国际非政府组织从20世纪80年代开始兴起,随着全球化进程的加速,他们的影响扩展到了全世界,几乎在每一个主权国家里都能看到他们的身影。中国也不例外,改革开放以后,国际非政府组织就陆续地进入中国大陆开展援助活动,而关于气候类的活动是随着全球气候治

理进程开展的新兴项目。那些拥有充沛的资金、先进的技术、更加合理的组织结构、科学的信息库和专业的人才队伍的国际非政府组织逐步成为中国在进行气候治理时不能忽视的一股力量。这里对 4 个国际非政府组织——绿色和平、世界自然基金会、气候组织、美国环保协会在中国对政府、企业、媒体和公众等方面的影响进行分析。

(一)绿色和平组织(Greenpeace)

绿色和平组织是目前国际上比较知名和大型的国际非政府组织,总部设在荷兰的阿姆斯特丹,其主要人员来自各个领域,有超过 1330 名的工作人员,分布在 30 个国家的 43 个分会,并拥有很多来自不同国家的志愿者团队。他们的目标是寻找方法,防止污染,保护生物多样性和大气环境,以及追求一个无核(核武器)的世界。1997 年,绿色和平组织进驻中国,在香港成立了分部,并在北京和广州设立了项目联络处。绿色和平组织在中国开展的环保项目有 4 个:防治污染、食品与农业、气候与能源、保护森林[①],绿色和平在中国重点关注煤炭产业对气候变化的影响并积极推动中国可再生能源发展。这里主要讨论绿色和平组织在中国开展的气候与能源项目,分别从政府、企业、媒体和公众四个方面入手。

1. 政府层面

(1)开展警示活动来推动环境政策。如 2009 年 8 月,绿色和平组织将取自长江、黄河和恒河三条大江源头的冰川融水制作成冰雕,于哥本哈根倒数 100 天时同时在北京和印度新德里展出,以警醒各国领导人立即采取行动,拯救气候,保护亚洲几十亿人赖以生存的水源。在空气污染方面,积极推动政府信息公开,以督促政府提升空气质量。(2)联合专家发布调查报告,推动中国摆脱对煤炭的依赖,并倡导在中国发展可再生能源革命。如发布了一系列的报告(表8-1),揭露煤炭在中国导致的环境损失、公众健康影响等问题,得到了决策者的认可。尤其是2010 年的粉煤灰调查,获得了温家宝总理办公室的重点批示,下令相关政府部门根据该调查结果展开调查,并促成了绿色和平和工信部及发改委官员的一系列对话,针对粉煤灰污染和循环利用等课题展开讨论。(3)为政府治理气候提供咨询服务。如绿色和平在 2006 年参与了中国《可再生能源法》的咨询过程,将国际上成功的政策经验介绍到中国。2008 年起,绿色和平开始系统地提出中国须尽快实施煤炭价格体系改革,使煤炭价格能够全面反映其社会与环境代价的政策建议,并公布了从 2009—2030 年的一份煤炭价格体系改革的路线图,具体的政策建议包括开征能源税、环境税等。在这之后,国家发改委表示煤炭价格改革是必然的方向。2015 年绿色和平提出了"能源革命"东部先行的倡议,认为东部应该率先进行能源革命,进而引领全国的能源革命。

表 8-1　绿色和平发布的能源方面的研究报告

年份	报告	内容/目标
2009 年	《中国发电集团气候影响排名》	指出中国十大发电集团严重依赖煤炭,仅华能、大唐和国电三大电力巨头在 2008 年的温室气体排放量,就已经超过了英国当年的总排放量

---

① 涂释文,贾燕. 企业信息公开与污染防治[EB/OL]. [2018-07-30]. http://www.csrglobal.cn/detail.jsp? fid=302005.

年份	报告	内容/目标
2011 年	《燃煤污染及人群健康影响》	解析燃煤导致的空气污染对公众健康的影响,评估了 PM$_{2.5}$ 对中国城市公众造成的健康影响
2012 年联合发布	《危险的呼吸 1——PM$_{2.5}$ 的健康危害和经济损失评估》	
2015 年联合发布	《危险的呼吸 2——大气 PM$_{2.5}$ 对中国城市公众健康效应研究》	
2012 年	《噬水之煤 1——煤电基地开发与水资源研究》	指出燃煤发电和煤化工业在内的煤炭工业西部扩张,耗水量惊人、"三废"污染严重,大量挤占农业和生态用水,加剧黄河等主要河流的缺水危机,严重威胁西北地区的水资源安全和国家生态安全
2014 年	《噬水之煤 2——神华鄂尔多斯煤制油项目超采地下水和违法排污调查报告》	
2010 年	《中国风能发展报告 2010》	发展清洁能源,致力于推动中国可再生能源的发展,为实现中国"清洁、低碳"的能源远景而努力
2012 年	《风光无限——2012 中国风电发展报告》	
2013 年	《谁是绿色能源竞赛领跑者——中国典型省份可再生能源开发现状分析与排名》	
2015 年	《江苏有可能:高比例可再生能源并网路线图》	

资料来源:根据绿色和平中国官网整理。

2. 企业层面

(1)与企业展开互助。如绿色和平组织在中国开展了绿色和平"爱书人爱森林"项目,与北京弘文馆出版策划有限公司和北京先知先行图书发行有限公司签署"绿色出版承诺书",督促他们使用森林友好型纸张印刷书籍,并承诺三年内对适宜的出版物全部用再生纸印制。截至2009 年,绿色和平已成功推动 10 种共计 34 万册的书籍用 100% 再生纸印刷,共计减少了 750吨的二氧化碳排放量[①]。(2)与高排放企业论战。2011 年环境保护部与质检总局联合发布了新的《火电厂大气污染物排放标准》,并计划于 2012 年 1 月 1 日起实施。在针对新《标准》的大论战中,绿色和平坚决地站在公众健康这一边,支持环保部的提案,批评发电集团逃避减排负担,并努力确保最终出台的指标不下降、其要求称得上"史上最严"。(3)企业环境表现的评估。2013 年 12 月 1 号开始,江苏、浙江、上海等地发生了严重的雾/霾,上海市 PM$_{2.5}$ 浓度达到 602微克/立方米,第一次指数爆表。绿色和平运用 NOAA(美国国家海洋和大气管理局)的 HY-SPLIT 气象模型,根据 12 月 1—6 日的卫星和地面气象资料,分析发现上海的雾/霾是由移动缓慢而且高度很低的气团沿途携带了江苏、安徽、山东等地煤电厂和其他工业污染源排放的污染物到达上海造成的,并给出沿途高污染企业的分布图,揭示这些企业对大气环境的危害。2006—2012 年绿色和平持续发布 ICT 企业环境表现排行,2017 年绿色和平发布《绿色电子产品——ICT 企业环境表现排行榜 2017》(The Guide to Greener Electronics),对全球 17 个知名 ICT 企业环境表现进行评分,认为中国手机品牌企业环境责任总体表现,在"能源表现""去毒表现"及品牌和供应链环境信息透明度等方面都需要提升。

---

① 食品商务网. 再生纸:绿色出版时代款步降临[EB/OL].[2019-09-18]. http://www.21food.cn/html/news/35/505273.htm.

3. 媒体层面

（1）举办媒体沙龙。2012年绿色和平组织与"中外对话"共同组织了关于能源总量与煤炭控制的媒体沙龙，就煤炭的粉煤灰污染问题展开讨论，为媒体讨论设定了一个良好的话语氛围，充分利用媒体强大的信息传播力量，呼吁中国各界关注粉煤灰的污染问题。（2）与媒体建立良好关系，通过媒体对中国的公众进行气候知识宣传和教育。如在香港经媒体推出《空气污染真相指数》，引起公众重视并加深他们对相关事宜的了解，通过公众成功迫使香港特区政府承诺根据世界卫生组织指引修订香港过时的《空气质素指标》。

4. 公众层面

（1）引领中国公众参与减排活动。绿色和平组织于2009年9月22日在香港首办"无车日"，成功迫使特首曾荫权及特区官员一同响应，当天以步行或乘坐公共交通上班，减少温室气体排放。"无车日"共得到57机构、98个屋苑、15所学校的支持，近两万人响应。（2）开发空气污染检测道具。绿色和平组织推出了一个苹果手机版的"空气污染真相指数"App，让市民可以随时随地通过移动电话检测空气质量，方便市民了解空气污染的严重性，保障市民健康的同时，也推进市民督促政府改善空气质量的步伐。（3）提升公众环境意识。2009年绿色和平组织针对个人生活的减排行为提出具体且创新的减排建议，推出香港第一份民间应对气候变化的方案，吸引超过3万名香港市民登记成为绿色和平"气候英雄"。（4）对公众宣传气候保护。绿色和平组织出版了很多与气候有关的刊物，如《雾/霾真相》《谁是绿色能源竞赛领跑者》和《京津冀地区燃煤电厂造成的健康损失评估研究》等。

总的来说，绿色和平组织在中国气候治理中的参与范围是最广的，用的是自下而上的参与方式，主要通过带动公众舆论来向企业和政府施压，督促政府制定应对气候变化的机制，监督企业参与减排行动。同时，发表各项气候类报告和出版气候刊物，为政府、企业、公众应对气候变化提供专业信息和有建设性的方案。

（二）世界自然基金会（WWF）

世界自然基金会于1961年成立，发展到今天，它已经是全球最享有盛誉、最大的国际非政府组织之一，在全世界拥有大约500万志愿者和一个在100多个国家活跃着的网络。世界自然基金会还是第一个被中国政府邀请来华开展保护工作的国际非政府组织，自从1996年在北京成立了办事处，世界自然基金会先后在中国资助开展了100多个项目，总投资超过3亿元人民币。世界自然基金会中国能源与气候变化项目成立于1996年，其愿景是让中国成为能够不再因为二氧化碳的过量排放而破坏全球气候系统的世界大国，其使命是向中国的政府部门、私人企业和广大公民提供能够减少二氧化碳总排放且在最低程度上影响GDP增长的有益建议。

1. 政府层面

（1）联合政府开展项目。例如，2010年4月27日，世界自然基金会和保定市人民政府签署了2010—2012年"低碳城市发展项目合作框架协议"，双方围绕"保定市低碳城市发展规划"全方位推动保定的低碳建设。在接下来的三年里，双方重点围绕新能源产业发展、传统产业改造、建筑节能、交通节能、政府管理和政策导向等主要领域开展了工作。（2）为政府建设低碳城市建言献策。2011年6月23日，世界自然基金会联合上海多家研究机构共同发布了"2050上海低碳发展路线图"全文报告。根据对上海人口、经济和能源情景的分析，模拟出了基于三种转型模式下的上海未来发展的基本情景和碳排放变化模式，并与惯性发展模式下的碳排放情景进行对比,为上海选择低碳发展道路提供了建设性的参考。(3)对中国政府颁布的政策提出建议。2013年9月,国务院正式向各部委机关及各地方政府印发了《大气污染防治行动计划》,直接针对近两年中国大范围的空气灰霾污染,并在6月中旬国务院常务会议部署的基础上,细化了十大领域共35项细则措施,世界自然基金会就该《大气污染防治行动计划》提出了建议,坚信可再生能源是大气污染问题的根本解决方案。(4)发布城市气候适应报告,推动中国韧性城市建设。2017年WWF发布《气候变化与中国韧性城市发展对策研究》报告,评估国内外代表性城市应对气候变化的能力,探讨如何加强中国韧性城市的规划政策,并提供技术支持,为落实《城市适应气候变化行动方案》提供参考。

2. 企业层面

(1)为企业提供信息服务。2009年7月21日,世界自然基金会在北京发布了国内首部企业低碳发展的案例集,该案例集具体介绍了建筑、家电、金融、高耗能、信息与通信、可再生能源六个主要行业,共12家中国企业开展节能减排和低碳发展的推动因素、行动内容、收益状况和整个产业的前景展望,希望能够让更多的企业从中获得启发和鼓舞,进而开展自身的低碳行动,实现环境与企业效益增长的双赢。(2)面向企业开设辅导课程。2010年12月28日,"企业低碳领导力"能力建设高级研修班在云南玉溪开课,来自世界自然基金会、国家发改委能源研究所、国家节能中心等国内外低碳领域的专家学者,与云南及周边地区政府相关部门领导及企业代表近百人参加,通过课程讲授、互动讨论、课后专家辅导和国内外企业交流等环节,提升参与企业制定低碳发展战略以及实施战略的能力,增强企业在全球气候变化大背景下的竞争力和生存能力,进而促进云南区域的低碳经济的规划和发展。(3)推动企业低碳创新技术研发。世界自然基金会在中国发起"气候创行者"项目,旨在选拔和推荐具有变革潜力的气候创新技术。(4)发布企业碳强度报告,督促企业承担低碳环境责任。2013年WWF发布"在华非化石能源企业碳强度排行榜",公布社会责任排行50强,并进行单位营业额碳排放强度的计算和排名,旨在督促企业公开碳排放数据,增强企业投身于节能减排和气候变化工作中的动力。

3. 公众层面

(1)世界自然基金会走进校园。2009年12月5日,世界自然基金会发起的"20行动——我为哥本哈根减碳排放活动"走进了全国的高校校园,全国16个城市百余所高校的十余万大学生共同开展了一周的低碳行动,在校园里节水、节电,共同承诺减少130吨的二氧化碳排放,用实际行动声援即将拉开帷幕的哥本哈根气候变化峰会[①]。(2)向公众提倡低碳生活。2010年9月26日,由世界自然基金会发起,汇丰与气候伙伴同行项目支持的"减碳壹加壹"活动启动,以北京、上海、南京为中心城市,辐射到保定、重庆和西安等国家低碳城市试点地区,开展公众参与活动,倡导低碳生活[②]。(3)在民间开设教育基地。2011年6月24日,国内首个低碳教育综合活动基地——上海科学节能展示馆在上海启动,该展示馆由上海市经济和信息化委员会、市节能监察中心等有关部门和世界自然基金会共同筹建,通过青少年群体的参与来协助公众改变生活方式,从源头上低碳化发展。

---

①　冼敏. 6000多名大学生联合开展环保行动[N]. 南宁日报,1998-12-27(2).

②　新华网. 世界自然基金会在华发起"减碳壹加壹"活动[EB/OL]. [2018-12-10]. http://news. qq. com/a/20101210/001301. htm.

4. 与其他非政府组织开展合作

2016 年世界自然基金会与"气候现实项目"（CRP）开展合作，在气候变化教育、气候领导力和传播等方向开展合作；为帮助中国实现更为积极的 2020 减排目标及后 2020 减排承诺共同努力。2017 年，世界自然基金会与清华—布鲁金斯公共政策研究中心共同举办了"全球气候治理新格局下的机遇与挑战"对话活动，共同讨论巴黎协定生效后全球气候治理的新趋势、未来的机遇与挑战以及中国在全球气候治理新趋势中的角色。非政府组织的民间合作、对话交流活动可以增强民间组织的合作，自下而上地推动政府、企业、公众对气候变化的领导力和参与能力。

总的来说，世界自然基金会对中国低碳城市的建设出力甚多，是第一个在中国提出建设低碳城市的组织，他们认为企业是其中的关键，比较侧重与企业开展合作项目，发布了很多相关研究来帮助中国的政府和企业寻找绿色能源，推动能源改革，并协助中国企业进行低碳创新技术研发，实现减排目标。而在公众领域，"地球一小时"活动已经称得上是他们的招牌活动。

（三）气候组织（The Climate Group）

气候组织于 2004 年由时任英国首相的托尼·布莱尔先生和来自北美、欧洲和澳大利亚的 20 位商业精英和政府领袖共同发起成立。到今天已发展成为在全球最享有盛誉的专注于气候变化解决方案的非政府、非营利性机构之一，目前有 90 余名员工分布在英国、美国、中国、澳大利亚、印度、加拿大和比利时的多个办公室。气候组织在中国的工作始于 2007 年，建有北京和香港两个办公室。气候组织（中国）的成立是全球应对气候变化行动的历史必然，也是气候组织赋予自身的使命，即推动中国低碳经济的发展进程。发展至今，气候组织的活动和项目已涵盖气候变化和低碳经济的各个领域。

1. 政府层面

（1）跟踪并解构国际气候变化政策的趋势。自 2007 年 8 月开始，气候组织和中国科学院科技政策与管理科学研究所创办了《气候变化展望》，这是一份针对政府机构、主要智囊以及其他相关部门的季度性研究报告，旨在提供真实可靠的信息和知识，追踪国际上气候变化相关研究和实践的最新进展，并深入浅出地识别其对于中国的影响和启示，同时还为增进气候变化各利益相关方的相互理解、减少彼此间的误解做出贡献，并为应对气候变化、加强能力建设、探索低碳道路提供解决方案和决策参考。（2）引领低碳政策热点探索。2013 年 11 月 11 日，中国气候融资论坛暨中国气候融资研究项目在北京启动，该项目汇集国家发改委国家应对气候变化战略研究和国际合作中心、中国清洁发展机制基金及其管理中心和气候组织三方的智力资源、资金资源、行业资源优势，在进一步深入研究气候投融资机制的基础上，通过与国际、国内相关领域的专家、专业机构、行业领袖、地方政府等合作，探索和设计符合中国国情关键的气候融资机制，探讨现有国内和国际投融资的机遇识别与平台建设的可行性。（3）倡导全球分享最佳实践。2008 年与 2009 年，由英国前首相托尼·布莱尔先生领导、气候组织的专家团队共同完成了"打破气候僵局——低碳未来的全球协议"第一、二部报告，分别在 2008 年和 2009 年的 G8＋5 峰会上呈递给各国领导人。报告中文版于 2008 年 6 月呈递国务院总理温家宝。《中国的清洁革命》系列报告中的 2009 年报告于 2009 年 8 月 20 日由布莱尔先生亲自呈递至国务院副总理李克强[①]。

2. 企业层面

(1)搭建对话平台。2013 年 10 月 18 日,气候组织在京举行建筑垃圾资源化利用与绿色建筑和绿色建材及建筑节材研讨会,会议汇集建筑垃圾资源化利用领域权威专家和企业代表,从绿色建筑、绿色建材、建筑节材三个模块的政策制定、市场导向、技术标准等角度,共同研讨正确有效鼓励建筑废弃物资源化利用产品在绿色建筑系统规模化使用的解决方案,推动建材及建筑领域的绿色发展。(2)促进企业与政府多方合作。气候组织在中国开展"中国再设计"项目,为期三年,项目集政界、科研、商界领袖的智慧,致力于打造引领城市低碳发展的高端合作平台,以促进城市低碳发展规划的实施,发掘城市与核心产业减排增益的巨大潜力。(3)推动低碳技术的市场化应用。2013 年 7 月 30 日,气候组织与北京鉴衡认证中心签署战略合作协议。双方的战略合作将凝聚各自优势,以清洁技术创新为基础,撬动国际和国内资源,搭建政策、技术、资本和市场的一体化平台,推动中国清洁技术的创新化、产业化、市场化发展。

3. 公众层面

(1)引导公众参与。《微碳行动》是一个针对培育大众低碳生活意识、建立低碳文化小区的活动,由气候组织举办、香港国际机场环保基金赞助,旨在鼓励市民借着参与不同类型的互动项目,加强对全球气候变化这个社会议题的认知,并了解个人日常生活对环境所造成的影响,继而身体力行,积极改变生活习惯,投入低碳生活。(2)鼓励低碳消费。2010 年 4 月 9 日,曲美家具集团正式携手气候组织,达成目标一致的战略合作伙伴关系,并正式发布集团低碳战略,领跑中国家居行业低碳经济。同时声称他们有责任和义务在向消费者提供优质产品与完备服务的同时,增进民众对环保意识的深刻理解,并对低碳消费做出正确的引导。(3)传播低碳生活理念。气候组织与香港特区政府属下环境保护运动委员会合作,于 2010 年 7—12 月出版《低碳生活@香港》丛书,以推动社会各界缓减气候变化。丛书共分四册,阅读对象包括环保新生代、住家人、商界及上班族,于各大书店发售,收益扣除必要开支全数拨入由环境保护运动委员会管理的环境及自然保育基金,做进一步推动香港环保项目之用。

总的来说,气候组织在中国的活动主要集中在低碳领域,致力于促进中国在气候治理上与国际的接轨、搭建企业与政府的交流合作平台以及向公众传播低碳生活理念,对中国低碳经济的发展做出了巨大贡献。

(四)美国环保协会(Environmental Defense)

美国环保协会是著名的美国非政府非营利性环保组织,自 1967 年成立以来,已经拥有超过 40 万名的会员。与其他环保组织相比,美国环保协会的专业性更强,拥有超过 250 位的环境科学家、经济学家和律师为其工作,并且不断地向国际化方向发展,与越来越多的政府、公司、社区合作,寻找改善环境同时也能发展经济的共赢之策。美国环保协会的中国项目于 1997 年成立,通过与政府、研究机构和社会各界合作来开展项目,探索既有利于环境保护又能促进经济发展的新方法。

---

① 凤凰网. 气候组织简介[EB/OL]. [2018-11-29]. http://news.ifeng.com/world/special/kankun/content-4/detail_2010_11/29/3268216_0.shtml.

1. 政府层面

(1)二氧化硫排污权交易项目。在 1999 年中美签署"在中国利用市场机制减少二氧化硫排放的可行性研究"的合作意向书之后,美国环保协会与中国国家环境保护总局签署协议,在中国开展总量控制与排污权交易的研究与试点工作[①]。将本溪和南通确定为首批试点城市,并开展了后续的点状分布实验项目以及实现了点源治理向区域治理的转变。(2)中国农林业温室气体减排交易新疆项目。该项目由中国农业科学院环发所和美国环保协会共同合作,以新疆为试点,通过改变中国传统的农耕方式来减少在种植农作物时产生的温室气体,主要方法有:实行免耕、采用滴灌技术、利用沼气发电和红柳种植。(3)中国环境监察执法效能研究。2005 年 3 月,国家环保总局和美国环保协会启动了"中国环境监察执法效能研究"项目,其研究重点是企业环境经济行为分析;环境监察机构基本情况[②]。(4)中国环境执政能力研究。2002 年,在中国环境与发展国际合作委员会提出"环境、发展与执政能力"的主题之后,美国环保协会和德国技术合作公司协助国合会组建了"提高环境执政能力研究"课题组,主要内容是安排政府机构的制度和公共部门对环境管理的参与[①]。

2. 企业层面

2005 年,美国环保协会与清华大学公共管理学院在中国开展了中国环境治理能力拓展项目,这是一项全国性的非营利培训项目,面向公共管理部门、工商企业界、非政府组织及公众个人。旨在更新参加者的知识,提高他们认识、解决环保问题的能力,培养出新型的环境管理人才。从 2007 年起,美国环保协会与中国电力企业联合会合作发布《中国电力减排研究》,对中国电力减排、大气污染与温室气体协同控制等提出相应的政策建议,并为中国电力企业减排提供参考。

3. 公众层面

美国环保协会和中国国际民间组织合作开展"关注呼吸环境,创造健康生活"项目,主要的子项目有:(1)绿色出行。美国环保协会于 2006—2008 年在北京开展绿色出行活动,运用电视、网络等媒体向公众普及环保知识,引领环保机动车和燃料的技术开发,减少温室气体及污染物的排放,提高市民对公共交通出行方式的认同率和选择率。(2)交通污染信息在线。在项目网站上设立北京网络地图系统,建立固定联络站向公众提供交通污染的相关信息,增加大众对交通污染有害健康的认知,提高交通污染信息的透明度,推动公众选择有利于环保的绿色出行。(3)植树防沙。美国环保协会在河北省丰宁县倡议公众植树,体会植树后生活质量的改善,并聘请环保专家做环境治理长远意义的专题报告,提高公众环境意识。

与此同时,美国环保协会与中国政府、智库合作,推动相关政策落实,为中国碳市场推进进行相关交流和研究,并结合国际经验提出发展建议。总的来说,在中国致力于工业、农业、生活温室气体的减排,特别侧重于与政府开展合作项目,为中国提供了很多比较专业的知识、技术与治理方案,为推动中国的减排进程贡献良多。

二、国际非政府组织参与中国气候治理面临的困难及不足

自改革开放以来,国际非政府组织在中国政治、经济等各个领域都开展了气候治理项目,

① 曹甜. 论排污权基础理论重构及其路径[D]. 济南:山东大学,2010:20-21.
② 黄冀军. 县级环境执法状况令人担忧[N]. 中国环境报,2007-9-21.

不断推动中国的气候治理进程,但由于中国国情、有关气候治理的体制机制发展现状和国际非政府组织自身结构性问题的限制,国际非政府组织在中国气候治理领域发挥的作用仍然有限。

(一)国际非政府组织参与中国气候治理面临的困难

1. 法律合法性资源困境

目前我国出台了5部管理社会组织的法规,包括:1988年的《基金会管理办法》、1989年的《民办非企业单位登记管理暂行条例》、1998年的《社会团体登记管理条例》和《国外商会管理暂行规定》、2004年由国务院颁布的新《基金会管理条例》,此外还有一些法令、法规和通告等[①]。但是这些法规中只有《国外商会管理暂行规定》和新颁布的《基金会管理条例》涉及国际非政府组织的管理,依据这两部法规,现在只有涉外基金会能在民政部门登记注册,所以在我国活动的绝大多数国际非政府组织仍处在无法登记注册的"灰色地带",据中国社会组织网显示,目前正式在中国登记注册的境外基金会(含中国香港和台湾地区)仅二十几家,像在上文中提到的4个致力于中国气候治理的国际非政府组织,只有世界自然基金会在民政部门有登记,其他三个都是在中国设立办事机构。无法通过民政局注册的气候类国际NGO为了继续生存,只能在工商部门登记为企业,从事公益服务,却还要按章纳税;或者根本不注册法人,这实际上也是绝大多数国际NGO的选择。如此混乱的国际非政府组织登记注册体制既不利于政府管理,又有碍气候类国际非政府组织开展活动,而且高级别立法和统一立法的缺失,还会造成法规间冲突或出现真空地带,导致气候类国际非政府组织的合法利益无法维护。

2. 政治合法性资源困境

气候类国际非政府组织的政治合法性资源困境即公信力危机,由于某些打着"公益援助"的名义进入中国的国际非政府组织其实带有一定政治倾向性,是来搜集我国资料、制造舆论干涉中国内政的,使得中国政府不得不采取谨慎的态度,许多政府部门都不愿意作为进驻中国的国际社会组织的业务主管部门,一是无利可图,二是可能带来风险,影响到自身。出于多一事不如少一事的考虑,他们往往将上门申请的气候类国际NGO拒之门外。导致大部分气候类国际NGO想取得正式资质困难重重,这在削弱少数国际非政府组织负面影响的同时也限制了真正致力于气候治理的国际非政府组织。很多政府部门、企业和公众都只是在一些媒体报道中听过他们的名字,对于他们从事的具体工作和组织运作机制并不了解,这些情况都致使国际NGO公信力薄弱,不利于国内气候治理活动的开展。

3. 企业和公众的认可障碍

作为外来者,气候类国际非政府组织本身的西方价值观念和东方的价值观念是不同的,尤其是企业对国际非政府组织的认可度、沟通度都存在障碍,二者间的交汇会有很多不可避免的冲突。而中国的民众尤其是落后地区的公民对国际非政府组织的认知、认可度也不够高,这也需要国际非政府组织花费较长的时间去与企业和公众进行更好的文化沟通、理念沟通。

(二)国际非政府组织自身建设存在的不足

1. 结构性困难

国际性非政府组织的首要要素就是非政府性,独立于主权国家体系之外是他们在国际上、

---

①　苏涛. 中国农村非营利组织发展研究[D]. 南京:河海大学,2007:29.

各主权国家中发挥作用的前提。然而,大多数国际非政府组织都分布在发达国家,且他们的主要资金来源就是发达国家政府,其对西方政府存在一定的依赖性。气候类国际非政府组织也不例外,绿色和平组织、世界自然基金会、气候组织和美国环保协会都是起源于英、美等发达国家,其主要组织人员和资金都来自西方国家,组织行为或多或少都会受西方政治、文化的影响。国际非政府组织的这一特性使得他们与西方政府间的界限变得模糊,为一些别有用心的政府提供了组建掩护性"国际非政府组织"的环境。这种在独立性上存在的巨大结构性困难,会阻碍他们与各主权国家的合作①。

2. 人力资源匮乏

首先,气候类国际非政府组织本身的工作人员不具备中国本土知识,他们不了解中国的国情、气候治理机制、相关的文化和价值观,甚至语言不通,原有的外来人才难以适应在中国大范围、多领域活动的需要。其次,国际非政府组织在中国注册登记难,在法律方面没有明确的地位,除了知名的国际非政府组织外,很多组织公信力薄弱,在政府、企业和公众中的认可度不高,志愿者人数较国外明显偏少。再次,中国本土的气候类非政府组织兴起较晚,中国国内有着过硬气候治理知识且了解中国国情的人才很少,让气候类国际非政府组织培养相关人才的工作很难开展。

3. 运作资金的匮乏

首先,因中国颁布的新《基金会管理条例》规定"境外基金会代表机构不得在中国境内组织募捐、接受捐赠","黑户"的气候类国际非政府组织无法在国内直接筹集资金。如绿色和平为保持其独立性,从不接受任何政府、企业或政治团体的资助,只接受市民和独立基金会的直接捐款。在香港,他们有20名筹款部门的同事,不怕日晒雨淋在街头筹款,他们80%以上的资金都是来自于热心的香港市民的捐款,只有不到20%的援助来自绿色和平总部。在还没有到内地开展工作之前,他们在香港募集的资金可以满足项目开支,但扩展到内地后,无法在中国大陆募捐,财政就出现了缺口,至今仍然是机构发展的最大瓶颈。其次,近几年来,随着中国经济的发展,西方政府和政府间国际组织不断调整战略,逐渐撤销对中国的援助,而这些援助的资金恰恰是很多气候类国际非政府组织在中国开展活动的主要资金来源,这一系列变动将在华的气候类国际非政府组织推到了一个资金尴尬的位置上。再次,很多中小气候类国际非政府组织资金来源复杂,海外机构、个人捐款、企业赞助和西方国家政府等都是他们筹集资金的对象,但由于他们有着不同的经济力量、利益诉求和不断变化的动机,难以保证其资金援助的稳定性,对组织来说,是一定的资金隐患。

三、提升国际非政府组织在我国气候治理中有效参与的方法

(一)加强政府与国际非政府组织的沟通与协调

政府在面对气候类国际非政府组织时,应转变思想与态度,引入非传统的安全观,设立专门的交流机构来负责规划和建设双方的沟通机制,开通与气候类国际非政府组织经常性对话的渠道,帮助政府更深入地了解他们在中国开展活动的目的、行动和需求,这样既可以防止掩护性"国际非政府组织"混进中国以及将气候类国际非政府组织的行动限制在可控制范围内,

---

① 杨玉香. 国际非政府组织的法律问题研究[D]. 南昌:南昌大学,2012:21-23.

又有利于与真正从事气候治理活动的国际 NGOs 建立起长期的合作关系,引进国外资金资助中国气候治理活动的开展,引进先进的节能技术帮助中国企业实现减排,最重要的是,这些气候类国际非政府组织可以为我国政府提供先进、专业的气候治理信息和方案,帮助中国政府做好气候治理工作。同时,这对没有渠道开展工作的气候类国际非政府组织来说,也是有益之事,交流机构是一个双向传递信息的载体,它可以向国际非政府组织提供信息咨询服务,帮助国际非政府组织了解中国的国情、空气状况、气候治理机制等,让他们能更快地适应和融入中国的气候治理大环境中来,找到帮助中国实现有效气候治理的方法。

另一方面,气候类国际非政府组织也要遵守中国的法律、法规,尽量寻找正规渠道进入中国,例如,使组织的中国分部本土化,以本土社会组织身份申请注册。一个合法的身份能让国际非政府组织得到中国政府的承认,方便他们在中国开展活动,实现他们保护大气、治理环境的目的。同时,规范自身行动,提高透明度也有助于加强他们同中国政府的沟通、协调,可以提高自身在中国的公信力。但最重要的是要积极主动地寻求与东道国的合作,因为就目前中国相关法律缺失的现状来说,气候类国际非政府组织与政府合作开展项目,可以让他们绕开没有合法身份的尴尬,减小项目开展过程中的阻力,提高组织曝光率,提升自身公信力。这是作为一个外来者融入中国大环境的主要途径。

(二)完善中国对国际非政府组织的监管制度

从目前气候类国际非政府组织在中国的现状可以知道,中国政府的当务之急是改善监管国际非政府组织的机制体制,主要应从法律、行政和公众监管三个方面着手。

首先,要改变长期以来国际非政府组织在中国活动无法可依或有法难依的局面。健全国际非政府组织在华的登记制度,给国际非政府组织一个明确的法律定义和法律地位,方便政府监督和管理。然后分层级制定针对国际非政府组织在华活动的法律法规,规范他们享有的法律权力、应尽的法律义务以及相应的惩罚措施。这既可以规范他们的行为,又可以为他们提供一个有法可依的良好活动环境。

其次,也要将国际非政府组织纳入行政管理范畴。可以设立一个专门的政府机构对气候类国际非政府组织进行指导和管理,并将其纳入审计制度,监督他们的资金筹集过程与运作状况①。最后还要设立一个反馈机制,专门向政府管理部门反馈这些气候类国际非政府组织的需要、意见和建议。

最后,鼓励大众监督。公众监督是分布范围最广的一个监管网络,只要有人的地方就有监督者,再加上如今互联网的高速发展,公众拥有随时随地上传监督资料的途径。政府应该建立一个监督信息接收网站,充分调动起公众的积极性,呼吁他们对气候类国际非政府组织的行为进行监督,这同时也可以加深公众对气候治理的了解,是对保护大气和自然环境的一种宣传。

(三)加强媒体对国内国际非政府组织活动的关注和报道

从总体上看,一方面,除了知名的国际非政府组织之外,中国媒体对在华的大部分气候类国际非政府组织的关注、报道强度不够,使得他们在中国民间的认知度和认可度都不高,

---

① 道客巴巴网．社会组织发展中的政府政策研究［EB/OL］．［2019-02-27］．http://www.doc88.com/p-8866142162688.html

很难调动更多的公众参与到气候类国际非政府组织开展的低碳、减排行动中来,致使活动效率低下。加强媒体对气候类国际非政府组织的关注度,有利于提高他们的透明度,增加其公信力,促进公众对他们的认知和接受,为气候类国际非政府组织营造一个更好的民间活动环境。

另一方面,中国媒体要保证自我立场的中立性以及关注和报道的公平性、真实性。因为目前的媒体报道就存在"偏好",绿色和平组织强势而卓著的媒体工作是广为人知的,他们在组织成员招募上就倾向于媒体工作者,较西方媒体强调立场中立不同,中国媒体记者经常深入参与,被称为"中国媒体的 NGO 化",不同于绿色和平组织在国外主流媒体受到的边缘化境遇,从他们进入中国开始,就被一些媒体冠上了环保权威组织和环保先锋的称号。如果在网络上搜索环保组织,有一半以上的搜索结果是关于绿色和平组织的,而且 80% 以上的报道对绿色和平组织的观点、行为持赞同态度,如此偏爱和过度宣传会使媒体失去监督立场,会使中国政府更加排斥和限制国际非政府组织的在华活动,同时也变相压缩了其他在华气候类国际非政府组织的生存空间。

(四)推动我国本土的气候类非政府组织发展

目前中国的本土气候类非政府组织才刚开始发展,数量少、规模小、资金匮乏、专业性不强,且对国际气候类非政府组织有很强的资金、技术依赖性,在和他们的交流中没有对等的地位,很难胜任在政府和公众之间、政府和气候类国际非政府组织之间承上启下的工作。政府应该创造条件,出台优惠政策鼓励中国本土气候类非政府组织发展,吸收它们参加气候决策,尊重它们的自主权,为之提供必要的资金、技术、信息和工作指导,推动他们的全球化进程,实现本土气候类非政府组织与国际非政府组织的平等合作,更好地与国际接轨。这样才能满足随着社会、经济的不断发展而日益增强的公民民主意识,实现公众的更广泛参与,为各方表达不同的利益诉求提供交流平台。同时,相对于政府而言,气候类非政府组织与基层民众、社区的联系更紧密,更便于对一些敏感问题或热点问题进行探索,继而完善政府的气候治理政策体系,并由政府在更大的范围内进行推广。

另一方面,发展本土气候类非政府组织的过程同样是培养气候治理人才的过程,所谓术业有专攻正是这个道理,只有发展扩大致力于气候治理的机构,才能源源不断地培养出气候治理的人才。只有既了解中国国情,又具备专业知识的人才才能更好地引导中国本土非政府组织和国际非政府组织有效合作,参与到中国的气候治理中去。

第二节　国内本土非政府组织在气候治理中的参与

一、国内环保非政府组织的类型

中华环保联合会根据环保非政府组织的发起人、活动的主要组织形式、组织活动的特点等要素将国内环保非政府组织大体划分成四个种类,如图 8-1 所示。这四个种类分别是:①政府部门发起设立的环保非政府组织,比如中华环保基金会;②民间环保志愿者自发设立的环保非政府组织,这类组织数量比较多,比如我们常见的自然之友、公众环境研究中心;③高校中学生自发设立的社团,比如清华大学的绿色协会等;④国际非政府组织在我国设立的非政府组织分部,比如绿色和平等。

图 8-1　本土环保非政府组织的主要类型及典型代表

此外,还有很多学者认为,非政府组织的设立无非是自上而下和自下而上两种。自上而下很明显是非政府组织的设立中政府起了主导的作用,这些非政府组织通常会挂靠在政府部门下面管理,比如中国环境科学学会等;而自下而上设立的非政府组织通常是由民间自发成立的,这个民间可能来自于社会公众,也可能是热心环保的企业家,也可能是高校中的学生,这些部门通常以社会团体形式在工商部门进行登记备案,比如自然之友、地球村等。

国内环保非政府组织经过多年的发展,规模和实力不断扩大。

二、本土非政府组织参与气候治理的现状

非政府组织作为连接政府和社会公众的润滑剂,在我国的气候治理中发挥了无可替代的作用。在我国国内活动的非政府组织主要有本土非政府组织[①]和国际非政府组织在国内设立的分部(表 8-2),但是这两类非政府组织参与气候治理的能力以及在气候治理中发挥的影响力区别非常大。国际的非政府组织由于参与气候治理的时间比较长,往往在专业技术领域具有较高的优势,而且经常会在国际会议或者高端谈判中看到他们的身影,这些都是国内本土非政府组织所不能比拟的,国内本土非政府组织在影响政府决策和企业行为方面与国际非政府组织有较大差距。

表 8-2　中国气候变化领域代表性非政府组织

在华国际(境外)NGO	本土 NGO
世界自然基金会	自然之友
美国环保协会	地球村
能源基金会	绿家园志愿者
绿色和平	全球环境研究所
气候组织	中国青年应对气候变化行动网络
保护国际	绿十字
美国大自然保护协会	中国民间气候变化行动网络

资料来源:根据资料自主整合。

本土非政府组织参与气候治理的现状主要表现为以下几个方面。

(1)我国的本土非政府组织发展比较晚,在专业技术水平方面经验不足,也缺乏独立运行

---

① 这里讨论的本土非政府组织主要是指环保 NGO。

的能力,所以其开展气候治理活动往往偏重于对社会公众的环保宣传和意识培养方面。从规模上看,本土非政府组织真正介入气候治理的并不多,开展的时间也不长,所以有重大意义的气候治理活动并不多。从媒体报道出来的频率来看,目前本土非政府组织具有一定影响力的只有20多家。而且在中国,长期以来以政府为主导的气候治理模式导致第三方非政府组织参与气候治理的程度尚浅。碍于体制限制,较为活跃的一些本土非政府组织以"官方"背景为主,而草根非政府组织由于普遍存在参与的途径或渠道不畅、机制不健全、内部治理结构不完善、资金短缺等问题使得影响力较小。但是,中国非政府组织发展潜力巨大,截至2018年底,在我国民政部门登记注册的环保非政府组织约为9881家,它们中已有很多开始关注和研究气候变化和低碳议题。

(2)我国本土非政府组织关注的主要领域是气候变化、环境保护,如绿色江河、自然之友、地球村、绿家园、阿拉善SEE基金会,少数的一些非政府组织也关注扶贫问题。这些非政府组织参与气候治理实践的主要目的就是传播低碳意识,提高大家对环保的关注度,从而从民众入手,形成全社会关注减排、适应的全民环保格局。但是我国本土非政府组织在参与气候治理方面表现出明显的地区差异。比如,我国非政府组织大多集中在北上广等经济发达地区,如自然之友、地球村等,中西部地区活跃的非政府组织比较少,这也是由于减排低碳意识在发达地区比较明显,而经济欠发达地区的减排意识还不够。除此之外,中国非政府组织参与减排问题普遍存在动员能力不强、筹款能力较差、国际影响力薄弱的问题,这些问题在草根非政府组织中表现更为显著。

(3)我国气候变化领域的本土非政府组织开展活动以服务、合作和对抗三种模式为主。我国气候变化领域的本土非政府组织开展活动有提供环保教育服务,诸如深入社区和校园进行碳减排活动,推动民众践行低碳生活;也有大量配合政府开展的活动,比如中国进行气候谈判时CCAN等发起的"中国公民社会立场"等文本,其实都是在强调中国的谈判立场,督促发达国家更多承担减排责任。但是,随着环保非政府组织在中国可以进行公益诉讼,不少非政府组织开始就有关能源发展等方面的问题进行公益诉讼。典型的是2018年自然之友状告国网宁夏电力公司一案,状告该企业没有按照《可再生能源法》的规定,对其电网覆盖范围内的风电和光伏发电进行全额收购,导致未被收购的风电和光伏发电量被燃煤发电所替代,导致增加的污染排放严重损害了社会公共利益。最后,国家电网公司做出承诺,到2020年基本解决新能源消纳问题,弃风弃光率控制在5%以内。

三、本土非政府组织在气候治理中的实践及作用

(一)本土非政府组织的气候治理实践

虽然我国本土非政府组织起步晚、参与气候治理的时间短、开展的项目也不多,但是随着我国本土非政府组织参与的国际事务日益增多,它们中已有很多开始关注气候变化和低碳议题,典型的有自然之友、青年应对气候变化行动网络、中国民间气候变化行动网络、阿拉善SEE基金会等。NGO的实践是对中国应对气候变化政府行动的有益补充。这里以四个本土非政府组织为研究对象,从气候减缓与气候适应两方面进行分析,分析其参与气候治理的典型实践(表8-3)。

表 8-3　本土 NGO 参与气候治理的典型案例

NGO 主体	项目名称	参与形式	参与模式	项目目的
自然之友	低碳家庭实验室	公众参与 媒体介入	服务模式	通过家庭、社区层面的节能减排实践，形成"低碳家庭"的能效标准，探索通往低碳宜居城市的路径和公民应对气候变化的方案
青年应对气候变化行动网络	COP15 中国青年代表团	参与国际气候谈判与国际交流	服务模式	将中国青年对于气候治理的理念传达到国际会议中去，在一定程度上影响国际气候谈判，并促进了与国际的交流
中国民间气候变化行动网络	C＋气候公民超越行动	公众参与 媒体介入	服务模式	发动公众的力量，鼓励各行业行动起来，在各自的领域采取积极行动，实现超越预期的气候治理目标
阿拉善 SEE 基金会	蚂蚁森林	政府、企业、民众共同参与	合作模式	与政府、企业、牧民合作，在阿拉善关键生态区域恢复荒漠植被，打造政府、企业、NGO、公众共同参与的社会化保护平台

1. 自然之友"低碳家庭实验室"

自然之友是我国第一个正式的非政府组织，它成立于 1994 年 3 月。截至目前，自然之友已拥有超过 2 万人的会员。自然之友的宗旨是通过向社会公众宣传环保意识，推动以家庭为单位养成低碳环保的生活习惯，并针对违反环保的行为通过法律渠道进行维权，最终实现人与自然的和谐相处，使全民参与到环境治理的团队中去。截至目前，自然之友在全国拥有 22 个会员团队，并且构建了多个跨机构平台。自然之友连续发布《中国环境发展报告》，关注中国的气候变化与能源问题。

"低碳家庭实验室项目"是自然之友于 2011 年发起的，这个项目是通过引入环保专家对大众家庭进行"一对一"的家庭节能培训，以家庭的低碳实践来推动全社会的低碳生活。从 2011 年开始，已经有上万个家庭加入该项目中，并且得到了专家的指导，这些家庭通过培训自主完成了节水、节电等方面的节能改造，最终每个家庭不同程度地实现了 30％～55％的减排目标。自然之友通过以家庭为单位，通过专家培训、家庭自主的方式，创造一个节能家庭，然后以节能家庭为标准和范本，在整个社会乃至整个社会公众进行复制推广，最少实现一个低碳城市的目标，自下而上地寻求公众应对气候问题的科学方案和通往低碳宜居城市的道路。

总体上看，自然之友"低碳家庭实验室项目"通过服务模式，引导社会公众减少温室气体的排放，践行低碳生活，从气候减缓的角度有效地推动了气候治理进程。

2. 青年应对气候变化行动网络"COP15 中国青年代表团"

青年应对气候变化行动网络（简称 CYCAN），是中国成立的第一个以号召青年参与气候治理的、关注气候变化的非营利组织，成立于 2017 年 8 月。CYCAN 的宗旨是通过低碳倡议、实践活动、行业研究以及国际交流等 4 个方面加强对青年的引导，为热心气候环保的青年人提供一个平台，号召大家共同参与到气候治理中去。截至目前，累计有 500 多所高校参与到了 CYCAN 发起的活动中去，影响力巨大。

COP 是联合国气候变化大会的简称，每年召开一次，每次召开都会吸引到世界各国的政府首脑及国际上知名的非政府组织参与。"COP15 中国青年代表团"项目是由 CYCAN 于 2009 年 12 月发起的一个项目,该项目的目的是将 43 名来自于全国各自不同高校具有不同背景的年轻人,带到世界气候大会的会议现场,让这些年轻人亲身感受气候治理的国际协作。"COP15 中国青年代表团"第一次让中国青年站到了国际气候谈判的舞台上,也打破了中国民间团体在气候谈判缺位的空白。通过将中国青年对于气候治理的理念传达到国际会议中去,在一定程度上影响着国际气候谈判,并促进了我国在气候治理方面与国际的交流。

3. 中国民间气候变化行动网络"C+气候公民超越行动"

中国民间气候变化行动网络(CCAN)成立于 2007 年,它是一个由 20 多个气候保护领域的环境非政府组织组成的网络联合体,包括中国国际民间组织合作促进会(CANGO)、厦门思明区绿拾字环保服务社(XMGCA)、环友科学技术研究中心、自然之友、地球村、山水自然保护中心、绿色江河、中国青年应对气候变化行动网络、绿家园等。CCAN 成立的目标是加强非政府组织的业务能力的培养、协调非政府组织参与国际气候会议并发表观点、增强非政府组织在气候治理行动中的一致性等。CCAN 还有 12 个观察员组织,包括乐施会、绿色和平、WWF、美国环保协会、伯尔基金会、气候组织、大自然保护协会、亚洲基金会、美国自然资源保护委员会、清华大学 CDM 研发中心、亚洲城市清洁空气行动中心(CAI-Asia)等。

"C+气候公民超越行动"是由 CCAN 提出来的,"C+气候公民超越行动"可以从超越国家目标、超越气候变化、超越中国国界三个层面进行理解。第一个层面超越国家目标,C 代表政府针对气候变化设定的一些量化指标,比如减排、节能等;而 C+则要求社会公众应该在实践中实现比政府规定的量化指标更严格的指标。第二个层面超越气候变化,C 指气候变化。一般认为气候变化主要指当前关注比较多的减排、适应等,而 C+则将视野扩大到如何通过在应对气候变化时,寻求一条低碳环保的可持续发展的转型经济模式。第三层含义超越中国国界,C 指中国。作为世界大国的中国,在气候变化的国际舞台上应该发挥更大的话语权,但是只有中国站出来倡议气候治理、环境保护是不够的,C+就要求世界各个主权国家应该树立大局意识、通盘考虑、精心考量、周密策划,确定不同国家的减排目标,让世界各国共同投入到全球气候治理中去。C+也在鼓励各行各业从家庭、学校、乡村、企业、个人各个层面都参与到气候变化的行动中,培养"气候公民",帮助中国实现碳减排的目标。

总体上看,中国民间气候变化行动网络"C+气候公民超越行动"项目结合了减排、节能、适应等概念,通过一系列规划与目标,适应了气候问题的发展,从气候减缓与气候适应两方面推进了气候问题的治理进程。"C+气候公民超越行动"也在德班气候大会上进行了案例展示。

4. 阿拉善 SEE 基金会"蚂蚁森林"

阿拉善 SEE 生态协会成立于 2004 年 6 月,是中国第一家由热衷环保的企业家组成的、以生态保护为目的的环保组织。阿拉善 SEE 生态协会于 2008 年发起成立了阿拉善 SEE 基金会,该基金会成立的宗旨就是向中国优秀的非政府组织提供资金支持,打造一个涵盖非政府组织、民众、政府以及宣传媒体等主体的环保平台,共同推动环保事业,最终达到人和自然和谐相处。

阿拉善 SEE 基金会于 2014 年发起了"一亿棵梭梭"项目,该项目将政府和牧民纳入进来,在阿拉善的荒漠地区种植 200 万亩的梭梭林荒漠植被。2016 年,蚂蚁金服介入进来,与阿拉善 SEE 基金会共同发起了"蚂蚁森林"项目。该项目在支付宝中植入,用户可以根据日常的能量积累在网上种植梭梭,相关机构按照平台上的信息在阿拉善地区进行真树种植。截至目前,阿拉善地区的荒漠植被已种植了将近 150 万亩。

阿拉善 SEE 基金会的"蚂蚁森林"项目定位在于减排市场,它通过游戏化的设计,让个人在轻松的心情下玩游戏的时候就参与到节能减排的气候治理中去,让每一个人都可以在日常生活中很容易地参与公益,在参与公益的过程中绿色理念可以在每一个公众内心里生根发芽。

总体上看,阿拉善 SEE 基金会以与企业合作的模式,通过实际项目和行动中的长期适应措施,提倡植树造林、节能减排、增加碳汇,在气候减缓与气候适应两方面做出了不容忽视的贡献。

(二)本土非政府组织在气候治理中发挥的作用

1. 参与国际气候谈判和国际交流

中国非政府组织想要了解和关注气候变化问题一定要参加国际气候谈判。但是,直到 2007 年在巴厘岛召开的气候大会上,我国的本土非政府组织第一次以代表团的形式参与了气候大会,并第一次向国际社会发表了中国对气候治理的观点和态度;2009 年,联合国气候大会在哥本哈根召开,有超过 20 家非政府组织派代表参与国际气候谈判,参与度大大增强。从我国本土非政府组织参加国际气候会议的历程来看,我国本土非政府组织在国际社会上主要是向国外非政府组织学习先进经验,然后向国内传达国际关于气候治理的最新观点为主,从整体来看在国际上的影响力是不够的,但他们作为中国民间组织代表,有助于表达中国立场。也有些国内本土的非政府组织通过和国际非政府组织进行沟通,将自己对气候治理的独特实践及观点以外文刊物的形式向国际社会呈现出来,最大限度地减轻国际社会对中国应对气候治理的偏见,客观上为中国的气候治理争取了良好的国际环境。

2. 推动气候政策的制定和完善

在政策倡导方面,非政府组织主要是通过向社会公众倡议气候治理的好处,并通过媒体渠道将声音扩大,增强影响力。比如,绿色和平曾经借助媒体发布了一篇名为《煤炭的真正成本》的报告,成功地引起了政府对煤电价格进行改革的思考。另外,政府也可以从非政府组织发起的环保行动中发现具有参考价值的经验和思路,并在一定程度上加以采纳。比如,由北京六家非政府组织发起,由全国五十余家非政府组织响应的"26 摄氏度空调节能行动"刚开始只是对社会公众进行环保节能的宣传,随着影响力扩大逐渐被政府部门借鉴,并推广到了公共建筑中去,发起这个活动的非政府组织中就有自然之友和中国民间气候变化行动网络的身影。2011 年气候变化立法工作展开,在中国民间气候变化行动网络的协调下有 30 多家 NGO 提交了建议稿,并在之后与发改委负责立法相关工作的官员进行会面交流,在现场向他们解释了各个方面的建议,而这个立法建议稿的很多条目最终也被政府委托进行气候立法研究的相关机构吸收进入了正式建议稿中[①]。在非政府组织的努力下,"史上最严格"的《环境保护法》于 2015 年 1 月正式施行,而且我国"十三五规划"第一次把"绿色发展"提高到国家的五大发展理念之一。与政策倡导相比,气候变化领域的非政府组织通常是协助配合政府部门工作,在给政府部门带

---

① 费晓静. 一个前气候谈判围观者的独白:为什么中国本土 NGO 要参加气候变化谈判[EB/OL]. [2019-8-20]. http://blog. sina. cn/s/blog_6a0eaf470100ztzr. html 2011.

来新的发展思路的同时,也帮助政府完成了气候治理的阶段性目标。

3. 增强公众教育和公众参与度

在公众教育与公众参与方面,我国本土非政府组织具有十分丰富的经验。非政府组织进行社会实践的目的首先是强化公众对减排的认识,将我国脆弱地区的生态环境以及洪涝灾害等极端气候,直接展示给社会公众,让社会公众认识到自己的行为会影响到自身。在理念传输上,非政府组织提倡低碳生活、绿色出行和节能环保。例如,中国民间气候变化行动网络(CCAN)在2006年发起的"绿色出行"项目,鼓励社会公众绿色出行。这个项目在北京奥运会期间带来的CO_2的减排量第一次在北京的环境交易所进行公开交易,属于中国首次,具有标志性的含义。这些公众参加气候治理实践的特点就是非常重视和媒体的合作,而且实现协调合作的非政府组织,往往具有更大的影响范围。例如,2016年上半年常州外国语学校的"毒地"事件,事件发生后迅速被媒体曝光引起了社会公众强烈的反响,事后常州市政府更改了毒地的用地性质,并积极采取措施进行修复;为解决水环境污染问题,实现绿水青山,绿家园志愿者、绿色流域等十三家非政府组织在杭州共同发布了"中国江河绿色行动"倡议报告,致力于提高社会公众对水环境污染问题的重视。

4. 促进企业参与气候共同治理

通常情况下,我国本土非政府组织和企业很少发生联系,如果发生了联系一般都是向企业寻求资金和技术支持。但是在减排领域,国外的非政府组织通常认为企业是其气候治理活动的一个重要伙伴,我国本土非政府组织总体在与企业合作方面仍有待加强。然而,例外的是,阿拉善SEE基金会是我国本土非政府组织中与企业进行良好合作的典型案例。首先阿拉善SEE基金会是由阿拉善SEE生态协会成立的,而阿拉善SEE生态协会的性质就是以企业家为主要会员,以保护生态为目标的民间组织。因此,阿拉善SEE基金会就成为了政府、企业家、非政府组织、公众共同参与的社会化保护平台。实际上,作为国民经济的重要组成部分,企业需要或者说也应该在气候治理活动中发挥应有作用,这个作用不仅仅是提供资金支持,还要身体力行地参与到气候治理活动的实践中去,只有构建政府、企业、公众、媒体等共同参与的气候治理机制,才能更好地推动减排等气候治理活动。

四、本土非政府组织参与气候治理存在的问题

从上述作用分析可以看出非政府组织在世界舞台上发挥着越来越大的功效。但是,在主权国家政府为主导的气候治理背景下,非政府组织仍然有很长的路要走。我国本土非政府组织与国外的非政府组织相比,在资源、组织以及影响力方面存在着较大差距。在气候治理参与中,公众认可度、人才、资金以及政府支持等方面仍存在着较多问题。

(一)本土非政府组织参与气候治理的公众合力不够

1. 公众参与气候治理的意识淡薄

近年来,越来越多的人开始关注气候变化,但更多的目光还是集中在环境污染问题,而对"减排""低碳""适应"等气候治理理念的认同意识还不太强,主要原因还是因为普通民众认为环境问题离他们很近,而其他问题离他们很远,因此,民众对气候治理的意识是比较淡薄的。环保意识实际上就是人们对环保问题的态度,这个态度主要包括两点内容。首先就是民众对环保问题的认知程度。这个认知程度包括是否认为环保问题与自己的生活息息相关,如果不进行

气候治理是否会影响到自己的生活;其次就是民众是否能自觉地参与到气候治理中去。实际上,气候治理的议题在国际社会上谈论的非常多,减排与适应问题也一直是国际社会关注的热点。但是,由于气候治理问题对民众的影响不是立即显现的,所以民众对气候治理并没有提高到一定的重视程度。

2. 公众对本土非政府组织的认可度不高

本土非政府组织在我国还是一个新生事物,许多人对本土非政府组织还不太了解,既不了解本土非政府组织的身份性质,也不太了解本土非政府组织开展的工作内容,这是当前我国本土非政府组织面临的主要问题。除此之外,政府部门对本土非政府组织的认可度也不是很高。很多政府部门认为环保问题是国家政府的职能,本土非政府组织参与气候治理是别有用心,或者认为本土非政府组织参与气候治理是在添乱,因此,政府部门对本土非政府组织缺乏应有的支持,这也在一定程度上损害了公众自发组成本土非政府组织的热情;此外,许多企业担心本土非政府组织如果发展壮大起来,在一定程度上会影响到企业的发展,于是也会从许多方面限制本土非政府组织的发展。因此,民众、政府及企业对本土非政府组织缺乏正确的认识,对其从事的气候治理活动缺乏理解与支持,甚至进行干扰,这都在很大程度上限制了本土非政府组织的进一步发展。

(二)本土非政府组织缺乏气候治理经费和技术保障

1. 气候治理活动经费不足

资金不足是许多本土非政府组织遇到的问题。众所周知,我国的本土非政府组织是由热衷环保的民众自发成立的非营利性机构,因此这类机构大多数是没有固定的收入来源,许多本土非政府组织的员工是没有工资的,甚至有些本土非政府组织还缺少固定的办公场所。另外,从政府角度,政府只对那些自上而下成立的本土非政府组织给予资金支持,而很少对社会上大多数的民间自发成立的非政府组织进行资金支持。从实践中来看,本土非政府组织的主要资金来源是企业的捐赠,但是这远远不够,所以民间非政府组织的资金筹集是十分困难的。缺少稳定的经费来源,导致本土非政府组织在气候治理中很难发挥作用。另外,一些本土非政府组织为了经费问题逐渐开始青睐那种经费比较充裕的项目,从而失去了组织成立的初衷。

2. 气候治理专业人才匮乏

限制本土非政府组织进一步发展的另一个要素就是缺少气候治理的专业人才保障。本土非政府组织进行的气候治理活动涉及环境科学、法律、新闻媒体等多领域的知识,这就必然要求本土非政府组织的员工只有具备了全方位全领域的业务知识才能更好地开展工作,但是这样的复合型人才很难在短时间内培养出来,而且由于福利待遇问题,社会上很多满足本土非政府组织需求的人才也不愿意到本土非政府组织中工作,所以本土非政府组织中的员工大多数都是兼职,背后仍然有稳定的工作支撑起收入来源。此外,我国高校也不太重视对本土非政府组织人才的培养。从目前来看,全国范围内只有清华大学、中国人民大学等少数几家高校专门开设了针对本土非政府组织人才的专业,因此,本土非政府组织从大学中接收毕业生也是比较困难的。

(三)本土非政府组织缺乏有力的政府政策环境支持

1. 关于非政府组织的政策法规不健全

首先,我国环保方面的法律法规一直有需要完善的地方。截至目前,我国仍然没有专门的法律对本土非政府组织的合法身份予以确认,也没有赋予本土非政府组织进行气候治理的特定权利。而非政府组织在发达国家的地位是非常高的,权利也得到了充分的保障。例如,在美国,非政府组织可以通过参与听证会对政府的政策提出意见来影响政府决策,一旦政府的决策出现违反环保方面的重大问题,非政府组织有权通过法律的渠道对政府提出诉讼。当前,环保类的法律在我国很多地区的执行并没有达到效果,一个很重要的原因就是政府没有给予非政府组织参与气候治理的合法身份。在我国,本土非政府组织只能作为一个社会团队,通过支持公民的诉讼来使用法律的武器,而不能作为一个单独的身份发起诉讼,这在很大程度上限制了本土非政府组织对政府的监督制约。

2. 政府对本土非政府组织的支持力度不够

我国本土非政府组织在参与气候治理、实施气候治理监督方面起着越来越重要的作用,本土非政府组织越来越被人们视为政府职能的有效补充,逐渐被社会公众、政府部门认同。对于我国当前的气候治理实践来看,本土非政府组织并没有发展到足够让政府部门给予重视的地步,以政府为主导的传统气候治理模式并没有改变,而本土非政府组织在国际上的影响力也是非常有限的,缺乏足够的国际话语权。在自身发展方面,也经常缺乏足够的活动经费及政治环境支持,种种原因造成了本土非政府组织发展滞后,从而导致了政府对非政府组织在实际活动中缺乏充分信任。另外,本土非政府组织和政府处于不同的位置,他们在处理气候治理问题的时候出发点往往是不同的,本土非政府组织往往是从气候治理的问题上去考虑,而政府可能会考虑到经济发展的宏观问题,从宏观角度上去考虑,因此,本土非政府组织需要加强同政府的沟通,只有建立良好的沟通途径和渠道,才能更好地化解双方的分歧、矛盾,从而达成气候治理共识,更好地推动气候治理活动。

五、提升本土非政府组织参与气候治理的对策

针对我国本土非政府组织在参与气候治理中存在的公众合力不够、经费及技术人才不足、政府支持力度不够三个方面问题,从加大宣传力度、培养专业队伍、加强资金管理以及注重政府引导培训四个维度提出提升本土非政府组织参与气候治理的对策建议。

(一)加大宣传力度,提升民众对本土非政府组织的认可度

非政府组织在参与气候治理的过程中,如果想提升民众对本土非政府组织的认可度,一定要注重活动宣传,而活动宣传必须要加强同媒体的合作。为了实现预计的宣传目的,本土非政府组织可以借助自己的官方网站进行直接的宣传,也可以借助利用第三方媒体如电视、报纸、互联网等媒体平台。通过宣传,不仅可以提高本土非政府组织的知名度,还能让社会大众更好地了解气候治理,并且能够参与到气候治理中去,这对增强民众对本土非政府组织的认可也是大有裨益的。在以后的气候治理活动中,本土非政府组织一定要注意同新闻媒体的联合,根据不同媒体渠道的差异,选择最适合的媒体宣传渠道,从而提升宣传效果。此外,在本土非政府组织加强自身宣传的同时,政府也不能坐视不管。政府可以利用自己的官方权威性,通过一定的措施对本土非政府组织的宣传提供支持,放大本土非政府组织的宣传功效,从而使本土非政府组织的宣传效果更为理想。因此,本土非政府组织要想更好地参与气候治理活动,必须加强对本土非政府组织自身及其从事的气候治理活动的宣传力度,使民众加强对本土非政府组织及其从事的气候治理活动的了解。

(二)培养专业队伍,提高本土非政府组织的气候治理水平

非政府组织为了在参与气候治理的过程中获得预期的效果,就需要专业的技术人才作为保障。我国的本土非政府组织在发展过程中形成了各式各样的用人制度,但是不管从什么渠道进行人才的培养和引进,如何对人才引进后进行一个有效的管理,是本土非政府组织面临的一个主要难题。众所周知,本土非政府组织的非营利性质,决定了其不可能通过物质等条件来吸引专业人才,本土非政府组织吸引人才只能通过其他制度和政策来入手,以此来帮助本土非政府组织实现气候治理实践的目的。实际上,我国和国外的非政府组织差距比较明显的一个主要原因就是我国的本土非政府组织缺乏专业的人才队伍。针对专业人才队伍的建设,政府应充分发挥其作用,为加入本土非政府组织从事气候治理的人才提供一些吸引人的福利待遇和政策保障,解决这些人的后顾之忧;此外,人才吸引过来以后,一定要注意对人才的持续培养,让吸收进来的人才更好地适应本土非政府组织的气候治理活动。最后,还应该在本土非政府组织的稳定员工里面挖掘出精英,让这些精英成为本土非政府组织的管理者,进而实现整个团队工作效率的提高。

(三)加强资金管理,增强本土非政府组织气候治理独立性

首先,本土非政府组织应该制定科学的规划,通过承接政府的一些外包服务来提高自己的经营性收入,这个是提高自身造血能力的措施。其次,本土非政府组织可以在开展项目的过程中寻求金融机构和企业的帮助,向金融机构的帮助主要是向金融机构寻求贷款,向企业寻求的帮助主要是让企业提供经济援助和技术支持。除此之外,本土非政府组织还应该积极地向政府申请气候治理项目的支持,并寻求社会公众的募捐。实际上,如果本土非政府组织在实践活动中处理好了与政府、社会公众、企业的关系,在得到政府、社会公众、企业的认可以后,应通过外部援助加内部造血,多管齐下解决自己的活动资金问题。在这个阶段,政府应号召企业在技术和资金上对本土非政府组织提供大力支持,对于影响力较大的企业,发展到一定阶段后是需要承担一定社会责任的,因此他们有责任也有义务向本土非政府组织提供技术和资金的支持。获得资金后,本土非政府组织应该加强对资金的管理,让有限的经费发挥最大的功效,这时候也通常要求本土非政府组织具有一定的资金管理能力。因此,本土非政府组织只有在充足的经费保障下,才能更好地开展气候治理,确保气候治理活动的独立性。

(四)注重引导培育,加大政府对本土非政府组织支持力度

众所周知,非政府组织参与气候治理实际上是承担了原本属于政府部门的职能,因此,非政府组织参与的气候治理活动更多的时候是作为政府的助理或者合作者的身份来向社会提供公共物品。因此,在国际层面的气候治理中,我们需要关注国与国之间的博弈;但是在国内层面上,我们应该重视对本土非政府组织的支持,通过支持本土非政府组织的发展来更好地参与气候治理。这个时候,政府应该最大程度发挥对本土非政府组织的引导、培育作用;其次,政府应通过加强立法从法律上明确本土非政府组织参与气候治理的身份合法性;再次,政府应该引导公众提高对本土非政府组织的认可度,鼓励企业和民众对本土非政府组织进行捐赠,多措并举,支持本土非政府组织健康快速发展。同时,本土非政府组织还应该在参与气候治理的活动中处理好与政府部门的关系,明确自身的角色定位。本土非政府组织进行的气候治理实践不是应对气候危机的主要措施,气候治理从根本上还是需要政府的参与,因此,本土非政府组织在参与气候治理时,一定要服从大局,不能自行其是,肆意妄为。

　　总之,在全球气候变暖的背景下,气候治理逐步从一个单纯的环境问题上升到一个涉及政治、经济、社会、能源的复杂性问题,非政府组织恰恰可以利用自身优势在中国发挥越来越大的作用。本章选取一些代表性非政府组织进行分析,除了这些组织之外,不少非政府组织也很活跃,例如,创绿中心发布《气候公正——达成 2015 全球气候协议的关键》,旨在从民间环保组织的角度,寻找共同的元素来建构一个各方都能接受的气候公正框架;公众环境研究中心每年发布绿色供应链公司信息透明指数(CITI 指数),对国内外知名消费品牌绿色供应链进行评价;零废弃联盟于 2017 年发布《零废弃之路中国实践》案例集,对中国 10 个城市的城乡垃圾分类进行案例搜集和分析①。当前,我国本土非政府组织与国外的非政府组织相比,在资源、组织以及影响力方面存在着较大差距,需要在实践中进一步去完善,本土非政府组织只有不断壮大其自身实力,才能成为政府在进行气候治理中的一个重要补充力量,才能得到政府和社会公众的认可。不管如何,作为一种"第三部门"的发展力量,非政府组织在中国气候治理领域中将起到越来越重要的作用,这是历史的趋势,也是历史的必然。

---

① 自然之友.中国环境发展报告(2016—2017)[M].北京:社会科学文献出版社,2017:261-272.

第九章　全球气候治理下中国非政府
组织"走出去"展望

第一节　中国非政府组织"走出去"的必要性

一、中国非政府组织与气候谈判

在全球气候大会谈判中,各类非政府组织因为其政治立场不同,代表不同的国家或地区为其发声,非政府组织可以成为国家气候治理形象的传播者和塑造者。在气候大会的谈判中,努力影响国际舆论,影响他国政府官员的态度,影响气候协定的内容,动员社会公众向本国政府施压。在某种程度上,非政府组织开展的活动可以看作是类似于政府影响力的"气候外交"。

中国非政府组织不仅在中国关注本土的气候与能源问题,积极推动国内气候减排与适应的各种活动,参与气候变化立法,开展各种交流、展览、培训等活动影响政府决策、企业行为和公众低碳意识。同时,中国非政府组织还积极参与国际气候谈判,代表中国的立场倡议更加公平的国际协议,通过组织"中国角边会"来传递中国国内的气候减排现状,让国际社会更多了解中国的发展转型和实际行动。国际气候大会成为非政府组织发挥作用的重要舞台,也是中国向国际社会传递声音的重要主体。

中国非政府组织自巴厘岛气候大会之后,每年都参与国际气候大会及其他相关国际活动。

在哥本哈根气候大会上,代表中国的声音,呼吁"人均排放"和"共同但有区别的责任"原则;在不同立场的中外非政府组织和政府之间实现沟通功能;代表弱势群体,实现气候谈判与公民的连接。

最早参与到气候大会中的非政府组织,从搜集到的零散记录来看,有 1999 年清华大学全球气候变化研究所参加了 COP5 波恩气候大会[1]。之后也有 2002 年约翰内斯堡可持续发展首脑会议上,中国民间非政府组织第一次以代表团的形式参加国际性环境大会并介绍交流中国非政府组织环境保护的行动,这次代表团由来自全国基层的非政府组织代表组成。可持续发展首脑会议为中国非政府组织提供了一个与世界环保组织进行交流、学习的舞台。中国非政府组织(包括国际与本土)参与气候大会情况如表 9-1 所示。

---

[1]　赖丹妮. 中国民间社会参与国际气候变化讨论的立场与现状[C]//气候变化与绿色转型. 北京:金城出版社,2015:211.

表 9-1　中国非政府组织参与气候大会情况

气候大会	中国 NGO 数量	主要 NGO
2002 约翰内斯堡可持续发展首脑会议(WSSD)	12 家机构、18 人组成的中国环保 NGO 代表团	地球村、绿家园、绿色之音、香港地球之友、香港长春社等
2007 巴厘岛气候变化会议(COP13)	6 家机构、20 多位中国环保 NGO 代表参加	中国民间组织国际交流促进会(CANGO)、地球村、伯尔基金会、WWF、富平学校
2008 波兰波兹南气候大会(COP14)	数家 NGO	CYCAN、绿色和平、中国绿发会等
2009 丹麦哥本哈根气候大会(COP15)	10 多家环保团体(其中包括近 40 位成员组成的青年代表团)	乐施会、绿家园、山水自然保护中心、CYCAN、中国科学技术协会等
2010 墨西哥坎昆气候大会(COP16)	数十家 NGO	自然之友、山水自然保护中心、绿色和平、乐施会、全球气候行动联盟、CYCAN 等
2011 南非德班气候大会(COP17)	数家 NGO	道和环境与发展研究所、自然之友、山水自然保护中心、CYCAN、乐施会、WWF 等
2012 卡塔尔多哈气候大会(COP18)	数家 NGO	创绿中心、绿色和平、道和环境与发展研究所、乐施会、CYCAN 等
2013 波兰华沙气候大会(COP19)	数十家 NGO	全球环境研究所、绿色和平、绿色浙江、美国环保协会、创绿中心、全球环境研究所、CYCAN、WWF、世青创新中心等
2014 秘鲁利马气候大会(COP20)	数十家 NGO	创绿中心、全球环境研究所、美国环保协会、阿拉善 SEE、CYCAN 等
2015 法国巴黎气候大会(COP21)	数十家中国本土和国际非政府组织中国分部代表及中国青年代表团	乐施会、绿色和平、中外对话、自然之友、创绿中心、CYCAN、中国科学技术协会、中国绿色碳汇基金等
2016 摩洛哥马拉喀什气候大会(COP22)	数十家 NGO	全球环境研究所、CYCAN、阿拉善 SEE、WWF 等
2017 年德国波恩气候大会(COP23)	数十家 NGO,百人代表	自然资源保护协会、WWF、全球环境研究所、万科公益基金会、CYCAN 等
2018 波兰卡托维兹气候大会(COP24)	数十家 NGO	中国人民对外友好协会、自然之友、CANGO、上海可持续环境能源咨询研究中心、美国环保协会、中国绿发会、中国绿色制冷联盟、CYCAN 等

　　从 2007 年巴厘岛气候大会开始,在中国开展活动的国际非政府组织和本土非政府组织开始参与到气候大会谈判中,成为气候大会的参与者、民意表达者、谈判推动者,中国民间气候变化行动网络(CCAN)扮演了召集人的角色。自然之友、乐施会、绿色和平、行动援助、地球村、世界自然基金会、绿家园志愿者和公众与环境研究中心 8 家非政府组织发起《中国公民社会应对气候变化:共识与策略》项目,并经过 10 个月的努力,发布了《变暖的中国:公民社会思与行》报告及《中国公民社会应对气候变化立场》,中国公民社会首次对气候变化议题共同发声,呼吁发达国家和发展中国家共同探索低碳可持续发展道路。中国代表团组织各种交流活动,并积

极与政府谈判代表进行沟通,站在中国和发展中国家立场及时发表看法,呼吁达成更公平的协议,展示中国在低碳减排和绿色发展的国内行动,对推动气候谈判和展示中国形象起到了促进作用。

2009 年 11 月哥本哈根气候大会前夕,7 家民间组织牵头组成"中国公民社会应对气候变化研究小组"并联合发布了《2009 中国公民社会应对气候变化立场》(中英文),自然之友、地球村、绿家园志愿者、公众环境研究中心、绿色和平、乐施会、行动援助 7 家组织牵头起草,近 40 家机构参与讨论、修改,并最终联合署名发布。这一联合发布文件表明了中国民间社会对哥本哈根气候谈判的呼吁和立场,包括"发达国家必须主动承担减少温室气体排放的责任,率先大幅度减排"、在坚持"共同但有区别的责任"的前提下,发达国家必须采取资金支持、技术转让和能力建设支持等措施,帮助发展中国家更好地减缓和适应全球气候变化。呼吁各个国家应一起努力,在哥本哈根会议期间达成一个真正公平、公正、惠及贫困国家和弱势人群的协议[①]。这些呼吁立足于发展中国家立场并且也符合中国政府的谈判原则。

2015 年,CCAN 的主要成员——20 多家中国民间机构向联合国气候变化公约秘书处官员递交了中国民间组织的立场书,并提请他们考虑中国民间的声音。立场书主张"发达国家要提出绝对量化的深度减排目标,发展中国家根据自身国情也要提出前瞻性的目标,尽可能提出绝对量化减排目标或较大幅度的强度目标,发展经济与消除贫困的努力要与应对气候变化与发展低碳经济有机融合,通过提高减缓和适应气候变化的能力来促进经济社会的可持续发展。"这些机构还称鉴于减缓和适应气候变化的成本较大,发达国家要切实兑现已有的资金承诺,尽快实现对绿色气候基金(GCF)的注资,从而确保其能够尽快运作。应对气候变化的资金承诺要能够体现出额外于原有的官方发展援助(ODA),对于资金的筹措要兼顾效率与公平,发达国家兑现资金承诺是体现历史责任,应以公共资金为主,但为了扩大资金规模和渠道可以考虑私营部门的参与。这都展现出了中国民间气候变化行动网络在国际气候大会上的立场和努力。

中国民间 NGO 组织通过举办展览、发起倡议、在"中国角边会"中,开展各种活动进行中国与国际社会的对话与交流。诸如 2013 年华沙气候大会(COP19),美国环保协会举办了"低碳中国行"主题边会,旨在传播中国政府、企业和非政府组织的优秀低碳实践案例,为促进各方在低碳领域的合作打造一个交流的平台。全球环境研究所(GEI)举办主题为"自下而上推动中美低碳发展合作"的边会。边会围绕"中美绿色合作伙伴计划"展开,中美气候官员以及 GEI 合作方的专家将结合具体案例分享气候政策的制定方法和低碳技术领域的经验,共同探讨全球应对气候变化的合作方式。创绿中心在"应对气候变化—非政府组织在行动"主题边会上介绍其如何以非政府组织的视角参与推动绿色金融,审视中国碳市场的展开,并参与万科和世界资源研究所举办的"低碳城市引领新城市生活"跨界对话论坛,介绍在广东省展开 21 个地级市宜居指数的独立评估和分析,推动城市环境信息公开。世界自然基金会(WWF)在会议期间呼吁政府、金融机构和企业增加对可再生能源的投资,减少对煤炭、石油和天然气等化石能源的使用[②]。

① 中国公民社会应对气候变化研究小组. 2009 中国公民社会应对气候变化立场[EB/OL]. [2019-7-20]. http://ccsc-cvip. blog. sohu. com/137016583. html.

② 郭婧. 气候大会"中国角":NGO 交流分享低碳经验[N]. 中国环境报,2013-11-12(4).

中欧之间也在加强民间的气候变化交流。中欧社会论坛民间组织在2015年发布《共识文本》,这一共识文本将代表中国、欧洲、南美,甚至美国等更多其他地区的文本,厘清中欧社会之间在气候与低碳问题上的差异与共识,这一《共识文本》也被提交到2015年联合国巴黎气候大会(COP21)以表达中欧在气候变化问题上的共识态度①。《共识文本》从发布到组织讨论,再到组织中欧论坛经历了一年多的时间,凝聚了60多家中欧非政府组织的支持和相关新闻媒体的贡献。

中国青年应对气候变化行动网络(CYCAN)则从COP15开始以中国青年代表团的形式参与到气候大会中。CYCAN在全国高校发起"高校节能"项目,联合各大学校和青年群体践行校园低能耗和节能减排,鼓励高校青年群体之间可持续发展理念的传播和交流。2014年利马气候大会CYCAN的青年代表们也参加了中国角"中国青年低碳节能行动展示"边会,在边会上也将中国青年在低碳环保方面的行动成果展示给国际社会。同时,CYCAN也联合亚洲其他国家的青年代表参加气候大会,加强与国际青年的交流。

中国非政府组织在气候大会中实现了以下几方面的沟通。

第一,立足本土与国际社会沟通。参加气候大会的中国代表非政府组织不仅有本土的,也有国际非政府组织在中国气候政策办公室的一些代表。不管是国际非政府组织还是本土非政府组织,都代表中国的声音,诉求气候协议更加公平、公正。同时,国际社会关注的焦点不是发展中国家,而是中国是世界上的排放第一大国,但其并不了解中国国内的地区贫穷与绿色减排行动。本土非政府组织立足于将中国在气候变化方面的政策向国际社会传递,将中国非政府组织在本土进行的气候实践向国际社会传递,打破国际社会的一些误解。所以,本土非政府组织可以同国际组织、外国政府、国际非政府组织进行接触,直接进行沟通。中国民间气候行动网络(CCAN)这个代表中国立场的网络型组织,也通过特定讨论机制环节,形成中国非政府组织在波恩谈判及德班气候大会的核心立场,并在气候大会上与CAN保持密切的沟通。

第二,非政府组织与政府代表团及时沟通。在气候谈判领域,中国政府要比在其他领域表现出更加开放的姿态,与非政府组织进行平等的交流和对话。每年谈判前后和谈判进行中,中国谈判代表团都会定期与非政府组织代表进行交流。在哥本哈根气候大会进行中,中国代表团还专门组织了与非政府组织的沟通会,这些"吹风会"能够让非政府组织及时了解谈判的最新进展,同时非政府组织可以及时就相关问题展开舆论引导,在气候大会现场进行造势,争取营造对中国、发展中国家有利的舆论环境。

第三,非政府组织与媒体及时沟通。长期跟踪气候谈判的专业非政府组织与媒体保持紧密的联系,气候大会上的谈判进展和细节都会影响到最后的协定内容。非政府组织代表通过其常年参与气候谈判的经验可以及时做出判断,并与媒体及时沟通,让国际社会及时了解谈判的具体进展。与媒体进行沟通也是一种间接表达本土非政府组织立场的方式。

二、中国本土非政府组织参加气候谈判的不足

中国的本土非政府组织与国际非政府组织相比,在各个方面还存在不足。

第一,本土非政府组织专业性不足。中国非政府组织在气候大会上的代表团不仅有国际非政府组织在中国的工作专员,诸如绿色和平、乐施会都有在中国设立气候变化项目办公室的

---

① 龚克.《共识文本》的起草与讨论历程[C]//气候变化与绿色转型.北京:金城出版社,2015:221.

代表,另一类就是本土成长起来的非政府组织,诸如中国民间气候行动网络、中国青年应对气候变化行动网络、自然之友、绿家园等。从之前章节介绍乐施会中国代表参与气候大会可以看出,作为成熟的国际非政府组织,乐施会在气候大会谈判问题上小组设置共分为政策组、政府代表组、联盟组、媒体组、行动组。小组分工配合合理,并且有高级别的专家及政府工作人员参与,这使得乐施会在引导媒体采访、制造舆论方面都有的放矢,并且国际非政府组织对国际谈判规则十分熟悉,长期追踪气候谈判也使得其能对气候大会随时出现的谈判文本的细小差异做出评估,并及时向相关媒体反映。国际非政府组织从 20 世纪 90 年代就开始追踪气候谈判,也比中国本土非政府组织关注得早,中国本土非政府组织以代表团形式参与气候大会最早是在 2007 年巴厘岛气候大会,所以本土非政府组织行动迟缓得多。

　　本土非政府组织因为国内环境因素制约等原因,非政府组织本身的专业化发展就不够,资金各方面也比较紧缺。所以这也造成了 CCAN 其派出的代表团合力不够,本土非政府组织的国际化水平有限,没有特别突出的有国际影响力的本土非政府组织。因此本土非政府组织不可能像国际非政府组织那样有专业、细致、配合严密的专业化组织分工。并且本土非政府组织对国际谈判规则、技巧等技术性问题不是很熟悉,对气候大会谈判中遇到的突发问题处理能力不足,这必然影响到其在气候大会上的行动力和影响力。

　　第二,本土非政府组织前瞻性和策略性不足。受专业化程度、自身独立性不足的影响,中国本土非政府组织的前瞻性和策略性不足。专业化程度会影响到本土非政府组织参与气候大会的前瞻性和策略性。前瞻性主要看本土非政府组织参与气候大会的定位,定位是参与气候大会走过场,还是定位在通过参与大会,扩大组织影响力,实现本土非政府组织国际化,还是定位站在发展中国家立场,提出有中立意见的、能引起国际社会共鸣的行动与口号,还是定位在是中国政府的发声筒,为中国政府的谈判进行场外服务。中国本土非政府组织发展专业化不足,主要与国内非政府组织的生存环境有关,因为独立性不足,本土非政府组织要想获取更多的资源和资金必须与政府保持密切的合作,并且,本土非政府组织一般都是在政府的议题框架之内行动,这些影响了本土非政府组织在国际和国内的实际活动。此外,因为中国是世界上的第一排放大国,在哥本哈根气候大会上,中国本土非政府组织反而成为其他国家的异议对象,认为中国本土非政府组织就是为中国发声,这就是缺少前瞻性和策略性的表现。

　　第三,本土非政府组织对国际气候大会谈判影响有限。气候大会谈判中的国际非政府组织已经具有了专业化的团队、高级别的专家咨询、较好的气候传播能力,这使得 WWF、绿色和平、乐施会等国际性非政府组织能够针对其在世界各地开展的活动和搜集到的信息,做出有前瞻性、有针对性的行动口号和倡议,因为这些国际非政府组织在世界范围内的影响力、公信力和第三方的价值公正性,使得其在气候大会谈判中诸如影响《京都议定书》[①]、影响气候大会关于“气候债”问题的探讨。而反观中国本土非政府组织在气候大会谈判中的行动,主要是通过倡议、展览、边会形式开展活动,没有特别惊爆眼球的、有冲击力的活动,因为缺少策略或者说缺少“气候传播”,使得本土非政府组织在国际气候大会谈判中的话语权和影响力受到限制,发挥的作用有限。中国代表团发出的倡议书也缺乏针对中国政府或国外行为者的实质或程序议

---

① Elisabeth Corell, Michele M Betsill. A comparative look at NGO influence in international environmental negotiations: Desertification and climate change[J]. Global Environmental Politics, 2001(11):86-107.

题主张,使得其影响力也有限①。

三、提升中国本土非政府组织参与气候大会的建议

在当前复杂的国际社会中,国际气候谈判和气候外交的影响因素诸多,虽然气候大会或气候谈判是大国利益博弈,但在气候大会进行中许多细小的因素或外界舆论都有可能会影响到谈判的一些细节。在《巴黎协定》下,中国已经勇于承担国际协议应对气候变化的国家自主贡献,已经承诺在2030年温室气体排放达到峰值,这对于中国的发展而言,是做出了牺牲发展的自主承诺,因为中国发展落后于发达国家,人均GDP水平也远远落后于西方国家,美国作为世界上排放温室气体的大国,拒绝承担《巴黎协定》国家自主贡献,这本身已经是对国际公平的公然漠视。但国际协定不具有法律效力,无政府状态下的国际社会无法对美国进行制裁,只能依靠各个国家对全球可持续发展和自身发展的平衡做出自主承诺,并实际开展行动。所以,美国试图退出《巴黎协定》对中国而言,是一个塑造国际形象,塑造在国际气候治理"引领者"角色的重要机遇。

非政府组织在国际外交或者气候外交方面,可以起到一个非常好的沟通、塑造角色。因为诸如人道主义、人权、环境等领域的国际著名非政府组织在全球各地的影响力较大,非政府组织也一般被看作是独立于国家利益之外的"第三方""中立"体,所以,非政府组织在国际社会比较受政府、企业和公民的信任。正如德国海因里希·伯尔基金会中国办公室环境与能源项目经理陈冀俍所言:"国家间缺乏信任是谈判举步维艰的根本原因之一,民间的信任与合作是推动政府间信任与合作的重要力量。"在中国进行气候外交,塑造和宣传中国国家形象的过程中,非政府组织恰恰可以起到一个沟通中国和国际社会的一个重要主体。中国本土非政府组织要努力走向专业化、国际化,要勇于"走出去",为中国气候治理的发展做出贡献。

(一)加强本土非政府组织专业能力建设

不少本土非政府组织已经意识到组织专业能力建设离不开气候专业人才培养和招募,人才培养要有层次性。

第一,本土非政府组织要常规化提升组织人员能力。通过在国际气候大会交流学习,或者定期进行工作人员的专业培训,组织内部管理培训等来培训专业化人才。诸如WWF北京代表处首席代表兼CEO卢思聘新成立的前进工作室就以对非政府组织进行培训,进行能力建设和专业规划为目标。包括机构发展、策略规划、领导力培训、内部管理、团队建设、环境项目策划与执行,等等。这些是提升专业能力的基础。

第二,设立专门的气候变化项目部,并主动学习国际谈判的规则、技巧等知识。首先,对于一些国内有发展潜力的、有可能走向国际化的本土非政府组织,要专门设置项目团队,主动学习气候变化的一般科学性知识。其次,本土非政府组织也要与专家学者保持密切的联系,向专业领域专家学习气候变化及谈判的专业知识,提高业务能力。最后,本土非政府组织需要主动向国际非政府组织学习气候大会谈判的一些技巧。不少本土非政府组织有影响力的参与气候谈判人员诸如土彬彬(乐施会COP15特别行动组成员)、卢思聘都曾经在国际性非政府组织任职,并参与气候大会协调性工作,这都会对中国本土非政府组织发展提供较为珍贵的经验。

① 赖钰麟.政策倡议联盟与国际谈判:中国非政府组织应对哥本哈根大会的主张与活动[J].外交评论(外交学院学报),2011,28(03):72-87.

第三,将松散联盟凝聚化,增强本土非政府组织的团队影响力。鉴于本土非政府组织在国际上影响力有限,中国非政府组织是以联盟的形式,由中国民间组织国际交流促进会发起的CCAN来组成代表团队,参与气候大会谈判。所以,从成员上中国非政府组织人数不少,但是团队影响力却因为是联盟形式,略显不足。因此,中国本土非政府组织要想"走出去",也必须通过专业化的策略规划,对松散的联盟进行小组划分,抽调各个非政府组织有领导力和组织力的代表进行合力活动。对于历年参加气候大会的中国非政府组织代表团,也要提前对其进行专业培训,避免"走过场"式参与。

(二)非政府组织活动要有策略性,将国际性视野和本土活动结合

非政府组织的专业性与策略性是紧密结合在一起的。策略性要求非政府组织开展活动的时候有宏观思维、宏观布局。这种宏观思维和战略布局就要求本土非政府组织开展活动的时候能将国际视野和本土活动相结合。国际视野首先要做到明确在国际气候大会或国际领域中的角色担当,能够最大限度地影响气候谈判的内容;能富有中立性地提出一些观点和倡议,能够通过活动倡议获取更广泛的国际共鸣;能够立足于本土行动,提升在国际上的影响力。所以,本土非政府组织要有国际化的意识,不能只满足于在国内开展活动,要具有国际化意识,要勇于"走出去"才能有更大的视野和担当,才能吸取国际经验和方法带动本土活动。只有立足于本土,才能以实质性的行动体现对气候减排与适应的支持和努力,才能在国际舞台上展现出具体的行动内涵。

CCAN的"C+气候公民超越行动"其实已经算是一个比较有策略性的活动倡议,一方面具有国际视野,站在全球气候变化的角度,思考公民应该扮演的角色,同时,又能将"国家+国际"的气候公民联系起来,形成无国界感的行动倡议。从本土开展的C+活动到国际性的倡议,就十分具有策略性。

(三)政府应着力培养,增强政府—NGO—媒体之间的互动

非政府组织有着非政府、非营利的特点,决定了在动员公众、促进国际与民间交流、配合政府间谈判方面往往能取得较好效果。非政府组织已经成为国家外交谈判"软实力"的重要组成部分。因此,对于本土非政府组织,政府应该给予一定的支持,成长和发展环境要宽松,尤其是核心议题聚焦于气候变化类的环境非政府组织;要给本土非政府组织提供更多的参与途径,能够有进行民意表达、进行监督的机会;在经费上也可以给予一定的支持,本土非政府组织因为各种条件限制,普遍面临经费不足的局面,很容易造成专业工作人员的流失,政府可以在经费上尤其是气候议题领域给予一定支持,以支持本土非政府组织进行专业化人才培养、参与气候谈判等;政府和本土非政府组织也需要加强联系和合作,及时就气候变化相关问题进行沟通。

在气候谈判方面,媒体也发挥着举足轻重的作用,政府立场的发布、信息传播、营造舆论都要依靠媒体的报道,所以,在政府前场谈判时,非政府组织中间沟通,媒体负责舆论引导。非政府组织需要将气候谈判的情况及时进行分析,并将这些分析进行评估后及时传递给媒体。中国气候传播项目中心主任、中国人民大学新闻学院教授郑保卫认为:"政府、媒体和非政府组织三者应加强互动,因为政府是谈判实施主体、信息发布主体、新闻内容主体;媒体是信息传播者、舆论引导者、第三方观察者;而非政府组织是活动参与者、民意表达者、谈判推动者以及三

方沟通桥梁。"[①]政府、非政府组织和媒体构成了中国气候传播的重要主体。三个主体既各自独立又相互配合。政府居于主导地位,媒体和非政府组织起到助推作用[②]。

因此,在气候谈判中,增强政府—非政府组织—媒体之间的互动,本土非政府组织在参与气候大会或谈判中,要积极与政府和媒体沟通,以增强活动运作效果。

(四)本土非政府组织加强与国内外民间非政府组织的交流

非政府组织与其他民间组织的合作与交流是增强其在国际舞台上认可度的重要方式,本土非政府组织除了与国内的非政府组织加强交流之外,也需要重视与其他国家的民间非政府组织加强交流。通过交流展现中国民间非政府组织的姿态和立场,以及加强发达国家和发展中国家民间的相互理解,从长期看,可以在某种程度上促进国家之间的互信和合作,可以赢得更多的国际支持。

例如,中国青年气候变化行动网络(CCYAN)就将国际交流视为重要的活动内容,开展国际青年能源与气候变化峰会项目,在气候大会中积极组织和协调青年群体中的活动,让国际青年了解中国青年在低碳方面的行动;在秘鲁气候大会上,与美国青年团体做一个青年视角的联合宣言,与秘鲁大学生开展对话和工作坊活动。这都有利于中国本土非政府组织在国际获得更多民间团体的支持。中国民间组织国际交流促进会还与美国环保协会进行气候变化对话活动,与小岛屿国家就气候变化问题进行交流活动。

总之,本土非政府组织可以承担起国际气候谈判和外交的"软实力",在发展道路上还有很多要跟国际学习和接轨的地方。在国内民间组织发展条件有限的情况下,本土非政府组织也要培养组织自信,勇于"走出去",承担起国际谈判中沟通者、观察员、维护气候公正的重要角色。

第二节　"一带一路"倡议下中国非政府组织"走出去"展望

中国在气候治理舞台上一直是积极的角色,美国作为世界温室气体排放量第二大的发达国家,不仅其在历史上累积的排放量较大,当前人均排放量也位居世界前列,美国宣布退出《巴黎协定》不仅缺少责任担当,也打破了国际协议促成的国家之间良好的合作局面。但是,美国的不作为恰恰可以作为中国继续塑造有担当的发展中大国的机遇,中国依然需要在气候治理的舞台上给予其他发展中国家资金和技术支持,促进气候治理南南合作。所以,中国在气候治理中不仅仅是参与者、贡献者,还可以逐步成为"引领者"。而在这一过程中,非政府组织可以成为推动气候治理南南合作、"一带一路"国家气候治理合作的重要主体。

一、中国非政府组织可以成为"一带一路"气候合作的民间沟通者

气候治理南南合作主要是南南国家在气候减缓与适应方面的合作,低碳理念、低碳发展、气候适应、自然生态保护、资金及技术转移等方面都可以实现合作。2013年中国提出"一带一路"国家级顶层合作发展倡议,是中国新时代对未来区域发展与地缘政治发展的重要倡议,通

---

① 中国气象局. 应对气候变化需要各国多方合力[EB/OL]. [2019-8-20]. http://www.cma.gov.cn/2011xwzx/2011xmtjj/201310/t20131014_228673.html.

② 王彬彬. 气候变化谈判中政府、媒体、NGO角色和影响力分析[J]. 新闻研究导刊,2013(11):19-20.

过"五通"实现中国与沿线国家的互利共赢。随着"一带一路"倡议的开展,对外承包工程、铁路、绿色能源、绿色贸易等建设项目不断推进,吸引了更多的国家参与到合作中来。沿线国家大多经济发展落后,自然生态环境差、经济发展方式粗放,是未来能源消耗和碳排放的重灾区,数据显示,"沿线国家单位 GDP 能耗、原木消耗高出世界平均水平的一半以上……2000—2015 年,'一带一路'沿线国家的二氧化碳排放增长了 95.2%,是世界平均水平的 2 倍多。"[①]面对气候治理的共同目标,"一带一路"倡议坚持走绿色"一带一路",推动与沿线国家共建"低碳共同体"。

非政府组织之间的交流与合作是实现"一带一路"民心相通的重要媒介和纽带。非政府组织可以发挥促进民间组织沟通交流,搭建民间友谊的平台。中国环境类非政府组织可以加强与沿线国家非政府组织的民间交流与合作,就推动沿线国家居民的低碳生活意识、低碳生活方式、低碳家庭、低碳校园等广泛开展合作,将中国的先进理念和做法与其他发展中国家进行沟通。必要的时候,还可以为沿线国家培养专业的环保类人才,促进与沿线国家非政府组织的人才交流与合作。中国非政府组织可以借助已经建立起来的丝绸之路非政府组织合作网络(Silk Road NGO Cooperation Network),与其他沿线国家建立更广泛的联系。

二、中国非政府组织可以成为"一带一路"气候南南合作的践行者

"一带一路"沿线国家大多比较落后,诸如中东、非洲等区域生态环境比较脆弱,生态环境改善的需求比较大,同时,新能源和可再生能源的资金和技术需求也比较大。中国的非政府组织可以"走出去",将积累的在某一领域较好的低碳技术、生物多样性保护、新能源使用、碳汇、灾害防御与气候适应等各个方面进行技术交流和合作,帮助沿线国家提升气候治理的理念和技术。同时,也可以将中国先进的技术推广到其他国家。所以,非政府组织可以成为气候治理南南合作的实践者。从开展的具体项目中帮助沿线国家实现节能减排、生物多样性保护、新能源利用等。诸如全球环境研究所(EGI)已经与斯里兰卡政府合作,建设甘布拉低碳示范小镇,进行沼气修建培训项目,提升当地应对气候变化能力;在老挝进行了中国可持续推动和自然资源管理合作中心项目,将中国的先进技术传播到当地,这些项目比政府去推进更容易得到当地民众的支持和好感。也利于传播中国对气候治理的积极形象,体现中国作为发展中大国对气候治理合作的责任和态度。

非政府组织也可以督促和监督"一带一路"中各类中国企业的环境行为,对其环境影响进行评价,避免因其高排放、高污染引起当地居民的反对,因此,与"走出去"的企业进行合作交流,增强其低碳的社会责任感,也是具体在践行气候治理南南合作的有效方法。

三、中国非政府组织可以成为"一带一路"气候外交的助推者

中国是发展中的大国,但同时也是当前碳排放量排名世界第一的发展中国家。因此,就国际气候谈判中发展中国家利益分化可以看出,小岛国、最不发达国家对中国当前的高排放逐渐不满,而逐渐与发达国家站到一个阵营。但是,中国相当一部分人还没有脱离贫困,一些地区还十分落后,这些自身的发展困境其他国家并不了解,需要得到更多发展中国家的理解。而非政府组织就可以承担这一"民间外交"角色,从民间交流的角度,传播更多当前中国在进行的节能减排行动,从中央政策到地方行动,从减缓到适应,从发展困境到自主贡献,将中国对气候变

---

① 柴麒敏,祁悦,傅莎. 推动"一带一路"沿线国家共建低碳共同体[J]. 中国发展观察,2017(Z2):35-40.

化的绿色发展理念通过"一带一路"倡议向沿线国家传播,让更多的发展中国家政府、企业和民众了解中国的发展不易,让更多的人了解中国对气候治理南南合作的积极态度,中国帮助沿线发展中国家进行减排和行动,努力实现区域绿色发展的"合作""共赢"局面,增强中国未来在国际舞台上的话语权和领导权。

总之,"一带一路"倡议为中国非政府组织提供了一个广阔的发展舞台。中国气候治理南南合作提出将在发展中国家建立 10 个低碳示范区、100 个减缓和适应气候变化项目及 1000 个应对气候变化培训名额的合作项目。本土非政府组织也可以抓住这一政策机遇勇于"走出去",逐步积累经验,实现跨国开展活动,逐步将本土组织国际化。当然,政府也需要给予本土非政府组织更多政策支持和发展空间,以利于其更多地开展符合中国气候外交的活动。

推荐阅读文献

中文著作

安东尼·吉登斯,2009. 气候变化的政治[M]. 北京:社会科学文献出版社.

奥斯特罗姆·帕克斯,惠特克,2000. 公共服务的制度建构[M]. 上海:上海三联书店.

伯查德,2009. 守护自然:全球最大的环保组织——TNC 不寻常的成长故事[M]. 北京:中国
    环境科学出版社.

薄燕,高翔,2018. 中国与全球气候治理机制的变迁[M]. 上海:上海人民出版社.

戴维·赫尔德,2012. 气候变化的治理:科学、经济学、政治学与伦理学[M]. 北京:社会科学文
    献出版社.

戴维·赫尔德,安格斯·赫维,玛丽卡·西罗斯,2012. 气候变化的治理:科学、经济学、政治学
    和伦理学[M]. 北京:社会科学文献出版社.

董亮,2018. 全球气候治理中的科学与政治互动[M]. 北京:世界知识出版社.

恩派《社会创业家》编辑部,2013. 绿色行动者中国环保组织创业案例[M]. 北京:九州出版社.

范明林,2019. 政府与非政府组织互动关系研究:以上海四个非政府组织为个案[M]. 北京:中
    国社会科学出版社.

傅聪,2013. 欧盟气候变化治理模式研究实践、转型与影响[M]. 北京:中国人民大学出版社.

甘锋,2011. 国际环境非政府组织与全球治理[M]. 上海:上海交通大学出版社.

巩潇泫,2018. 多层治理视角下欧盟气候政策决策研究[M]. 天津:天津人民出版社.

郭学理,2019."一带一路"共同体中的非政府组织:助推·桥梁·民通[M]. 西安:陕西师范大
    学出版社.

韩俊魁,2011. 境外在华 NGO:与开放的中国同行[M]. 北京:社会科学文献出版社.

郦莉,2013. 全球气候治理中的公私合作关系[M]. 北京:时事出版社.

刘贞晔,2005. 国际政治领域中的非政府组织:一种互动关系的分析[M]. 天津:天津人民出版社.

刘子平,2016. 环境非政府组织在环境治理中的作用研究——基于全球公民社会的视角[M].
    北京:中国社会科学出版社.

马庆钰,2005. 非政府组织管理教程[M]. 北京:中共中央党校出版社.

迈克尔·S. 诺斯科特,2010. 气候伦理[M]. 北京:社会科学文献出版社.

门丽霞,孟微微,许俊霞,2009. 绿色行动:世界各国的环保组织[M]. 广州:世界图书出版公司.

米歇尔·M. 贝兹尔,伊丽莎白·科雷尔,2018. NGO 外交非政府组织在国际环境谈判中的影
    响力[M]. 张一罾,译. 北京:经济管理出版社.

若弘,2010. 中国 NGO——非政府组织在中国[M]. 北京:人民出版社.

史蒂芬·法里斯,2010. 大迁移——气候变化与人类的未来[M]. 北京:中信出版社.

史蒂夫·范德海登,2019. 政治理论与全球气候变化[M]. 南京:江苏人民出版社.

史密斯,萨帕,2012. 整合正义、责任与公民参与[M]. 侯艳芳,杨晓燕,译. 济南:山东大学出版社.

斯特恩,2011. 地球安全愿景[M]. 北京:社会科学文献出版社.

汪建沃,周贝娜,王嘉,2016. 守望家园:前行中的环保非政府组织[M]. 长沙:中南大学出版社.

汪永晨,王爱军,2012. 守望中国环保NGO媒体调查[M]. 北京:中国环境科学出版社.

王彬彬,2018. 中国路径:双层博弈视角下的气候传播与治理[M]. 北京:社会科学文献出版社.

王杰,张海滨,张志洲,2004. 全球治理中的国际非政府组织[M]. 北京:北京大学出版社.

王名,王超,2016. 非营利组织管理[M]. 北京:中国人民大学出版社.

王诗宗,2009. 治理理论及其在中国的适用性[M]. 杭州:浙江大学出版社.

肖主安,冯建中,2006. 走向绿色的欧洲:欧盟环境保护制度[M]. 南昌:江西高校出版社.

徐莹,2019. 欧盟框架下的非政府组织[M]. 北京:中国社会科学出版社.

杨丽,丁开杰,2017. 全球治理与国际组织[M]. 北京:中央编译出版社.

袁倩,2017. 全球气候治理[M]. 北京:中央编译出版社.

张海夫,2019. 非政府组织与地方治理研究——以云南地区非政府组织为例[M]. 北京:中国社会科学出版社.

赵黎青,1998. 非政府组织与可持续发展[M]. 北京:经济科学出版社.

庄贵阳,朱仙丽,赵行姝,2009. 全球环境与气候治理[M]. 杭州:浙江大学出版社.

邹骥,傅莎,陈济,等,2015. 论全球气候治理——构建人类发展路径创新的国际体制[M]. 北京:中国计划出版社:12-18.

中文论文

安祺,王华,2013. 环保非政府组织与全球环境治理[J]. 环境与可持续发展(1):18-22.

陈亮,2015. 欧盟气候多层治理进程中生态城市建设的内在逻辑与实践路径[J]. 城市学刊,36(04):1-5.

陈绍军,曹志杰,2012. 气候移民的概念与类型探析[J]. 中国人口·资源与环境,22(06):164-169.

陈晓春,曾维国,2017. "一带一路"视域下我国非政府组织建设路径研究[J]. 湘潭大学学报(哲学社会科学版),41(04):39-43.

陈志敬,2011. 境外NGO在华的别样生存[J]. 南风窗(26):100.

崔靖梓,2017. 非政府组织国际法律地位研究——以联合国对非政府组织的制度安排为视角[J]. 山东大学法律评论(00):93-107.

邓国胜,2004. 中国非政府组织发展的新环境[J]. 学会(10):12-18.

丁文,2018. 政策议程设置研究:国内外学术进展解析[J]. 江南论坛(06):38-40.

董亮,张海滨,2014. IPCC如何影响国际气候谈判——一种基于认知共同体理论的分析[J]. 世界经济与政治(08):61-83,157-158.

董亮,2018. 透明度原则的制度化及其影响:以全球气候治理为例[J]. 外交评论(外交学院学报),35(04):106-131.

樊婷丽,2017. 国内环保非政府组织参与碳排放权交易的法律问题研究[J]. 资源节约与环保(9):118-120.

范菊华,2014. 非国家行为体在全球气候治理中的作用[J]. 阜阳师范学院学报:社会科学版
　　(4):56-62.

甘钧先,2010. 地方自主减排的范例——美国加州的气候治理及其对中国的启示[J]. 国际论
　　坛,12(03):25-30,80.

巩潇泫,2015. 欧盟气候治理中的跨国城市网络[J]. 国际研究参考(01):10-15.

郝雅烨子,2012. 论气候变化条约体系中国际非政府组织的地位[J]. 太原理工大学学报(社会
　　科学版),30(03):20-24.

侯佳儒,王倩,2013. 国际气候谈判中的非政府组织:地位、影响及其困境[J]. 首都师范大学学
　　报(社会科学版)(02):55-60.

郇庆治,2008. 环境非政府组织与政府的关系:以自然之友为例[J]. 江海学刊(2):130-136.

赖钰麟,2011. 政策倡议联盟与国际谈判:中国非政府组织应对哥本哈根大会的主张与活动
　　[J]. 外交评论(3):72-87.

赖钰麟,2016. 非政府组织的公共外交和外交政策参与——以中国 NGO 和政府在联合国气候
　　变化大会的互动为例[J]. 安徽师范大学学报(人文社会科学版),44(05):570-575.

蓝煜昕,荣芳,于绘锦,2010. 全球气候变化应对与 NGO 参与:国际经验借鉴[J]. 中国非营利
　　评论(1):87-105.

李金惠,陈忠,2017. 论 NGO 在公共危机管理中与政府互动时的角色定位[J]. 经济师(6):
　　57-58.

李昕蕾,任向荣,2011. 全球气候治理中的跨国城市气候网络——以 C40 为例[J]. 社会科学
　　(06):37-46.

李昕蕾,宋天阳,2014. 跨国城市网络的实验主义治理研究——以欧洲跨国城市网络中的气候
　　治理为例[J]. 欧洲研究,32(06):129-148,159.

李昕蕾,2015. 跨国城市网络在全球气候治理中的体系反思:"南北分割"视域下的网络等级性
　　[J]. 太平洋学报,23(07):38-49.

李昕蕾,2015. 跨国城市网络在全球气候治理中的行动逻辑:基于国际公共产品供给"自主治
　　理"的视角[J]. 国际观察(05):104-118.

李昕蕾,2018. 非国家行为体参与全球气候治理的网络化发展:模式、动因及影响[J]. 国际论
　　坛,20(02):17-26,76-77.

李昕蕾,王彬彬,2018. 国际非政府组织与全球气候治理[J]. 国际展望,10(05):136-156,162.

李永杰,2017. 论民间环保组织的环境教育功能——以"自然之友"为例[J]. 福建行政学院学
　　报(6):103-111.

李志青,2011. 从"气候变化"到"应对气候变化"[J]. 环境经济(09):24-28.

刘虹利,2010. 国际环境非政府组织在全球环境治理中的作用——以世界自然基金会为例[J].
　　中国商界(下半月)(05):218-219.

刘华,2013. 欧盟气候变化多层治理机制——兼论与国际气候变化治理机制的比较[J]. 教学
　　与研究(05):47-55.

刘华,邓蓉,2013. 多层治理背景下的欧盟气候变化治理机制——兼与联合国气候变化治理机
　　制比较[J]. 山西大学学报(哲学社会科学版),36(03):134-140.

刘颖,2010. 全球环境治理中的国际非政府组织:以绿色和平为例[J]. 中共济南市委党校学报

(04):102-105.

刘雨宁,杜宝贵,2012. 论非政府组织在世界气候谈判中的主要作用[J]. 沈阳农业大学学报
（社会科学版),14(02):172-175.

柳建文,2016."一带一路"背景下国外非政府组织与中国的国际区域合作[J]. 外交评论（外交
学院学报),33(05):1-30.

陆晶,王慧,2018."一带一路"框架下我国非政府组织国际化策略探讨[J]. 辽宁警察学院学
报,20(05):19-25.

吕施颖,张礼建,2014. 中国非政府组织决策参与的有效路径探析——以"自然之友"为例[J].
社会科学总论(6):155-159.

栾彩霞,2019. 非政府组织(NGOs)与气候变化治理[J]. 世界环境(01):60-61.

罗兴奇,宋言奇,2006. 非政府组织:苏南地区环境管理中不可忽视的环节[J]. 江南论坛(7):
21-23.

潘家华,郑艳,2014. 气候移民——兼论宁夏的生态移民政策[J]. 中国软科学(1):78-86.

彭斯震,何霄嘉,张九天,等,2015. 中国适应气候变化政策现状、问题和建议[J]. 中国人口・
资源与环境,25(09):1-7.

齐洁,毛寿龙,2015. 非政府组织健全与社会管理创新——以环保非政府组织为例[J]. 现代管
理科学(1):18-20.

史秋玲,李秋实,2018. 人本管理视角下我国非政府组织发展路径浅析[J]. 绿色科技(14):
34-46.

宋蕾,2018. 气候政策创新的演变:气候减缓、适应和可持续发展的包容性发展路径[J]. 社会
科学(03):29-40.

宋效峰,2012. 非政府组织与全球气候治理:功能及其局限[J]. 云南社会科学(05):68-72.

苏毓淞,孟天广,2016. 社会组织参与国际气候变化谈判——基于北京市的调查实验[J]. 清华
大学学报（哲学社会科学版),31(04):67-75,195.

孙海燕,2008. 国际非政府组织国际法律地位的国际造法尝试评析[J]. 贵州大学学报（社会科
学版)(04):44-49.

孙章季,2006. 中国环境保护中的国际非政府组织因素研究[J]. 东岳论丛(06):40-42.

谭三桃,2008. 国际 NGO 在华活动影响评价及对策研究[J]. 学术论坛(07):128-133.

檀跃宇,2010. 全球气候治理的困境及其历史根源探析[J]. 湖北社会科学(06):123-125

汤蕴懿,2011."绿色和平"与中国民间环保运动[J]. 上海经济(01):21-25.

唐虹,2011. 非政府环保组织与联合国气候谈判[J]. 教学与研究(09):66-72.

唐美丽,成丰绛,2012. 非政府组织在应对气候变化中的作用研究[J]. 理论界(01):167-169.

陶蕾,2014. 国际气候适应制度进程及其展望[J]. 南京大学学报（哲学・人文科学・社会科学
版),51(02):52-60,158.

王彬彬,2013. 气候变化谈判中政府、媒体、NGO 角色和影响力分析[J]. 新闻研究导刊(11):
19-20.

王畅,2012. 全球气候治理的合作困境与解决途径[J]. 中国化工贸易,4(8):304-305.

王定力,张亮,2018. 非政府组织在国际环境保护中的地位和作用[J]. 社会科学家(02):
110-113.

王华,尚宏博,安祺,等,2012. 关于改善中国参与全球环境治理的战略思路[J]. 环境与可持续发展(6):9-13.

王克,夏侯沁蕊,2017.《巴黎协定》后全球气候谈判进展与展望[J]. 环境经济研究,2(04):141-152.

王绍光,2006. 中国公共政策议程设置的模式[J]. 中国社会科学(05):86-99,207.

王晓文,2011. 国际气候治理中的国际非政府组织[J]. 财经界(7):104-106.

吴平,2016. 全球气候治理的经验与启示[J]. 党政视野(12):28-28.

辛传海,朱美慧,杜晶花,2018. 中国社会组织参与"一带一路"建设的角色定位与实现路径[J]. 学会(10):33-44.

徐步华,叶江,2011. 浅析非政府组织在应对全球环境和气候变化问题中的作用[J]. 上海行政学院学报,12(1):79-87.

徐超,2015. 一个 NGO 工作人员眼中的波恩谈判[J]. 世界环境(06):54-55.

徐莹,李宝俊,2004. 国际非政府组织的治理外交及其对中国的启示[J]. 国际关系学院学报(03):30-33.

徐再荣,2003. 从科学到政治:全球变暖问题的历史演变[J]. 史学月刊(04):114-120.

叶江,2014. 试论欧盟的全球治理理念、实践及影响——基于全球气候治理的分析[J]. 欧洲研究,32(03):69-84.

尹文,2009. 世界自然基金会:环保 NGO 的先行者[J]. 环境教育,2009(08):59-61.

于宏源,2014. 中国应积极参与国际气候谈判[J]. 社会观察(11):13-16.

于宏源,2017. 城市在全球气候治理中的作用[J]. 国际观察(01):40-52.

于宏源,2018. 非国家行为体在全球治理中权力的变化:以环境气候领域国际非政府组织为分析中心[J]. 国际论坛,20(02):1-7,76.

于宏源,2019. 全球气候治理伙伴关系网络与非政府组织的作用[J]. 太平洋学报,27(11):14-25.

曾静静,曲建升,裴惠娟,等,2015. 国际气候变化会议回顾与近期热点问题分析[J]. 地球科学进展,30(11):1210-1217.

张佳,2019. 气候谈判话中国——外交部历任气候变化谈判代表讲述谈判历程[J]. 世界知识(05):38-39,42-43.

张丽君,2013. 非政府组织在中国气候外交中的价值分析[J]. 社会科学(07):15-23.

张丽君,2014. 联合国气候变化大会与中国国家形象的塑造[J]. 山西师大学报(社会科学版),41(04):32-37.

张丽君,2016. 气候变化领域中的中国非政府组织[J]. 公共外交季刊(01):48-53,125.

张胜玉,王彩波,2015. 气候变化背景下气候贫困的应对策略[J]. 阅江学刊,7(03):45-52.

张新华,2011. 中美非政府组织发展比较及对中国的启示[J]. 环境科学与管理(8):5-7.

张志国,2014. CYCAN 气候绿领计划正式启航[J]. 绿色中国(4):62-62.

张梓太,张乾红,2010. 国际气候适应制度的滞后性以及发展障碍[J]. 法学(2):127-137.

赵彦茜,肖登攀,柏会子,等,2019. 中国作物物候对气候变化的响应与适应研究进展[J]. 地理科学进展,38(02):224-235.

中华环保联合会,2006. 中国环保民间组织发展状况报告[J]. 环境保护(5b):60-69.

周绍雪,2014. 中国应对气候变化战略与外交政策之关系研究[J]. 当代世界与社会主义(03):93-99.

庄贵阳,陈迎,2001. 试析国际气候谈判中的国家集团及其影响[J]. 太平洋学报(02):72-78.

庄贵阳,周伟铎,2016. 非国家行为体参与和全球气候治理体系转型——城市与城市网络的角色[J]. 外交评论(外交学院学报),33(03):133-156.

英文著作

Biermann F,Pattberg P,and Fariborz Zelli,2010. Global Climate Governance Beyond 2012:Architecture,Agency and Adaptation[M]. Cambridge:Cambridge University Press.

Chukwumerije Okereke,2008. Global Justice and Neoliberal Environmental Governance:Ethics,Sustainable Development and International Co-Operation[M]. London:Routledge.

Chung,Suh-Yong,2013. Post-2020 Climate Change Regime Formation[M]. London:Routledge.

David Lewis,2001. The Management of Non-Governmental Development Organizations:An Introduction[M]. London:Routledge.

James N Rosenau,Ernst-Otto Czempiel,1995. Governance without Government:Order and Change in World Politics[M]. Cambridge:Cambridge University Press.

John S Dryzek,Richard B Norgaard,David Schlosbebg,2011. The Oxford Handbook of Climate Change and Society[M]. Oxford:Oxford University Press.

Matthew J Hoffmann,2012. Climate Governance at the Crossroads:Experimenting with a Global Response after K yoto[M]. Oxford:Oxford University Press.

Matthias Finger,ThomasPrincen,1994. Environmental NGOs in World Politics:Lnking the Local and the Global[M]. London:Routledge.

Nicholas Stern,2007. The Economics of Climate Change[M]. Cambridge:Cambidge University Press.

Nicolas deSadelee,Gerhard Roller,Miriam Dross,2005. Access to Justice in Environmental Matters and the Role of NGOs[M]. Zutphen:Europa Law Publishing.

Thomas Hickmann,2015. Rethinking Authority in Global Climate Governance[M]. London:Routledge.

英文论文

Alex Hall,Peter Cox,Chris Huntingford,et al,2019. Progressing emergent constraints on future climate change[J]. Nature Climate Change,9:269-278.

Allan,JenIris,Hadden,Jennifer,2017. Exploring the framing power of NGOs in global climate politics[J]. Environmental politics,26(4):600-620.

Betsill M M,Corell E,2001. NGO influence in international environmental negotiations:A framework for analysis[J]. Global Environmental Politics,1(4):65-85.

Betzold C,2010. "Borrowing power"to influence international negotiations:AOSIS in the climate change regime 1990-1997[J]. Politics,30(3):133-148.

Brian Stone,Jeremy J Hess,Howard Frumkin,2010. Urban form and extreme heat events:
Are sprawling cities more vulnerable to climate change than compact cities[J]? Environ-
mental Health Perspectives,118(10):1425-1428.

Bruno Takahashi,Mark Meisner,2013. Agenda setting and issue definition at the micro level:
giving climate change a voice in the peruvian congress[J]. Latin American Policy,4(2),
340-357.

Chad Carpenter,2001. Business,green groups and the media:The role of non-governmental
organizations in the climate change debate[J]. International Affairs(2):313-328.

Charles F Parker,Christer Karlsson,2017. The European Union as a global climate leader:
Confronting aspiration with evidence[J]. Int Environ Agreements(17):445-461.

Chris Thomas,Alison Cameron,Rhys Green,et al,2004. Extinction risk from climate change
[J]. Nature(427):146.

Clair Gough,Simon Shackley,2001. The respectable politics of climate change:The epistemic
communities and NGOs[J]. International Affairs(2):329-345.

Dannevig H,Hovelsrud G K,Husabø I A,2013. Driving the agenda for climate change adap-
tation in Norwegian municipalities[J]. Environment and Planning C:Government and Poli-
cy,31(3):490-505.

Elisabeth Corell,Michele M Betsill,2001. A comparative look at NGO influence in interna-
tional environmental negotiations:Desertification and climate change[J]. Global Environ-
mental Politics(11):86-107.

Eva Sørensen,Jacob Torfing,2009. Making governance networks effective and democratic
through metagovernance [J]. Public Administration,87(2):234-258.

Mikulcak F,Newig J,Milcu A I,et al,2013. Intergating rural development and biodiversity
consevation in Certral Romania[J]. Enviornment Convervation,40(2):129-137.

Gary Bryner,2008. Failure and opportunity:Environmental groups in US climate change poli-
cy[J]. Environmental Politics,17(2):319-336.

Gordon J E,2006. The role of science in NGO mediated conservation:Insights from a biodi-
versity hotspot in Mexico[J]. Environmental Science & Policy,6(9)547-554.

Gullberg A T,2008. Lobbying friends and foes in climate policy:The case of business and en-
vironmental interest groups in the European Union[J]. Energy Policy,36(8):2964-2972.

Hallstrom,Lars K,2004. Eurocratising enlargement? EU elites and NGO participation in Eu-
ropean environmental policy[J]. Environmental Politics,13(1):175-193.

Hoffmann S,Schmitter P C,2000. How to democratize the EU. and why bother[J]? Foreign
Affairs,79(5):141.

John Barkdull,Paul G Harris,2018. Emerging responses to global climate change:Ecosystem-
based adaptation[J]. Global Change,Peace & Security,31(1):19-37.

Junk W M,2016. Two logics of NGO advocacy:Understanding inside and outside lobbying on
EU environmental policies[J]. Journal of European Public Policy,23(2):1-19.

Kane S,Shogren J F,2000. Linking adaptation and mitigation in climate change policy[J]. Climatic

Change,45(1):75-102.

Karin Bäckstrand, Jonathan W Kuyper, Björn-Ola Linnér, et al, 2017. Non-state actors in global climate governance from Copenhagen to Paris and beyond[J]. Environmental Politics,26(4):561-579.

Katharina Rietig,2016. The power of strategy:Environmental NGO influence in international climate negotiations[J]. Global Governance,22(2):269-288.

Kristine Kern, Harriet Bulkeley, 2009. Cities, Europeanization and multi-level governance: Governing climate change through transnational municipal networks[J]. JCMS,47(2):309-332.

Mahmood Ahmed Momin,2013. Social and environmental NGOs' perceptions of Corporate social disclosure:The case of Bangladesh[J]. Accounting Forum,37(2):150-161.

Martin Jänicke, Quitzow R,2017. Multi-level reinforcement in European climate and energy governance:mobilizing economic interests at the sub-national levels[J]. Environmental Policy & Governance,27(2):122-136.

Matthias Duwe,2001. The climate action network:A glance behind the curtains of a transnational NGO network[J]. Matthias Duwe,10(2):177-189.

Matthias Finger, Thomas Princen, 1994. Environmental NGOs in world politics:Linking the local and the global[J]. Routledge(45):156-158.

Michele M Betsill, Harriet Bulkeley, 2004. Transnational networks and global environmental governance:The cities for climate protection program[J]. International Studies Quarterly, 48(2),471-493.

Michele M Betsill, Harriet Bulkeley, 2006. Cities and the multilevel governance of global climate change[J]. Global Governance,12(2):141-159.

Mique Munoz Cabre,2011. Issue-linkages to climate change measured through NGO participation in the UNFCCC[J]. Global Environment Politics(8):10-22.

Miriam Prys, Thorsten Wpjczewski,2015. Rising powers, NGOs and North-South relations in global climate governance:The case of climate finance[J]. Politikon,42(1):93-111.

MirIam Shcroede,2008. The construction of China's climate politics:transnational NGOs and the spiral model of international relations[J]. Cambridge Review of International Affairs (12):505-525.

Naghmeh Nasiritousi, Mattias Hjerpe, Björn-OLaLinnér, 2016. The roles of non-state actors in climate change governance:understanding agency through governance profiles[J]. Int Environ Agreements(16):109-126.

Nathan P Kettle, Kirstin Dow Kettle, 2016. The role of perceived risk, uncertainty, and trust on coastal climate change adaptation planning[J]. Environment & behavior, 48 (4): 579-606.

Neil Carter, Mike Childs, 2018. Friends of the Earth as a policy entrepreneur:"The Big Ask" campaign for a UK Climate Change Act[J]. Environmental Politics,27(6):994-1013.

Pleines H, Bušková K,2007. Czech environmental NGOs:Actors or agents in EU multi-level governance[J]. Contemporary European Studies,2(1):20-31.

Quinn-Thibodeau T, Wu B, 2016. NGOs and the climate justice movement in the age of Trumpism[J]. Development,59(3-4):251-256.

Rhodes R A W, 1996. The new governance: Governing without government [J]. Political Studies,44(4):652-667.

Sarah B Pralle,2009. Agenda-setting and climate change[J]. Environmental Politics,18(5): 781-799.

Schaik L V,Schunz S,2011. Explaining EU activism and impact in global climate politics: Is the Union a norm-or interest-driven actor[J]? Jcms Journal of Common Market Studies,50 (1):169-186.

Schreurs M A, Tiberghien Y, 2007. Multi-level reinforcement: Explaining European Union leadership in climate change mitigation[J]. Global Environmental Politics,7(4):19-46.

Seth Binder,Eri C Neumayer,2005. Environmental pressure group strength and air pollution: An empirical analysis[J]. Ecological Economics(55):527-538.

Tully S, 2004. Corporate-NGO partnerships as a form of civil regulation:Lessons from the energy biodiversity initiative[J]. Non-State Actors and International Law(4):111-133.

附录:联合国气候大会认可的非政府组织(部分)

Official Name	City	Country
♯13 Foundation Climate and Sustainable Development Centre (♯13 Foundation)	Warsaw	Poland
2° investing initiative (2°ii)	Paris	France
A SEED Europe	Amsterdam	Netherlands
A Sud Ecology and Cooperation-Onlus (A Sud)	Rome	Italy
Aarhus University	Aarhus C	Denmark
Abibimman Foundation (AF)	Tena	Ghana
Academia Argentina de Ciencias del Ambiente (AACA)	Capital Federal	Argentina
Academy for Mountain Environics (AME)	New Delhi	India
Academy of Science of South Africa (ASSAf)	Pretoria	South Africa
AccountAbility Strategies (AA)	London	United Kingdom of Great Britain and Northern Ireland
ACICAFOC	San José	Costa Rica
ACT Alliance-Action by Churches Together (ACT Alliance)	Geneva	Switzerland
Action Against Hunger (ACF)	Paris	France
Mme Peggy Pascal		
Action Committee for the Three Global Conventions of the United Nations (CA3C)	Rome	Italy
Action des Chrétiens Activistes des Droits de l'Homme à Shabunda (ACADHOSHA)	Bukavu	Democratic Republic of the Congo
Action for a Global Climate Community (AGCC)	London	United Kingdom of Great Britain and Northern Ireland
Action Jeunesse pour le Développement (AJED-CONGO)	Brazzaville	Congo
Action Massive Rurale (AMAR)	Kinshasa	Democratic Republic of the Congo
Action Planéterre (AP)	Aubervilliers	France
Action pour la taxation des transactions pour l'aide aux citoyens (ATTAC France)	Paris	France

续表

Official Name	City	Country
Action Solidarité Tiers-Monde a. s. b. l. (ASTM)	Luxembourg	Luxembourg
ActionAid International	Johannesburg	South Africa
Adelphi Research (AR)	Berlin	Germany
Advocates for Youth	Washington, DC	United States of America
Africa Centre for Citizens Orientation (ACCO)	Kurudu	Nigeria
Africa Sustainability Center Foundation (ASCENT)	Nairobi	Kenya
Africa Youths International Development Foundation (AFYIDEF)	Abuja	Nigeria
African Centre for Biosafety	Johannesburg	South Africa
African Centre for Technology Studies (ACTS)	Nairobi	Kenya
African Climate Change Research Centre (ACCREC)	Dutse	Nigeria
African Forest Forum (AFF)	Nairobi	Kenya
African Monitor Trust (AM)	Cape Town	South Africa
African Wildlife Foundation (AWF)	Nairobi	Kenya
Agence régionale de l'environnement et des nouvelles energies d'Ile-de-France (ARENE IDF)	Pantin	France
Agence Régionale pour la Nature et de la Biodiversité d'ile de France-Natureparif	Paris	France
Agir pour l'environnement (APE)	Paris	France
Agora 21	St. Etienne	France
Agriconsulting S. p. A.	Rome	Italy
Agrisud International Institut International pour l 19Appui au Developpement (Agrisud International)	Libourne	France
Agronomes et vétérinaires sans frontières (AVSF)	Lyon	France
Agropolis International	Montpellier	France
AHEAD Energy Corporation	Rochester	United States of America
Air and Waste Management Association (AWMA)	Pittsburgh	United States of America
Air-Conditioning & Refrigeration European Association (AREA)	Brussels	Belgium
Air-Conditioning & Refrigeration Institute (ARI)	Arlington	United States of America
Airlines for America (A4A)	Washington	United States of America
Akatu Institute (AKATU)	São Paulo	Brazil
Albertine Rift Conservation Society (ARCOS Network)	Cambridge	United Kingdom of Great Britain and Northern Ireland
Aleut International Association (AIA)	Anchorage	United States of America
All Africa Conference of Churches (AACC)	Nairobi	Kenya

续表

Official Name	City	Country
All China Environment Federation (ACEF)	Beijing	China
All India Women's Conference (AIWC)	New Delhi	India
All India Women's Education Fund Association (AIWE-FA)	New Delhi	India
Alliance de Badinga du Congo (ABADIC)	Kinshasa	Democratic Republic of the Congo
Alliance for Climate Education (ACE)	Oakland	United States of America
Alliance for Responsible Atmospheric Policy	Arlington	United States of America
Alliance for Rural Electrification (ARE)	Brussels	Belgium
Alliance froid climatisation environnement (AFCE)	L'Aigle	France
Alliance internationale de tourisme (AIT)	Paris	France
Alliance of European Voluntary Service Organisations	Copenhagen	Denmark
Alliance pour la Biodiversité, le Climat et la Durabilité dans les Alpes (ABCD Alpes)	Talloires	France
Alliance to End Childhood Lead Poisoning (AECLP)	Washington DC	United States of America
Alliance to Save Energy (ASE)	Washington	United States of America
Alofa Tuvalu (ATv)	Paris	France
Alternative Information and Development Centre Trust (AIDC)	Cape Town	South Africa
Amazon Aid Foundation (AAF)	Charlottesville	United States of America
Amazon Alliance	Washington	United States of America
Amazon Association (AA)	Manaus-AM	Brazil
Amazon Center for Environmental Education and Research Foundation (ACEER)	Westchester	United States of America
Amazon Conservation Association (ACA)	Washington DC	United States of America
Amazon Conservation Team (ACT)	Arlington	United States of America
Amazon Environmental Research Institute (IPAM)	Belem	Brazil
Amazon Institute of People and the Environment (Imazon)	Belém	Brazil
Amazon Watch	San Francisco	United States of America
Amazónicos por la Amazonía Association (AMPA)	Moyobamba	Peru
American Anthropological Association (AAA)	Arlington	United States of America
American Chemical Society (ACS)	Washington DC	United States of America
American Council on Renewable Energy (ACORE)	Washington D. C	United States of America
American Farm Bureau Federation (AFBF)	Washington	United States of America
American Federation of Labor and Congress of Industrial Organizations (AFL-CIO)	Washington	United States of America

Official Name	City	Country
American Intellectual Property Law Association（AIPLA）	Arlington	United States of America
American Lung Association（ALA）	Washington DC	United States of America
American Meteorological Society（AMS）	Boston	United States of America
American Nuclear Society（ANS）	La Grange Park	United States of America
American Society of Heating, Refrigerating and Air-Conditioning Engineers, Inc.（ASHRAE）	Atlanta	United States of America
American Society of International Law（ASIL）	Washington DC	United States of America
American Sustainable Business Council（ASBC）	Washington DC	United States of America
American University（AU）	Washington	United States of America
American University of Beirut（AUB-IFI）	Beirut	Lebanon
Amigos de la Tierra Asociación Civil（ATAC）	Puebla	Mexico
Amnesty International（AI）	London	United Kingdom of Great Britain and Northern Ireland
Amour developpement environnement-Benin （ADE-Benin）	Glazoue	Benin
AMPLA Limited	Melbourne	Australia
An Organization for Socio-Economic Development（AOSED）	Khulna	Bangladesh
Antarctic and Southern Ocean Coalition（ASOC）	Washington, DC	United States of America
Aotearoa Youth Leadership Institute（AYLI）	Auckland	New Zealand
AQUADEV（AD）	Brussels	Belgium
Arab Forum for Environment and Development（AFED）	Beirut	Lebanon
Arab Network for Environment and Development （RAED）	Cairo	Egypt
Arbeitsgemeinschaft für Umweltfragen e. V.	Berlin	Germany
Arbeitsgruppe für Luft- und Raumfahrt（ALR）	Zürich	Switzerland
Arbeitskreis Energie der Deutschen Physikalischen Gesellschaft e. V.（AKE of the DPG）	Bad Honnef	Germany
Architecture 2030 Inc.	Santa Fe	United States of America
Architectures Sans Frontiers-Sweden（AST-Swe）	Stockholm	Sweden
Arctic Athabaskan Council（AAC）	Whitehorse	Canada
AREKET, Environmental Public Union	Astana	Kazakhstan
Arizona State University（ASU）	Glendale	United States of America
Article 19 Research Information Centre on Censorship （Article 19）	London	United Kingdom of Great Britain and Northern Ireland
Artists Project Earth（APE）	Oxfordshire	United Kingdom of Great Britain and Northern Ireland

续表

Official Name	City	Country
Asabe Shehu Yar'adua Foundation (ASYARF)	Abuja	Nigeria
Asagyam Help for the Needy (ASAHN)	Accra	Ghana
Asahi Glass Foundation (AF)	Tokyo	Japan
Asheville-Buncombe Sustainable Community Initiatives, Inc. (The Collider)	Asheville	United States of America
Ashoka Trust for Research in Ecology and the Environment (ATREE)	Bangalore	India
Asia Indigenous Peoples Pact Foundation (AIPP)	Chiang Mai	Thailand
Asia Pacific Forum on Women, Law and Development (APWLD)	Chiangmai	Thailand
Asia Society	New York	United States of America
Asia-Europe Foundation (ASEF)	Singapore	Singapore
Asian Institute of Technology (AIT)	Pathumthani, Bangkok	Thailand
Asian Pacific Resource and Resource Centre for Women (ARROW)	Kuala Lumpur	Malaysia
Asian Resource Foundation (ARF)	Bangkok	Thailand
Asociación AK Tenamit (AAT)	Izabal	Guatemala
Asociación Ambientalista SUSTENTA (SUSTENTA)	Chiclana	Spain
Asociación Ambiente y Sociedad (AAS)	Bogotá	Colombia
Asociación Argentina de Tecnología Nuclear	Buenos Aires	Argentina
Asociación Civil Oikos (OIKOS)	Lima	Peru
Asociación Cluster de Industrias de Medio Ambiente de Euskadi (ACLIMA)	Bilbao	Spain
Asociación CONCIENCIA	Buenos Aires	Argentina
Asociación Coordinadora Latinoamericana y del Caribe de Pequeños Productores de Comercio Justo (CLAC)	San Salvador	El Salvador
Asociación Cubana de las Naciones Unidas (ACNU)	La Habana	Cuba
Asociación Cubana de Producción Animal (ACPA) Sra. Lien Alfonso Pérez	La Habana	Cuba
Asociación Cultural para el Desarrollo Integral (ACDI)	Santa Fé	Argentina
Asociación de Comunidades Forestales de Petén (ACOFOP)	Petén	Guatemala
Asociación Española de la Industria Eléctrica (UNESA)	Madrid	Spain
Asociación Española del Gas (SEDIGAS)	Barcelona	Spain
Asociación Interamericana para la Defensa del Ambiente (AIDA)	Oakland	United States of America

Official Name	City	Country
Asociación Interétnica de Desarrollo de la Selva Peruana (AIDESEP)	Lima	Peru
Asociación La Ruta del Clima	San José	Costa Rica
Asociación Ministerio Diaconal Paz y Esperanza	Lima	Peru
Asociación Nacional de Empresas de Agua y Saneamiento (ANEAS)	Distrito Federal	Mexico
Asociación Nacional de Productores Ecológicos del Perú (ANPE PERU)	Lima	Peru
Asociación Nacional para la Conservación de la Naturaleza (ANCON)	Panama	Panama
Asociación para la Conservación de la Cuenca Amazónica (ACCA)	Lima	Peru
Asociación para la Investigación y Desarrollo Integral (AIDER)	Lima	Peru
Asociacion para la Naturaleza y Desarrollo Sostenible (ANDES)	Cusco	Peru
Asociación Proteger (PAC)	Buenos Aires	Argentina
Asociación Regional de Empresas de Petróleo y Gas Natural en Latinoamérica y el Caribe (ARPEL)	Montevideo	Uruguay
Asociación Regional de Pueblos Indígenas de la Selva Central (ARPI-SC)	Satipo	Peru
Assemblée des départements de France (ADF)	Paris	France
Assembly of First Nations (AFN)	Ottawa	Canada
Associacao de Protecao a Ecossistemas Costeiros (APREC)	Rio de Janeiro	Brazil
Association Actions Vitales Pour Le Développement Durable (AVD)	Yaounde	Cameroon
Association BLEU-BLANC-COEUR (BBC)	Combourtillé	France
Association Climate-KIC	London	United Kingdom of Great Britain and Northern Ireland
Association Congolaise d'Education et de Prévention Contre les Maladies et la Drogue (ONG ACEPMD-CONGO)	Brazzaville	Congo
Association Dar Si Hmad forDeveloppement, Education and Culture (DSH)	Agadir	Morocco
Association de recherche sur le climat et l'environnement (ARCE)	Oran	Algeria
Association Democratique des Femmes du Maroc (AD-FM)	Casablanca	Morocco

续表

Official Name	City	Country
Association des Amis de la Nature (ANA-Rwanda)	Kigali	Rwanda
Association des amis de la Saoura (AAS)	Béchar	Algeria
Association des amis de Tamchekett	Nouakchott	Mauritania
Association des clubs des amis de la nature du Cameroun (ACAN)	Douala	Cameroon
Association des communautés urbaines de France (ACUF)	Paris	France
Association des constructeurs européens d'automobiles (ACEA)	Brussels	Belgium
Association des Enseignants des Sciences de la Vie et de la Terre (AESVT)	Casablanca	Morocco
Association des Ingénieurs de l'Ecole Mohammadia (AI-EM)	Rabat	Morocco
Association des maires de France (AMF)	Paris	France
Association des Populations des Montagnes du Monde (APMM)	Paris	France
Association des Regions de France (ARF)	Paris	France
Association des Scientifiques Environnementalistes pour un Développement Intégré (ASEDI)	Lome	Togo
Association du Gharb pour la Protection de l'Environnement (AGPE)	Kenitra	Morocco
Association écologique pour la protection de l'environnement de la faune et la flore de la Wilaya de Bechar (AEPEFF)	Bechar	Algeria
Association européene des expositions scientifique, techniques et industrielles (ECSITE)	Brussels	Belgium
Association Femmes Bladi pour le Développement et le Tourisme (FBDT)	Sefrou	Morocco
Association for Sustainable Development MILIEUKONTAKT Macedonia (MKM)	Skopje	North Macedonia
Association Française des Entreprises pour l'Environnement (EpE)	Paris	France
Association française du froid (AFF)	Paris	France
Association Française Pour les Nations Unies-Aix-en-Provence (AFNU-Aix)	Aix en Provence	France
Association Internationale des maires et responsables des capitales et metropoles partiellement ou entièrement francophones (AIMF)	Paris	France

Official Name	City	Country
Association internationale forêts méditerranéennes (AIFM)	Marseille	France
Association Internationale pour l'Etude de l'Economie de l'Assurance (The Geneva Association)	Geneva	Switzerland
Association Jeunesse Verte du Cameroun (AJVC)	Yaounde	Cameroon
Association La Voûte Nubienne (AVN)	Carrieres Sur Seine	France
Association Marocaine pour la Protection des Aires Marines et Développement Durable (AMP Maroc)	Berrechid	Morocco
Association Maud Fontenoy France	Paris	France
Association Nationale pour l'Evaluation Environnementale (ANEE)	Kinshasa	Democratic Republic of the Congo
Association négaWatt	Alixan	France
Association Nodde Nooto (A2N)	Dori	Burkina Faso
Association Noé 21 (noé21)	Genéve	Switzerland
Association of American Geographers (AAG)	Washington	United States of America
Association of Chambers of Agriculture (VLK)	Berlin	Germany
Association of Climate Change Officers (ACCO)	Washington DC	United States of America
Association of Consulting Engineers (VBI)	Berlin	Germany
Association of Former Diplomats of China	Beijing	China
Association of German Teachers in Geography (VDSG)	Grevenbroich	Germany
Association of International Automobile Manufacturers of Canada (AIAMC)	Toronto	Canada
Association of Overseas Countries and Territories of the European Union (OCTA)	Brussels	Belgium
Association of Science-Technology Centers, Inc (ASTC)	Washington	United States of America
Association of Sustainable Ecological Engineering Development (ASEED)	New Taipei City	China
Association pour la promotion et le développement international des éco-entreprises de France (Association PEXE)	Paris	France
Association pour la protection de la nature et de l'environnement (APNEK)	Kairouan	Tunisia
Association pour le développement durable (ADD)	Quatre Bornes	Mauritius
Association pour UN Développement Durable (ADD)	Nouakchott	Mauritania
Association Québécoise de Lutte contre la Pollution Atmosphérique (AQLPA)	St. Léon -de-Standon	Canada
Association Tunisie Mediterranée pour le développement durable	Tunis	Tunisia

Official Name	City	Country
Association tunisienne des changements climatiques et du développement durable (2C2D)	Tunis	Tunisia
Association Tunisienne pour la Maitrise de l'Energie (ATME)	Tunis	Tunisia
Atelier21	Paris	France
Ateneo de Manila University (ADMU)	Quezon City	Philippines
Aujourd'hui pour demain (APD)	Kinshasa I	Democratic Republic of the Congo
Australian Aluminium Council (AAC)	Dickson, ACT	Australia
Australian Climate Coolers Limited-1Million Women	The Rocks	Australia
Australian Conservation Foundation (ACF)	Carlton	Australia
Australian Council for International Development (ACFID)	Canberra	Australia
Australian Council of Trade Unions (ACTU)	Melbourne	Australia
Australian Forest Products Association (AFPA)	Deakin West	Australia
Australian Industry Greenhouse Network (AIGN)	Kingston	Australia
Australian Industry Group (AiGROUP)	Sydney	Australia
Australian Koala Foundation (AKF)	Brisbane	Australia
Australian National University (ANU)	Acton	Australia
Australian Plantation Products and Paper Industry Council Ltd. (A3P)	ACT	Australia
Australian Rainforest Conservation Society Inc. (ARCS)	Milton	Australia
Australian Uranium Association (AUA)	Melbourne	Australia
Australian Youth Climate Coalition (AYCC)	Carlton	Australia
Avaaz Foundation	New York	United States of America
Avelife (Ltd.)	Singapore	Singapore
Avenir Climatique (AC)	Paris	France
Balipara Tract and Frontier Foundation (BTFF)	Sonitpur	India
Baltic and International Maritime Council (BIMCO)	Bagsvaerd	Denmark
Bangladesh Centre for Advanced Studies (BCAS)	Dhaka	Bangladesh
Bangladesh Environmental Lawyers Association (BELA)	Dhaka	Bangladesh
Bangladesh Resource Centre for Indigenous Knowledge (BARCIK)	Dhaka	Bangladesh
Barcelona Centre for International Affairs (CIDOB)	Barcelona	Spain
Basel Agency for Sustainable Energy (BASE)	Basel	Switzerland
Basque Centre for Climate Change (BC3)	Bilbao	Spain
Battelle Memorial Institute (BMI)	College Park	United States of America
Bay Area Council Foundation	San Francisco	United States of America

Official Name	City	Country
BBC Media Action	London	United Kingdom of Great Britain and Northern Ireland
Beijing Emissions Trading Association (BETA)	Beijing	China
Beijing Greenovation Hub for Public Welfare Development (G:HUB)	Beijing	China
Beijing NGO Association for International Exchanges	Beijing	China
Belgrade Open School (BOS)	Belgrade	Serbia
Mr. Mirko Popović		
Bellona Foundation	Oslo	Norway
Beyond War	Portland	United States of America
BHP Billiton SaskPower Carbon Capture and Storage (CCS) Knowledge Centre Inc. doing business as International CCS Knowledge Centre	Regina	Canada
Bianca Jagger Human Rights Foundation (BJHRF)	London	United Kingdom of Great Britain and Northern Ireland
Bill, Hillary & Chelsea Clinton Foundation (Clinton Foundation)	New York	United States of America
Bioclimate Research & Development Limited (BRDT)	Edinburgh	United Kingdom of Great Britain and Northern Ireland
BIOMASS Users Network (BUN)	Sao Paulo	Brazil
BioRegional Development Group	Wallington	United Kingdom of Great Britain and Northern Ireland
Biotechnology Industry Organization (BIO)	Washington	United States of America
Biovision-Foundation for Ecological Development (BV)	Zurich	Switzerland
BirdLife International (BLI)	Cambridge	United Kingdom of Great Britain and Northern Ireland
Blue Green Alliance Foundation (BGAF)	Minneapolis	United States of America
Borneo Tropical Rainforest Foundation (BTRF)	Geneva	Switzerland
Boston University	Boston	United States of America
Both ENDS Foundation (Both ENDS)	Amsterdam	Netherlands
Boticário Group Foundation for Nature Protection	Curitiba	Brazil
Brahma Kumaris World Spiritual University (BKWSU)	Rajasthan	India
Brainforest (Brainforest)	Libreville	Gabon
Brazilian Association of Vegetable Oil Industries (ABIOVE)	Sao Paulo	Brazil
Brazilian Biodiversity Fund (Funbio)	Rio de Janeiro	Brazil
Brazilian Business Council for Sustainable Development (CEBDS)	Rio de Janiero	Brazil

后 记

　　丹桂飘香,金秋时节,著作终于全部完成。回首进行课题研究的时光,感觉彷佛又读了一个博士学位。科学研究必须付出时间和精力,需要全身心投入,需要认真拜读已有国内外研究文献,需要智慧性地进行思考,需要有统观全局的把握,又要有细节处的精心设计。总之,一本专著完成,才更体会到学术研究要有敬畏之心,学术研究是越研究越觉得自己无知。

　　非常感谢能够得到教育部人文社会科学青年基金项目的资助和南京信息工程大学气候变化与公共政策研究院的支持,使得我能够潜心对感兴趣的课题进行研究,同时发挥自己的所长。感谢南京信息工程大学各位领导和同事的帮助和支持。感谢我的学生钱逸、梁绍强、卓俊、栾伟华、赵雅琪、刘家皓所做的资料搜集及贡献,感谢陈思薛、袁紫燕的校订工作。

　　最后,感谢身边的亲人和朋友对我的默默支持和奉献,使得我有安心的研究环境。感恩,继续前行!

张胜玉

2019 年 9 月